기초 수학

김상배 · 김화정 · 유천성 · 최은미
공저

청 문 각

머리말

본 기초수학은 대학에 입학한 학생들이 대학수학을 하기 전 기초를 다지기 위하여 준비된 것이다. 고등학교 과정에서 배우지 못하였거나 배웠더라도 기초가 약한 학생들에게 고등학교 과정의 수학을 배우거나 복습할 수 있도록 꾸몄다. 물론 내용에 따라서는 고등학교 이상의 것도 포함될 수도 있다. 이 책은 대학 1학년의 1학기용으로 만들어졌지만 경우에 따라 자세히 다룬다면 2학기용으로도 사용되어질 수 있을 것이다.

수학은 전통적으로 수체계와 연산을 포함하여 방정식을 다루는 대수학과 공간과 도형을 다루는 기하학의 분야로 발전되어 왔고, 가장 뒤늦게 함수와 무한을 다루는 해석학이 탄생되어 미분과 적분, 수열과 급수에 관한 분야들에 큰 진보를 이루어 과학문명의 발전에 커다란 기초를 제공하였다. 그 외 수학 자체의 기초를 제공하는 집합과 논리 부분도 현대수학의 중요한 부분으로 포함된다. 우리의 기초수학에도 위에 언급한 분야들이 포함되어 있으며 미분적분학을 본격적으로 다루기 전의 준비과정으로 함수와 수열, 급수에 대하여 배우게 될 것이다. 또한 수학의 여러 분야에서 많이 응용되는 선형대수의 기초로서 벡터와 행렬을 다루고 있다.

세상의 여러 학문과 예술들에는 나름대로의 매력이 있다. 학생들이 수학을 어려워하지만, 쉽고 흥미 있는 길을 잘 찾아가도록 지도를 받거나 스스로 찾아갈 수만 있다면 수학의 흥미진진한 바다로 항해하여 갈 수 있을 것이다. 학생들이 고등학교 과정의 수학의 기초를 잘 다져서 대학에서 배우는 미분적분학이나 선형대수 등 다른 수학들로 잘 이어 나가기를 바란다. 끝으로 이 책을 출판하는 데 힘써 준 출판사의 모든 분들께 감사드린다.

2013년 2월 오정골에서
저자 일동

Contents

05장 곡선과 도형 89

06장 함수 133

07장 삼각함수 155

08장 지수함수와 로그함수 185

09장 수열과 급수 209

01 장

집합과 명제

수학이 가장 기본적인 대상들에 대한 관계성을 밝히는 학문이라면, 집합은 그 대상들의 존재성을 나타내는 도구이며 명제는 그들의 관계성을 밝히는 과정이라고 할 수 있다.

1. 집합의 정의와 연산

집합을 학문적으로 정확하게 정의하는 것은 어려운 일로 알려져 있는데, 쉽게 정의하자면 다음과 같이 할 수 있다.

정의 1.1.1

집합과 원소

집합(set)은 어떤 기준이나 조건에 의하여 분명하게 구별될 수 있는 것들의 모임이다. 집합을 구성하고 있는 대상을 그 집합의 **원소**(element)라고 한다.

일반적으로 집합은 $A, B, C, \cdots$와 같이 영문 대문자를 사용하여 나타내고, 원소는 $a, b, c, \cdots$와 같이 소문자로 나타낸다. 그러나 어떤 원소는 또 다시 다른 원소들의 집합이 될 수도 있으므로 절대적인 표기법은 아니다. 원소 a가 집합 A의 원소이면 'a는 A에 속한다.'라고 하고 $a \in A$로 나타낸다. 원소 a가 집합 A의 원소가 아닌 경우는 'a는 A에 속하지 않는다.'라고 하고 $a \notin A$로 나타낸다.

집합의 원소를 표현하는 방법에는 원소를 구체적으로 나열하는 **원소나열법**과 원소를 결정하는 조건문을 기술하는 **조건제시법**이 있다.

예제 1.1.1 홀수 전체의 집합을 원소나열법과 조건제시법으로 표현하여라.

풀이 원소나열법 : $1, 3, 5, 7, \cdots$

조건제시법 : $\{2n-1 \mid n\text{은 자연수}\}$ ■

어떤 원소를 포함하고 있지 않은 집합을 **공집합**(empty set)이라 하고, 'ϕ' 또는 '$\{\ \}$'로 나타낸다.

집합 A의 모든 원소가 집합 B에 속할 때, 'A는 B의 **부분집합**(subset)이다'라고 하고, $A \subset B$로 표시한다. A가 B의 부분집합이 아닌 경우는 $A \not\subset B$로 나타낸다. 모든 집합은 자기 자신의 부분집합이며, 공집합은 모든 집합의 부분집합이다. $A \subset B$이고 $B \subset C$이면 $A \subset C$임을 확인할 수 있다.

정의 1.1.2

집합의 상등

두 집합이 서로의 부분집합이면 두 집합은 '**서로 같다**' 또는 '**상등이다**'라고 한다. 즉 '$A \subset B$이고 $B \subset A$'이면 '$A = B$'로 나타낸다.

집합 A가 집합 B의 부분집합이지만 B는 A의 부분집합이 아닐 때, 즉 '$A \subset B$이고 $B \not\subset A$'일 때 A는 B의 **진부분집합**이라고 한다.

수의 연산들과 똑같지는 않지만 비슷하게 두 집합 A와 B에 대한 연산들(교집합(intersetion), 합집합(union), 차집합(difference), 곱집합(Cartesian product))은 다음과 같이 정의된다.

A와 B의 **교집합** : $A \cap B = \{x \mid x \in A$ 이고 $x \in B\}$
A와 B의 **합집합** : $A \cup B = \{x \mid x \in A$ 또는 $x \in B\}$
A에서 B를 뺀 **차집합** : $A - B = \{x \mid x \in A$ 이고 $x \not\in B\}$
A와 B의 **곱집합** : $A \times B = \{(x, y) \mid x \in A$ 이고 $y \in B\}$

위에서 곱집합 $A \times B$의 원소 (x, y)는 x와 y의 **순서쌍**이라 하는데, 두 순서쌍이 같은 경우, 즉 '$(a, b) = (c, d)$'인 경우는 각 성분이 같은 경우, 즉 '$a = c$이고 $b = d$'임을 의미한다.

A와 B에 공통으로 속한 원소가 없을 때, 즉 $A \cap B = \phi$일 때 집합 A와 B는 **서로소**(disjoint)라고 한다.

종종 어떤 특정한 수학적 사항을 다루는 데 있어서 미리 정해진 집합의 원소나 그 집합의 부분집합만을 생각하는 경우가 있는데, 이때 그 정해진 집합을 **전체집합**(univeral set)이라고 한다. 그 전체집합을 U, 부분집합을 A라고 할 때 U에서 A를 뺀 차집합 $U - A$를 전체집합 U에 대한 A의 **여집합**(complement)이라 하고 A^c로 나타낸다. 다시 말하면

$$A^c = U - A = \{x \mid x \in U \text{이고 } x \not\in A\}$$

이다.

예제 1.1.2 $U=\{1,2,3,4,5\}$, $A=\{1,2,3\}$, $B=\{2,3,4,\}$, $C=\{3\}$일 때 다음 집합을 구하여라.

(1) A^c (2) $(A\cap B)^c$ (3) $B-C$ (4) $(A\cup B)^c$

풀이 (1) $A^c=\{4,5\}$ (2) $(A\cap B)^c=\{1,4,5\}$

(3) $B-C=\{2,4\}$ (4) $(A\cup B)^c=\{5\}$ ■

예제 1.1.3 $A=\{1,2,3\}$, $B=\{a,b\}$일 때 다음을 구하여라.

(1) $A\times B$ (2) $B\times A$

풀이 (1) $A\times B=\{(1,a),(1,b),(2,a),(2,b),(3,a),(3,b)\}$

(2) $B\times A=\{(a,1),(a,2),(a,3),(b,1),(b,2),(b,3)\}$ ■

집합들 사이에 다음과 같은 법칙들이 성립한다는 것을 보일 수 있다.

정리 1.1.1

집합의 연산법칙 I

U가 전체집합, 집합 A, B, C가 U의 부분집합들일 때 다음의 법칙이 성립한다.

(1) 교환법칙 : $A\cup B=B\cup A$
$A\cap B=B\cap A$

(2) 결합법칙 : $(A\cup B)\cup C=A\cup(B\cup C)$
$(A\cap B)\cap C=A\cap(B\cap C)$

(3) 분배법칙 : $A\cup(B\cap C)=(A\cup B)\cap(A\cup C)$
$A\cap(B\cup C)=(A\cap B)\cup(A\cap C)$

(4) 드모르간의 법칙 : $(A\cup B)^c=A^c\cap B^c$
$(A\cap B)^c=A^c\cup B^c$

증명 (4)에서 $(A\cup B)^c=A^c\cap B^c$을 증명해 보자.

$$x\in(A\cup B)^c \Leftrightarrow x\notin A\cup B$$
$$\Leftrightarrow x\notin A \text{이고 } x\notin B$$
$$\Leftrightarrow x\in A^c \text{이고 } x\in B^c$$
$$\Leftrightarrow x\in(A^c\cap B^c)$$

$\therefore (A\cup B)^c=A^c\cap B^c$ ■

정리 1.1.2

집합의 연산법칙 II

U가 전체집합, 집합 A, B가 U의 부분집합들일 때 다음이 성립한다.

(1) $A \cap B \subset A \subset A \cup B$

(2) $A \cup \phi = A,\ \ A \cap \phi = \phi,$
$A \cap U = A,\ \ A \cup U = U$

(3) $A \cap A^c = \phi,\ A \cup A^c = U,\ U^c = \phi,\ \phi^c = U$

(4) $(A^c)^c = A,\ \ A \subset B \Leftrightarrow B^c \subset A^c$

(5) $A \cup B = B \Leftrightarrow A \subset B \Leftrightarrow A \cap B = B$

(6) $A - B = A \cap B^c$

집합 A의 모든 부분집합을 원소로 갖는 집합을 A의 멱집합이라 하며, $\mathscr{P}(A)$로 나타낸다. 그러므로 다음과 같이 쓸 수 있다.

$$\mathscr{P}(A) = \{X \mid X \subset A\}$$

공집합 또는 원소의 개수가 유한개인 집합을 **유한집합**이라 하고, 유한집합이 아닌 집합을 **무한집합**이라 한다. 유한집합 A의 원소의 개수를 $n(A)$로 나타낼 때, $n(A) = k$이면 $n(\mathscr{P}(A)) = 2^k$임을 알 수 있다. 두 유한집합 A, B가 주어졌을 때 그 합집합 $A \cup B$의 원소의 개수는 다음과 같음을 알 수 있다.

$$n(A \cup B) = n(A) + n(B) - n(A \cap B)$$

예제 1.1.4 $A = \{1, 2, 3\}$의 멱집합을 구하고, A의 부분집합의 개수를 구하여라.

풀이 $\mathscr{P}(A) = \{\phi, \{1\}, \{2\}, \{3\}, \{1,2\}, \{1,3\}, \{2,3\}, \{1,2,3\}\}$이므로
A의 부분집합의 개수는 $2^3 = 8$(개)이다. ■

연습문제 1. 집합의 정의와 연산

1. 다음 원소나열법으로 나타난 집합을 조건제시법으로 나타내어라.

(1) $\{1, 2, 3, 4, 5\}$　　(2) $\left\{0, \frac{1}{2}, 1\right\}$

(3) $\{1, 2, 3, 4, 6, 12\}$

2. 다음 조건제시법으로 나타난 집합을 원소나열법으로 나타내어라.

(1) $\{x \in \mathbb{Z} \mid |x| < 2\}$　　(2) $\{n \in \mathbb{N} \mid n < 10, n$ 은 짝수$\}$

3. 전체집합 $U = \{1,2,3,\cdots,11,12\}$의 두 부분집합

$$A = \{2,4,6,8,10,12\},\ B = \{3,6,9,12\}$$

에 대하여 다음 집합을 원소나열법으로 나타내어라.

(1) $A \cup B$　　(2) $A \cap B$　　(3) $A - B$　　(4) A^c

(5) B^c　　(6) $A \cap B^c$　　(7) $A^c \cap B^c$　　(8) $(A \cup B)^c$

(9) $A^c \cup (A \cap B)$

4. $A - B = A \cap B^c$ 를 증명하여라.

5. 집합 $\{1, \{2, 3\}\}$의 멱집합을 구하여라.

6. $A = \{1,2,3\}$, $B = \{1,3,4\}$에 대하여 다음 집합의 원소의 개수를 구하여라.

(1) $A \cup B$　　(2) $A \times B$

2. 명제와 논리

참인지 거짓인지 명확히 판별할 수 있는 문장이나 식을 **명제**(proposition)라고 한다. '4는 2의 배수이다'는 참인 명제이고 '3은 5의 약수이다'는 거짓인 명제이다. 그러나 '나는 수학을 좋아한다'는 참, 거짓을 판별할 수 없으므로 명제가 아니다. 명제의 참과 거짓을 그 명제의 **진리값**이라 하고, 참인 경우 'T'로 거짓인 경우 'F'로 나타낸다.

예제 1.2.1 다음 명제의 참과 거짓을 판별하여라.

(1) 소수는 홀수이다. (2) $\phi \subset \{0\}$

풀이 (1) 2는 소수이지만 짝수이므로 '거짓'

(2) ϕ는 모든 집합의 부분집합이므로 '참' ■

주어진 명제들을 논리연산자 $\sim, \vee, \wedge, \rightarrow$ 등과 결합하여 새로운 명제를 만든 경우 그 새로운 명제를 **합성명제**라고 한다.

부정 '$\sim p$' : 합성명제 '$\sim p$'는 p의 **부정**이라 한다. 명제 p가 참이면 $\sim p$는 거짓이고, 명제 p가 거짓이면 $\sim p$는 참이다.

논리합 '$p \vee q$' : 합성명제 $p \vee q$는 'p **또는** q'라고 읽는다. $p \vee q$의 진리값은 p와 q 중에서 한 개라도 참이면 참이고, 둘 다 거짓일 때만 거짓이다.

논리곱 '$p \wedge q$' : 합성명제 $p \wedge q$는 'p **이고** q'라고 읽는다. $p \wedge q$의 진리값은 p와 q 둘 다 참일 때만 참이고, 둘 중에서 한 개라도 거짓이면 거짓이다.

조건문 '$p \rightarrow q$' : 합성명제 $p \rightarrow q$는 'p **이면** q'라고 읽는다. $p \rightarrow q$의 진리값은 'p가 참이고 q가 거짓'일 때만 거짓이고, 나머지 경우는 모두 참이다.

위 네 가지 경우의 **진리표**를 작성해 보면 다음과 같다.

p	$\sim p$
T	F
F	T

p	q	$p \vee q$
T	T	T
T	F	T
F	T	T
F	F	F

p	q	$p \wedge q$
T	T	T
T	F	F
F	T	F
F	F	F

p	q	$p \rightarrow q$
T	T	T
T	F	F
F	T	T
F	F	T

두 합성명제 $\sim(p \wedge q)$와 $(\sim p) \vee (\sim q)$의 진리표들을 살펴보자.

p	q	$p \wedge q$	$\sim(p \wedge q)$	$\sim p$	$\sim q$	$(\sim p) \vee (\sim q)$
T	T	T	F	F	F	F
T	F	F	T	F	T	T
F	T	F	T	T	F	T
F	F	F	T	T	T	T

위 표에서 $\sim(p \wedge q)$와 $(\sim p) \vee (\sim q)$의 진리값들이 p와 q의 진리값들에 관계없이 같은 결과가 나오게 됨을 알 수 있다.

정의 1.2.1

두 합성명제 P, Q가 같은 진리표를 가질 때 두 명제는 사실상 같은 명제로서 서로 **동치**라고 하고 $P \equiv Q$로 나타낸다.

그러므로 위의 두 명제 $\sim(p \wedge q)$와 $(\sim p) \vee (\sim q)$는 서로 동치이다. 진리표를 이용하면 $\sim(p \vee q)$와 $(\sim p) \wedge (\sim q)$도 동치임을 보일 수 있다.

정리 1.2.1

명제의 드모르간의 법칙

(1) $\sim(p \wedge q) \equiv (\sim p) \vee (\sim q)$

(2) $\sim(p \vee q) \equiv (\sim p) \wedge (\sim q)$

이제 $\sim p \vee q$와 $p \rightarrow q$의 진리표를 살펴보자.

p	q	$\sim p$	$\sim p \vee q$	$p \rightarrow q$
T	T	F	T	T
T	F	F	F	F
F	T	T	T	T
F	F	T	T	T

위 진리표로부터 두 명제 $\sim p \vee q$와 $p \rightarrow q$는 서로 동치인 명제임을 알 수 있다. 즉 $p \rightarrow q \equiv \sim p \vee q$이다. 예를 들어 명제 '봄이 오면 꽃이 핀다'는 명제 '봄이 오지 않거나 또는 꽃이 핀다'와

동치인 명제임을 알 수 있다.

조건문 $p \to q$에서 가정 p와 결론 q를 바꾸거나 그 부정명제 $\sim p$나 $\sim q$를 사용하여 다음과 같이 새로운 명제들을 만들 수 있다.

정의 1.2.2

조건문 $p \to q$에 대하여,

(1) **역** : $q \to p$

(2) **이** : $\sim p \to \sim q$

(3) **대우** : $\sim q \to \sim p$

진리표를 작성해 보면 조건문 $p \to q$와 그것의 대우 명제인 $\sim q \to \sim p$는 언제나 서로 동치임을 알 수 있다. 즉

$$p \to q \equiv \sim q \to \sim p$$

이다. 예를 들어 명제 '봄이 오면 꽃이 핀다'는 명제 '꽃이 피지 않으면 봄이 오지 않는다'와 동치인 명제이다.

이상을 정리하면 다음 결과를 얻는다.

정리 1.2.2

$$\sim p \vee q \equiv p \to q \equiv \sim q \to \sim p$$

예제 1.2.2 명제 '$a = b \to a^2 = b^2$'의 역, 이, 대우를 구하고 참, 거짓을 판별하여라.

풀이

역: '$a^2 = b^2 \to a = b$' (F)

이: '$a^2 \neq b^2 \to a \neq b$' (F)

대우: '$a^2 \neq b^2 \to a \neq b$' (T) ■

조건문 $p \to q$가 참일 때 $p \Rightarrow q$로 나타내고, p는 q가 되기 위한 **필요조건**, q는 p가 되기 위한 **충분조건**이라고 한다. $p \to q$와 $q \to p$가 둘 다 참이면 $p \Leftrightarrow q$로 나타내고, p는 q가 되기 위한 **필요충분조건**이라고 한다. 이 경우 물론 q도 p가 되기 위한 필요충분조건이다.

예제 1.2.3 다음 명제들이 성립한다.

$$\text{'}x\text{는 사람이다'} \Rightarrow \text{'}x\text{는 동물이다'}$$
$$\text{'}x\text{는 동물이다'} \not\Rightarrow \text{'}x\text{는 사람이다'}$$

그러므로 'x는 사람이다'는 'x는 동물이다'이기 위한 충분조건이고, 'x는 동물이다'는 'x는 사람이다'이기 위한 필요조건이다. 그런데 'x는 사람이다'는 'x는 동물이다'이기 위한 필요충분조건은 아니다.

문장이나 식에 미지수를 포함하고 있어 그 미지수의 값에 따라 참 또는 거짓이 판별되는 문장이나 식을 **명제함수**라고 한다. 예를 들어 명제함수 'x는 3의 배수이다'를 $P(x)$로 나타내면 명제 $P(2)$는 거짓인 명제이고, $P(3)$은 참인 명제가 된다.

보통 우리가 말하고자 하는 문장에서는 그 대상이 있고, 그 대상의 범위가 정해져 있다. 위의 명제함수 $P(x)$에서 변수 x의 범위는 자연수집합 또는 정수집합 등으로 범위가 미리 정해져야 하는데 그렇지 않으면 x는 책상이나 돼지도 될 수도 있게 되어

'책상은 3의 배수이다'
'돼지는 3의 배수이다'

와 같이 의미가 없는 명제가 만들어질 수 있다. 미리 정해진 변수 x의 범위를 **대상영역**이라 한다. 명제함수 $P(x)$의 대상영역을 U라 할 때 $P(x)$를 참이 되게 하는 $x \in U$들의 집합

$$\{x \in U \mid P(x)\text{는 참이다}\}$$

를 $P(x)$의 **진리집합**이라고 한다.

예제 1.2.4 자연수의 집합 $\mathbb{N}$에서의 명제함수 $x+2>7$의 진리집합을 구하여라.

풀이 | $\{x \in \mathbb{N} \mid x+2>7\} = \{6, 7, 8, \cdots\}$ ■

어떤 대상영역으로 주어진 집합 안에서 다음 표현은 모두 같은 의미를 갖는다.

'모든 원소 x에 대하여 $p(x)$이다'
'임의의 원소 x에 대하여 $p(x)$이다'
'어떠한 원소 x에 대하여도 $p(x)$이다'

위 문장을 기호로는 '$\forall x, p(x)$'라 쓰며, 기호 '$\forall$'를 **전칭기호**라고 한다.
또 다음 표현도 모두 같은 의미를 갖는다.

'어떤 원소 x가 존재하여 $p(x)$이다'
'어떤 원소 x에 대하여 $p(x)$이다'
'적당한 원소 x가 존재하여 $p(x)$이다'
'적당한 원소 x에 대하여 $p(x)$이다'
'$p(x)$인 원소 x가 존재한다'

위 문장을 기호로 '$\exists x$'라 쓰며, 기호 '$\exists$'를 **존재기호**라고 한다. 전칭기호와 존재기호를 합쳐 **한정기호**라고 한다.

예제 1.2.5 다음 한정기호들로 표현된 문장을 일반문장으로 나타내어라.

(1) $\sim(\forall x \in A, P(x))$ (2) $\exists x \in A, (\sim P(x))$

풀이 (1) 모든 $x \in A$에 대하여 $P(x)$가 성립하는 것은 아니다.
(2) 어떤 $x \in A$에 대하여 $P(x)$가 성립하지 않는다. ■

드모르간의 법칙 $\sim(p \wedge q) \equiv (\sim p) \vee (\sim q)$를 일반화하면

$$\sim(p(1) \wedge p(2) \wedge \cdots p(n)) \equiv (\sim p(1)) \vee (\sim p(2)) \vee \cdots (\sim p(n))$$

을 얻을 수 있고, 이것을 더 일반화하면

$$\sim(\forall x, p(x)) \equiv \exists x, (\sim p(x))$$

가 된다. 비슷하게 $\sim(p \vee q) \equiv (\sim p) \wedge (\sim q)$를 일반화하면

$$\sim(\exists x, p(x)) \equiv \forall x, (\sim p(x))$$

를 얻는다.

예제 1.2.6 다음 각 명제의 부정을 말하고, 그 부정의 참, 거짓을 말하여라.

(1) 모든 실수 x에 대하여 $x^2 > x$이다.
(2) 임의의 실수 x에 대하여 $x > 0$또는 $x < 0$이다.
(3) 어떤 실수 x에 대하여 $x - 2 \geq 0$이고 $x^2 - 2 \geq 0$이다.

풀이

(1) $\sim(\forall x \in \mathbb{R},\ x^2 > x)$

$\equiv \exists x \in \mathbb{R},\ x^2 \leq x$

$\equiv$ 어떤 실수 x에 대하여 $x^2 \leq x$이다.

$x = \frac{1}{2}$인 경우 $\left(\frac{1}{2}\right)^2 \leq \frac{1}{2}$이므로 위 명제는 참이다.

(2) $\sim(\forall x \in \mathbb{R},\ x > 0 \vee x < 0)$

$\equiv \exists x \in \mathbb{R},\ \sim(x > 0 \wedge x < 0)$

$\equiv \exists x \in \mathbb{R},\ x \leq 0 \wedge x \geq 0$

$\equiv$ 어떤 실수 x에 대하여 $x \leq 0$이고 $x \geq 0$이다.

$x = 0$인 경우 $x \leq 0$이고 $x \geq 0$이므로 위 명제는 참이다.

(3) $\sim(\exists x \in \mathbb{R},\ x - 2 \geq 0 \wedge x^2 - 2 \geq 0)$

$\equiv \forall x \in \mathbb{R},\ \sim(x - 2 \geq 0 \wedge x^2 - 2 \geq 0)$

$\equiv \forall x \in \mathbb{R},\ x - 2 < 0 \vee x^2 - 2 < 0$

$\equiv \forall x \in \mathbb{R},\ x < 2 \vee x^2 < 2$

$\equiv$ 모든 실수 x에 대하여 $x < 2$ 또는 $x^2 < 2$이다.

$x = 3$인 경우 $3 \not< 2$이고 $3^2 \not< 2$이므로 위 명제는 거짓이다. ■

연습문제 2. | 명제와 논리

1. 다음 문장이 명제인지 아닌지 정하여라.

(1) $1+3=5$

(2) 수학은 어려운 과목이다.

(3) 철수는 어제 영화를 보았다.

(4) $ab=0$ 이면 $a=0$ 또는 $b=0$ 이다.

2. 진리표를 작성하여 $p \rightarrow q \equiv \sim q \rightarrow \sim p$임을 보여라.

3. x, y, z 가 실수이고 A, B, C가 집합일 때, 다음에서 조건 p는 조건 q이기 위한 무슨 조건인가?

(1) p : $xy=0$ $\quad$ q : $xyz=0$

(2) p : $x+y$는 유리수이다. $\quad$ q : x, y는 모두 유리수이다.

(3) p : $A \cap (B \cap C) = A$ $\quad$ q : $A \cup (B \cup C) = B \cup C$

4. 실수의 집합 $\mathbb{R}$를 전체집합으로 하는 두 명제함수

$$p: x \leq 1 \vee x \geq 4, \quad q: -1 \leq x \leq 2$$

에 대하여 다음 명제함수들의 진리집합을 구하여라.

(1) $p \vee q$ $\quad$ (2) $p \wedge q$ $\quad$ (3) $p \vee \sim q$

5. 다음 명제를 한정기호를 이용하여 간단히 하여라.

(1) 모든 실수 x에 대하여 $x^2 > 0$ 이다.

(2) $x^2=0$ 을 만족하는 x가 적어도 하나 존재한다.

6. 다음 명제의 부정의 참, 거짓을 말하여라.

(1) 어떠한 실수 x에 대하여도 $x^2 > 0$ 이다.

(2) $x^3-8=0$ 인 실수 x가 존재한다.

(3) 어떤 자연수 n에 대하여 $n^2-3n+2=0$ 이다.

02 장

수체계

인류는 자연수로부터 시작하여 0(영)을 발견하고, 또 음의 정수와 유리수를 거쳐 무리수의 존재를 받아들이고, 제곱하여 음수가 되는 허수까지도 받아들여 복소수까지로 수의 세계를 확장하였다. 이 장에서는 수학 여러 분야의 기본이라고 할 수 있는 실수와 복소수의 정의와 성질들에 대하여 배운다.

1. 실수의 정의와 연산

실수는 다음과 같이 분류할 수 있다.

- 실수
  - 유리수
    - 정수
      - 양의 정수(자연수) : $1,2,3,\cdots$
      - 0 (영)
      - 음의 정수 : $-1,-2,-3,\cdots$
    - 정수가 아닌 유리수
      - 유한소수: $0.3=\dfrac{3}{10}, 0.35,\cdots$
      - 순환무한소수 : $0.\dot{2}, 0.\dot{5}73\dot{2},\cdots$
  - 무리수(비순환무한소수)
    - 대수적 무리수 : $\sqrt{2}$, $\sqrt{3-\sqrt{2}},\cdots$
    - 초월수 : $\pi, e, 2^{\sqrt{2}},\cdots$

유리수는 $\dfrac{n}{m}$ (m, n은 정수, $m\neq 0$)인 분수꼴로 나타낼 수 있는 수이다. 무리수는 순환하지 않는 무한소수로 분수로 나타낼 수 없는 수이다. 자연수집합을 $\mathbb{N}$, 정수집합을 $\mathbb{Z}$, 유리수집합을 $\mathbb{Q}$, 실수집합을 $\mathbb{R}$이라고 할 때 포함관계는

$$\mathbb{N}\subset\mathbb{Z}\subset\mathbb{Q}\subset\mathbb{R}$$

이다. 또한 무리수집합을 I라고 할 때 $\mathbb{Q}\cup\mathrm{I}=\mathbb{R}$ $\mathbb{Q}\cap\mathrm{I}=\phi$이다.

실수를 표시하는 방법으로 실수집합의 원소들을 어떤 직선 상의 점들과 일대일 대응을 시킬 수가 있는데 이때 그 직선을 **수직선**이라고 한다. 두 실수 a,b $(a<b)$ 사이의 모든 실수로 이루어진 집합을 **구간**(interval)이라 하는데, 다음과 같은 형태가 있다.

$$(a,b)=\{x\in\mathbb{R}\mid a<x<b\}$$
$$[a,b]=\{x\in\mathbb{R}\mid a\le x\le b\}$$
$$(a,b]=\{x\in\mathbb{R}\mid a<x\le b\}$$
$$[a,b)=\{x\in\mathbb{R}\mid a\le x<b\}$$
$$(a,\infty)=\{x\in\mathbb{R}\mid a<x\}$$
$$[a,\infty)=\{x\in\mathbb{R}\mid a\le x\}$$
$$(-\infty,b)=\{x\in\mathbb{R}\mid x<b\}$$
$$[-\infty,b]=\{x\in\mathbb{R}\mid x\le b\}$$

특히 (a, b)을 **개구간**(open interval), $[a, b]$을 **폐구간**이라 하고 $(a, b]$와 $[a, b)$를 **반개구간** 또는 **반폐구간**이라고 한다.

공집합이 아닌 집합 A의 임의의 두 원소끼리 연산을 하여 그 결과가 다시 집합 A의 원소가 될 때, 집합 A는 그 연산에 대하여 **닫혀있다**고 한다. 즉 $\forall x \in A,\ a * b \in A$ 이면 집합 A는 연산 $*$ 에 대하여 닫혀있다.

집합 A가 연산 $*$ 에 대하여 닫혀있을 때, 조건

$$\forall a \in A,\ a * e = e * a = a$$

를 만족하는 원소 $e \in A$가 존재하면 이 원소 e를 집합 A에서 연산 $*$ 에 대한 **항등원**(identity)이라 하고, 원소 a에 대하여 조건

$$a * b = b * a = e$$

를 만족하는 $b \in A$가 존재하면 이 원소 b를 연산 $*$ 에 대한 a의 **역원**(inverse)이라고 한다.

예제 2.1.1 다음 집합이 덧셈과 곱셈에 대하여 닫혀있음을 확인하고, 덧셈과 곱셈에 대한 항등원이 존재하면 구하여라. 또한, 항등원을 갖는 경우 어떤 원소가 역원을 갖는지 확인하여라.

(1) 자연수의 집합 (2) 유리수의 집합

풀이

(1) 덧셈과 곱셈에 대하여 닫혀있다.
곱셈에 대한 항등원은 1이다.

(2) 덧셈과 곱셈에 대하여 닫혀있다.
덧셈에 대한 항등원은 0이다.
곱셈에 대한 항등원은 1이다.
$a \in \mathrm{Q}$에 대한 덧셈에 대한 역원은 $-a$이다.
$a \in \mathrm{Q}\ (a \neq 0)$에 대한 덧셈에 대한 역원은 $\dfrac{1}{a}$이다. ■

예제 2.1.2 $a * b = a + b - 3$으로 정의된 연산 $*$에 대하여 항등원과 4에 대한 역원을 구하여라.

풀이 항등원을 e 라 하면 $a * e = a$ 이므로 $a + e - 3 = a$ 가 되어 $e = 3$ 이다. 4 의 역원을 x 라 하면 $4 * x = e$ 이므로 $4 + x - 3 = 3$ 이 되어 $x = 2$ 이다. ■

실수 집합 $\mathbb{R}$ 은 덧셈($+$)과 곱셈($\times$)에 대하여 닫혀있고, 덧셈에 대하여 항등원이 유일하게 존재하고 각 원소들의 역원이 유일하게 존재한다. 곱셈에 대해서도 항등원이 유일하게 존재하고 0 (영)을 제외한 모든 원소들에 대하여 역원이 유일하게 존재한다. 또한 임의의 실수 $a,\ b,\ c \in \mathbb{R}$ 에 대하여 다음이 성립한다.

(1) 교환법칙 : $a + b = b + a,\ ab = ba$

(2) 결합법칙 : $(a + b) + c = a + (b + c),\ (ab)c = a(bc)$

(3) 분배법칙 : $a(b + c) = ab + ac,\ (a + b)c = ac + bc$

또한 임의의 실수 $a, b \in \mathbb{R}$ 에 대하여 다음 성질들이 만족된다.

(1) $-(-a) = a$

(2) $a(-b) = (-a)b = -(ab)$

(3) $(-a)(-b) = ab$

연습문제 1. | 실수의 정의와 연산

1. 순환무한소수 $2.1\dot{3}4\dot{5}$ 가 정수의 비로 표시될 수 있음을 보이므로 유리수임을 증명하여라.

2. 다음 각 집합이 사칙연산 중 어느 것에 대하여 닫혀있는가?

(1) $\{-1,1\}$

(2) $\{x \mid x > 0,\ x \in \mathbb{Q}\}$

(3) $\{2x+1 \mid x \in \mathbb{Z}\}$

3. 자연수집합 $\mathbb{N}$ 위에 두 연산 $\oplus, \otimes$ 를 아래와 같이 정의하자.

$$a \oplus b = 2(a+b),\quad a \otimes b = 3ab$$

(1) $\mathbb{N}$ 은 연산 $\oplus, \otimes$ 에 관하여 닫혀있는가?

(2) $(1 \otimes 2) \oplus (2 \otimes 5)$ 의 값을 구하여라.

4. 실수집합 $\mathbb{R}$ 에서 연산 $\circ$ 를 아래와 같이 정의한다.

$$a \circ b = a + b + 1$$

(1) 이 연산에서 교환법칙이 성립하는지를 조사하여라.

(2) 연산 $\circ$ 에 대한 항등원을 구하여라.

(3) 연산 $\circ$ 에 대한 -2 의 역원을 구하여라.

2. 실수의 대소 관계

임의의 실수 a에 대하여 다음 중에서 어느 하나만이 성립한다.

$$a<0,\ a=0,\ a>0$$

이를 **삼분법**(trichotomy property)이라고 한다. 이것은 또한 임의의 두 실수 a, b에 대하여

$$a<b,\ a=b,\ a>b$$

로 표현될 수 있다. 더불어 기본적인 성질들을 더 살펴보자.

임의의 세 실수 a, b, c에 대하여

(1) $a>0$이면 $-a<0$이고
$a<0$이면 $-a>0$이다.

(2) $a>0, b>0$ 이면 $a+b>0, ab>0$이다.
특히 $a^2 \geq 0$이다.

(3) $a<b, b<c$이면 $a<c$이다.

(4) $a<b$이면 $a+c<b+c$이고
$a-c<b-c$이다.

(5) $a<b$일 때 $c>0$이면 $ac<bc$이고
$c<0$이면 $ac>bc$이다.

(6) $a^2+b^2=0 \Leftrightarrow a=b=0$

수직선 위에서 어떤 실수 a에 대응하는 점에서 원점 사이의 거리를 a의 **절댓값**이라 하고, 기호 $|a|$로 나타낸다. 즉

$$|a| = \begin{cases} a & (a \geq 0) \\ -a & (a<0) \end{cases}$$

이다. 두 실수 a, b 사이의 거리는 $|a-b|$가 된다.

실수 a, b에 대하여 다음이 성립한다.

(1) $|a|=|-a|$

(2) $-|a| \leq a \leq |a|$

(3) $|a|<b \Leftrightarrow -b<a<b$

(4) $0 < a < |b| \Leftrightarrow b < -a$ 또는 $a < b$

(5) $|a| = b \Leftrightarrow a = b$ 또는 $a = -b$

(6) $|ab| = |a||b|$

(7) $|a| < |b| \Leftrightarrow a^2 < b^2$

삼각부등식(triangle inequality)

정리 2.2.1

삼각부등식

임의의 실수 a, b에 대하여 다음이 성립한다.

$$|a+b| \le |a| + |b|$$

위 정리를 이용하여 다음 부등식들도 보일 수 있다. 임의의 실수 a, b에 대하여

(1) $|a-b| \le |a| + |b|$

(2) $||a| - |b|| \le |a \pm b|$

조화·기하·산술 평균 부등식

정리 2.2.2

조화·기하·산술 평균 부등식

임의의 실수 $a \ge 0, b \ge 0$에 대하여 다음이 성립한다.

$$\frac{2}{\frac{1}{a}+\frac{1}{b}} \le \sqrt{ab} \le \frac{a+b}{2}$$

위 부등식의 세 변은 각각 조화평균(harmonic mean), 기하평균(geometric mean), 산술평균(arithmetic mean)이라고 한다. **조화평균**은 a, b의 역수들의 산술평균의 역수인데, 두 현이 내는 소리의 진동수의 평균 진동수를 가진 현의 길이를 구할 때, 두 지점을 갈 때와 올 때의 속력이 각각 a, b일 때 동일한 시간 동안 일정한 속력으로 왕복할 경우의 속력을 구할 때 사용된다. 즉 변화율의 평균을 구할 때 사용한다. **기하평균**은 가로의 길이가 a, 세로의 길이가 b인 직사각형과 같은 면적의 정사각형의 한 변의 길이를 나타낸다. **산술평균**은 두 점 a, b의 중간값이다.

연습문제 2. 실수의 대소 관계

1. 임의의 실수 a, b 에 대하여 $||a|-|b|| \le |a-b|$ 를 증명하여라.

2. $-1 \le a < 3$ 일 때, $|a+1|+|a-3|$ 을 간단히 하여라.

3. $a \ge 0,\ b \ge 0$ 일 때 $\sqrt{ab} \le \frac{a+b}{2}$ 를 증명하여라.

4. 대전에서 서울까지 시속 95km 로 갔다가 시속 105km 로 돌아왔다. 일정한 속력으로 같은 시간 안에 대전과 서울을 왕복한다면 얼마의 속력으로 왕복을 하면 되겠는가?

3. 복소수의 정의와 성질

영이 아닌 실수의 제곱은 항상 양수가 되므로

$$x^2+1=0$$

은 실수인 근을 가질 수 없다. 위 방정식이 근을 가지려면 수의 범위를 더 확장하여 실수가 아닌 새로운 수를 도입해야 한다. 제곱하여 -1이 되는 i라는 새로운 수, 즉

$$i^2=-1 \text{ 또는 } i=\sqrt{-1}$$

를 도입하면 모든 실수 계수를 가진 n차방정식

$$a_nx^n+a_{n-1}x^{n-1}+\cdots+a_1x+a_0=0$$

의 근들은 모두 $a+bi$ (a, b는 실수) 형태로 표시될 수 있다. 이 새로운 형태의 수를 **복소수**(complex number)라고 한다. 여기서 a는 **실수부**, b는 **허수부**라고 한다. 특히 $a=0, b\neq0$인 경우 **순허수**(pure imaginary number)라고 한다. (참고 : 위 n차방정식에서 a_k $(k=0,1,2,\cdots,n)$들이 복소수인 경우도 그 모든 근은 복소수로 표시된다.)

정의 2.3.1

복소수의 상등

임의의 두 복소수 $a+bi$, $c+di$에 대하여,

$$a+bi=c+di \iff a=c, b=d$$

즉, 두 복소수 $a+bi$와 $c+di$가 **같다**는 것은 실수부는 실수부끼리 같고, 허수부는 허수부끼리 같다는 것을 의미한다.

예제 2.3.1 다음 등식을 만족하는 두 실수 x, y의 값을 구하여라.

$$(1+i)x+(1-i)y-2-4i=0$$

풀이 등식의 좌변을 전개하여 실수부와 허수부로 나누면

$$(x+y-2)+(x-y-4)i=0$$

이 된다. 그러므로 복소수의 상등의 정의에 의하여

$$x+y-2=0,\ x-y-4=0$$

이 되고 위 연립방정식을 풀면 $x=3,\ y=-1$ 이다. ■

정의 2.3.2

복소수의 두 연산

임의의 두 복소수 $a+bi,\ c+di$ 에 대하여 더하기와 곱하기의 연산을 다음과 같이 정의한다.

$$(a+bi)+(c+di) = (a+c)+(b+d)i$$
$$(a+bi)(c+di) = (ac-bd)+(ad+bc)i$$

실수의 경우와 마찬가지로 복소수의 경우도 덧셈과 곱셈에 대하여 닫혀있고 임의의 복소수 z_1, z_2, z_3 에 대하여 다음이 성립한다.

(1) 교환법칙 : $z_1+z_2=z_2+z_1,\ z_1z_2=z_2z_1$
(2) 결합법칙 : $(z_1+z_2)+z_3=z_1+(z_2+z_3),\ (z_1z_2)z_3=z_1(z_2z_3)$
(3) 분배법칙 : $z_1(z_2+z_3)=z_1z_2+z_1z_3$

복소수에서 덧셈에 대한 항등원은 $0=0+0i$ 이고 곱셈에 대한 항등원은 $1=1+0i$ 가 됨을 알 수 있다. 복소수에서의 뺄셈과 나눗셈은 실수에서와 마찬가지로 덧셈에 대한 역원을 더하는 것과 곱셈에 대한 역원을 곱하는 것으로 각각 정의한다. 따라서 뺄셈과 나눗셈은 다음과 같이 된다.

$$(a+bi)-(c+di)=(a-c)+(b-d)i$$
$$\frac{a+bi}{c+di}=\frac{ac+bd}{c^2+d^2}+\frac{bc-ad}{c^2+d^2}i\ \ (c+di\neq 0$$

예제 2.3.2 다음을 계산하여라.

(1) $(3+2i)-(2-2i)$ (2) $(1+2i)(1-i)$ (3) $\dfrac{1-i}{1+i}$

풀이 | (1) $1+4i$ (2) $3+i$ (3) $-i$ ■

복소수 $z=a+bi$에 대하여

$$\bar{z}=a-bi$$

을 복소수 z 의 **켤레복소수**(conjugate)라 하고

$$|z| = \sqrt{a^2 + b^2}$$

을 복소수 z 의 **절댓값**(absolute value)이라고 한다. 복소수 $z = a + bi$ 에 대하여

$$z + \bar{z} = 2a, \quad z - \bar{z} = 2bi, \quad z\bar{z} = |z|^2$$

이 성립한다. 즉, 복소수와 그 켤레복소수의 합과 곱은 항상 실수가 됨을 알 수 있다.

정리 2.3.1

복소수의 성질

복소수 z, z_1, z_2에 대하여 다음이 성립한다.

(1) $\overline{z_1 + z_2} = \overline{z_1} + \overline{z_2}$

(2) $\overline{z_1 z_2} = \overline{z_1}\,\overline{z_2}$

(3) $\dfrac{1}{z} = \dfrac{\bar{z}}{|z|^2}$ $(z \neq 0)$

예제 2.3.3 복소수 $z = 2 - i$ 에 대하여 $z\bar{z}$, $|z|$ 를 구하여라.

풀이

$$z\bar{z} = (2+i)(2-i) = 2^2 - i^2 = 5$$

$$|z| = \sqrt{2^2 + 1^2} = \sqrt{5}$$

■

예제 2.3.4 복소수 $z = \dfrac{2+i}{1-i}$ 를 $a + bi$ 의 꼴로 나타내어라.

풀이

$$z = \frac{2+i}{1-i} = \frac{(2+i)(1+i)}{(1-i)(1+i)} = \frac{2+3i+i^2}{1-i^2} = \frac{1+3i}{2} = \frac{1}{2} + \frac{3}{2}i$$

■

연습문제 3. 복소수의 정의와 성질

1. 다음 각 식을 간단히 하여라.

(1) $i+i^2+i^3+i^4$ (2) $i^{999}\times i^{1001}$ (3) $(10+5i)^4(8-4i)^4$

(4) $\left(\dfrac{1-i}{1+i}\right)^{100}$ (5) $\left(\dfrac{1+i}{\sqrt{2}}\right)^{8n}+\left(\dfrac{1-i}{\sqrt{2}}\right)^{8n}$

2. 복소수 $\dfrac{1-2i}{2+3i}$ 의 곱셈에 대한 역원을 구하여라.

3. 계수가 다음 각 범위에 있을 때, x^4-x^2-6 을 인수분해하여라.

(1) 유리수 범위 (2) 실수 범위 (3) 복소수 범위

4. $z=1-i$ 일 때, $\dfrac{\bar{z}}{z-1}+\dfrac{z-1}{z}$ 의 값을 구하여라.

5. $\overline{\alpha+\beta}=\bar{\alpha}+\bar{\beta}$ 과 $\overline{\alpha\beta}=\bar{\alpha}\bar{\beta}$ 를 증명하여라.

03 장

식과 연산

방정식과 함수를 다룰 때 미지수와 독립변수를 나타내는 문자를 도입하여 문자와 숫자를 합과 곱 등의 연산으로 나타내는데, 이를 식(expression)이라고 한다.

1. 다항식의 연산과 곱셈공식

유한개의 수 또는 문자의 곱과 합으로만 이루어진 식을 **다항식**(polynominal)이라고 한다. 예를 들어

$$2x+3xy^2, \quad \sqrt{2}\,x+2y^2$$

등은 다항식이다. 하지만

$$\sin x+3x, \quad 2\sqrt{x}+2y^2$$

등은 다항식이 아니다. 다항식 중에서 특히 곱으로만 이루어진 식을 **단항식**(monomial)이라고 한다. 예를 들면

$$2xy^2$$

은 단항식이다. 다항식은 단항식들의 합으로 이루어져 있고, 그 단항식들을 그 다항식의 **항**(term)이라고 한다. 각 항에서 문자들을 제외한 숫자를 그 항의 **계수**(coefficient)라 하고, 문자들의 거듭제곱한 것까지 모두 세어 합한 수를 **차수**(degree)라고 한다. $-3xy^2$의 계수는 -3이고 차수는 x에 대하여는 1차이고, y에 대하여는 2차이고, x와 y에 대하여는 3차이다. 특정문자를 말하지 않은 경우 $2xy^2$의 차수는 3차이다. 다항식의 차수는 각 항의 차수 중에서 가장 큰 것을 의미한다. 예를 들어 x^2y-2xy^3+1은 x에 관하여는 2차식이고 y에 관하여 3차식이지만, 특정문자를 말하지 않으면 4차식이 된다.

문자를 포함하지 않은 항을 **상수항**이라 하고, 문자와 각 문자의 차수들이 같은 항을 **동류항**이라고 한다. 예를 들면 $3x^2y^3$과 $-2x^2y^3$은 동류항이다. 다항식을 표현하는 방법에는 동류항을 정리하여 차수가 작은 것부터 순서대로 정리하는 **올림차순**과 차수가 큰 순서대로 정리하는 **내림차순**이 있다.

$$2x^2+5y^3+xy-4y+1$$

를 x에 관하여 내림차순으로 정리하면

$$2x^2+yx+(5y^3-4y+1)$$

이 되고, y에 관하여 내림차순으로 정리하면

$$5y^3 + (x-4)y + (2x^2+1)$$

이 된다.

다항식의 덧셈과 뺄셈은 먼저 괄호를 풀고 각 항을 동류항끼리 모아서 간단히 정리한다.

예제 3.1.1 두 다항식 $A = 3x^2 + x + 2$, $B = x^2 - x - 3$에 대하여 $2A - B$를 구하여라.

풀이

$$\begin{aligned} 2A - B &= 2(3x^2 + x + 2) - (x^2 - x - 3) \\ &= 6x^2 + 2x + 4 - x^2 + x + 3 \\ &= (6-1)x^2 + (2+1)x + (4+3) \\ &= 5x^2 + 3x + 7 \end{aligned}$$

■

곱셈과 나눗셈은 다음 지수법칙을 이용하여 간단히 한다.

정리 3.1.1

지수법칙

실수 a, b와 자연수 m, n에 대하여 다음 법칙들이 성립한다.

(1) $a^m a^n = a^{m+n}$

(2) $\dfrac{a^m}{a^n} = a^{m-n}\ (a \neq 0)$

(3) $(a^m)^n = a^{mn}$

(4) $(ab)^n = a^n b^n$

(5) $\left(\dfrac{a}{b}\right)^n = \dfrac{a^n}{b^n}\ (b \neq 0)$

(6) $a^0 = 1$

예제 3.1.2 식 $(-xy^2)^3 \times (-3x^2)$을 간단히 하여라.

풀이

$$\begin{aligned} (-xy^2)^3 \times (-3x^2) &= (-x^3 y^{2\cdot 3}) \times (-3x^2) \\ &= -x^3y^6 \times (-3x^2) = 3x^{3+2}y^6 = 3x^5y^6 \end{aligned}$$

■

다항식과 다항식의 곱을 하나의 다항식으로 나타내는 것을 **전개한다**라고 한다. 전개할 때에는 분배법칙과 결합법칙, 교환법칙을 이용한다.

예제 3.1.3 다음 식을 전개하여라.

(1) $(x+1)(x^2+2x+3)$ (2) $(x^2-3xy+y)(2x-3y)$

풀이

(1) $(x+1)(x^2+2x+3) = x^3+2x^2+3x+x^2+2x+3$

$= x^3+3x^2+5x+3$

(2) $(x^2-3xy+y)(2x-3y) = 2x^3-3x^2y-6x^2y+9xy^2+2xy-3y^2$

$= 2x^3-9x^2y+9xy^2+2xy-3y^2$ ■

다항식을 다항식으로 나누려면 일단 내림차순으로 정리한 후 정수의 나눗셈과 같은 방법으로 계산한다. $(x^3-x+1)/(x-2)$은 다음과 같이 계산한다.

$$
\begin{array}{r}
x^2+2x+3 \\
x-2\,\overline{)\,x^3+0x^2-x+1} \\
\underline{x^3-2x^2} \\
2x^2-x+1 \\
\underline{2x^2-4x} \\
3x+1 \\
\underline{3x-6} \\
7
\end{array}
$$

몫이 x^2+2x+3 이고, 나머지가 7 이다. 즉

$$x^3-x+1 = (x^2+2x+3)(x-2)+7$$

이 된다.

지수법칙과 교환법칙, 결합법칙, 분배법칙 등을 이용하여 다항식의 곱셈을 할 수 있으나, 다음과 같은 곱셈 공식을 이용하면 빠르고 정확하게 계산할 수 있다.

[곱셈 공식]

(1) $(a+b)^2 = a^2+2ab+b^2$, $(a-b)^2 = a^2-2ab+b^2$

(2) $(a+b)(a-b) = a^2-b^2$

(3) $(x+a)(x+b) = x^2+(a+b)x+ab$

(4) $(ax+b)(cx+d) = acx^2+(ad+bc)x+bd$

(5) $(x+a)(x+b)(x+c)=x^3+(a+b+c)x^2+(ab+bc+ca)x+abc$
$(x-a)(x-b)(x-c)=x^3-(a+b+c)x^2+(ab+bc+ca)x-abc$

(6) $(a+b+c)^2=a^2+b^2+c^2+2(ab+bc+ca)$

(7) $(a+b)^3=a^3+3a^2b+3ab^2+b^3$
$(a-b)^3=a^3-3a^2b+3ab^2-b^3$

(8) $(a+b)(a^2-ab+b^2)=a^3+b^3$
$(a-b)(a^2+ab+b^2)=a^3-b^3$

(9) $(a+b+c)(a^2+b^2+c^2-ab-bc-ca)=a^3+b^3+c^3-3abc$

(10) $(a^2+ab+b^2)(a^2-ab+b^2)=a^4+a^2b^2+b^4$

예제 3.1.4 곱셈 공식을 이용하여 다음 식을 전개하여라.

(1) $(2x+1)^2$ (2) $(3a-2b)^2$ (3) $(3x+4a)(3x-4a)$
(4) $(x+1)(x+3)$ (5) $(3x-9)(3x+4)$ (6) $(x+1)(x-2)(x+3)$

풀이

(1) $(2x)^2+2\cdot 2x\cdot 1+1^2=4x^2+4x+1$

(2) $(3a)^2-2\cdot 3a\cdot 2b+(2b)^2=9a^2-12ab+4b^2$

(3) $(3x)^2-(4a)^2=9x^2-16a^2$

(4) $x^2+(1+3)x+1\cdot 3=x^2+4x+3$

(5) $3x\cdot 3x+(3\cdot 4-9\cdot 3)x+(-9)\cdot 4=9x^2-15x-36$

(6) $x^3-(1-2+3)x^2+\{1\cdot(-2)+(-2)\cdot 3+3\cdot 1\}x$
$+1\cdot(-2)\cdot 3=x^3+2x^2-5x-6$ ■

예제 3.1.5 곱셈 공식을 이용하여 다음 식을 전개하여라.

(1) $(x+y-z)^2$ (2) $(2x+6)^3$
(3) $(2x-3)^3$ (4) $(xy+1)(x^2y^2-xy+1)$
(5) $(x+y-1)(x^2+y^2-xy+x+y+1)$ (6) $(4x^2+6xy+9y^2)(4x^2-6xy+9y^2)$

풀이

(1) $x^2+y^2+z^2+2xy-2yz-2zx$ (2) $8x^3+72x^2+216x+216$
(3) $8x^3-36x^2+54x-27$ (4) x^3y^3+1
(5) $x^3+y^3+3xy-1$ (6) $16x^4+36x^2y^2+81y^4$ ■

연습문제 1. | 다항식의 연산과 곱셈공식

1. 다음 식을 간단히 하여라.

(1) $\frac{1}{8}x^2y^3 \div \left(\frac{1}{4}x^3y\right)^2 \times (-3x^2y^3)^3$ (2) $\frac{2}{3}a^2 \times 6ax \times \left(-\frac{1}{2}ax^3\right)^2$

(3) $8x^3 \times (-2yz)^2 \div (x^2y^2)$ (4) $\left(\frac{1}{2}ab^2\right)^3 \div (ab^3)^2 \times \left(-\frac{2}{3}b^2\right)^3$

2. 다음 식을 전개하여라.

(1) $(x-y)(x+y)(x^2+y^2)(x^4+y^4)$ (2) $(x-2y)^3(x+2y)^3$

(3) $(x+1)(x-2)(x^2-x+1)(x^2+2x+4)$

3. 다음 각 나눗셈의 몫과 나머지를 구하여라.

(1) $(6x^3-11x^2+6x+2) \div (2x-1)$ (2) $(3x^4+4x^3+7x^2+5x-2) \div (3x+1)$

4. $x+y=4$, $x^2+y^2=8$ 일 때, x^3+y^3 의 값을 구하여라.

5. $x+y=-1$, $xy=1$ 일 때, 다음을 구하여라.

(1) x^2+y^2 (2) x^3 (3) x^4+y^4

(4) x^9+y^9 (5) $x^{20}+y^{20}$

6. $x^2+x+1=0$ 일 때, x^5+x 를 구하여라.

7. 대각선의 길이가 14 이고, 모든 모서리의 길이의 합이 88 인 직육면체의 겉넓이를 구하여라.

2. 항등식과 나머지정리

미지수 문자에 어떤 값을 대입하여도 항상 성립하는 등식을 그 문자에 대한 **항등식**이라고 한다. 항등식은 그 해집합이 실수 전체인 방정식이라고 볼 수 있다. 예를 들어 등식 $(x+1)^2 = x^2 + 2x + 1$ 은 x 에 어떤 실수값을 넣어도 좌변과 우변의 값이 같으므로 항등식이다. 항등식의 계수 중에 정해지지 않은 계수를 구하는 방법을 **미정계수법**이라고 한다. 미정계수법에는 다음 2가지 방법이 있다.

(1) **계수비교법** : 항등식의 양변에 있는 같은 차수의 항의 계수는 서로 같으므로 양변을 내림차순으로 정리한 다음 양변의 계수를 비교한다.

(2) **수치대입법** : 항등식의 미지수에 어떠한 값을 대입하여도 성립하므로 곱의 인수를 0 으로 만드는 적당한 수를 대입하여 계수를 결정한다.

예제 3.2.1 $a(x-2)+b(x-3)=x$ 이 x 에 대한 항등식이 되도록 다음과 같은 방법으로 실수 a, b 의 값을 구하여라.

(1) 계수비교법　　　　(2) 수치대입법

풀이 (1) 좌변을 전개하여 내림차순으로 정리하면

$$(a+b)x-2a-3b=x$$

이 되고, 양변의 계수를 비교하면

$$a+b=1,\ -2a-3b=0$$

이것을 풀면

$$a=3,\ b=-2$$

이다.

(2) $x=2$ 를 대입하면 $a(2-2)+b(2-3)=2$ 이므로, $-b=2$

$x=3$ 를 대입하면 $a(3-2)+b(3-3)=2$

따라서 $a=2, b=-2$ ■

일반적으로 다항식 $f(x)$ 를 $x-\alpha$ 로 나눈 몫을 $Q(x)$, 나머지를 R 이라 하면 다음 등식이 성립

한다.

$$f(x) = (x-\alpha)Q(x) + R$$

이것은 x에 대한 항등식이므로 $x=\alpha$를 대입하면

$$\begin{aligned} f(\alpha) &= (\alpha-\alpha)Q(x) + R \\ &= R \end{aligned}$$

이다. 정리하면 다음과 같다.

정리 3.2.1

나머지정리

다항식 $f(x)$를 일차식 $x-\alpha$로 나누었을 때, 나머지는 $f(\alpha)$이다.

예제 3.2.2 다항식 x^3-3x-1을 $x+2$로 나누었을 때의 나머지를 구하여라.

풀이 $f(x)=x^3-3x-1$로 놓으면 $f(-2)=(-1)^3-3\cdot(-2)-1=3$
이므로 구하려는 나머지는 3이다. ■

나머지정리로부터 $f(\alpha)=0$이라는 것은 $f(x)$가 일차식 $(x-\alpha)$로 나누었을 때 나머지가 0, 즉 $f(x)$가 $(x-\alpha)$로 나누어 떨어진다는 것을 의미한다. 역으로, $f(x)$가 $(x-\alpha)$로 나누어 떨어지면 나머지가 0이므로 역시 나머지정리로부터 $f(\alpha)=0$이다. 정리하면

정리 3.2.2

인수정리

다항식 $f(x)$가 $x-\alpha$를 인수로 갖기 위한 필요충분조건은 $f(\alpha)=0$이다. 즉,

'$f(x)$는 $x-\alpha$를 인수로 갖는다' $\Leftrightarrow$ $f(\alpha)=0$

예제 3.2.3 다항식 $f(x)=x^3-ax+2$가 $x+2$로 나누어 떨어질 때, 상수 a를 구하여라.

풀이 $f(-2)=(-2)^3-a(-2)+2=2a+6$
에서 인수정리에 의하여 $f(-2)=0$이므로 $a=3$이다. ■

다항식을 일차식으로 나눌 때 다항식의 계수들만을 이용하여 몫과 나머지를 구하는 방법이 있다. 예를 들어

$$a_3x^3 + a_2x^2 + a_1x + a_0$$

를 $x-\alpha$ 로 나눈 몫과 나머지를 각각

$$b_3x^2 + b_2x + b_1, \quad b_0$$

라고 하자. 그러면

$$\begin{aligned} a_3x^3 + a_2x^2 + a_1x + a_0 &= (x-\alpha)(b_3x^2 + b_2x + b_1) + b_0 \\ &= b_3x^3 + (b_2 - \alpha b_3)x^2 + (b_1 - \alpha b_2)x + (b_0 - \alpha b_1) \end{aligned}$$

이고 위 항등식의 양변을 계수비교하면

$$a_3 = b_3,\ a_2 = b_2 - \alpha b_3,\ a_1 = b_1 - \alpha b_2,\ a_0 = b_0 - \alpha b_1$$

이다. 다시 쓰면

$$b_3 = a_3,\ b_2 = a_2 + \alpha b_3,\ b_1 = a_1 + \alpha b_2,\ b_0 = a_0 + \alpha b_1$$

이 된다. 이것은 $a_3x^3 + a_2x^2 + a_1x + a_0$ 과 $x-\alpha$ 의 계수들만을 이용하여 몫과 나머지 즉

$$b_3x^2 + b_2x + b_1, \quad b_0$$

을 구할 수 있음을 보여준다. 예를 들어 $x^3 - x + 1$ 를 $x-2$ 로 나누어 나오는 몫과 나머지를 구하여 보자. 이것을 시각적으로 더 잘 보이기 위하여 다음과 같은 방법으로 계산해 보자.

$$\begin{array}{r|llll} & a_3 = 1 & a_2 = 0 & a_1 = -1 & a_0 = 1 \\ \alpha = 2 & \downarrow & \alpha b_3 = 2 & \alpha b_2 = 4 & \alpha b_1 = 6 \\ \hline & b_3 = 1 & b_2 = 2 & b_1 = 3 & |\ b_0 = 7 \end{array}$$

위에서 실제 사용된 숫자들만 남기면 다음과 같다.

$$\begin{array}{r|rrrr} & 1 & 0 & -1 & 1 \\ 2 & \downarrow & 2 & 4 & 6 \\ \hline & 1 & 2 & 3 & |\ 7 \end{array}$$

그러므로 $x^3 - x + 1$을 $x-2$ 로 나누었을 때 몫은 $x + 2x + 3$ 이고, 나머지는 7 이 된다. 즉

$$x^3 - x + 1 = (x-2)(x + 2x + 3) + 7$$

로 쓸 수 있다. 위와 같이 계수들만으로 다항식을 일차식으로 나누었을 때의 몫과 나머지를 구하는 방법을 **조립제법**이라고 한다.

연습문제 2. | 항등식과 나머지정리

1. 등식 $ax^3 - bx^2 + x + 3 = (x^2 - x - 1)(cx - d)$ 이 x 에 대한 항등식이 되도록 a, b, c, d 의 값을 정하여라.

2. 모든 실수 x, y 에 대하여 $ax - 3y + c = b(x + y) + 2$ 가 성립하도록 a, b, c 의 값을 정하여라.

3. $p(x)$ 가 다항식일 때, 등식$(x-1)(x^2-3)p(x) = x^4 + ax^2 + b$ 이 x 에 대한 항등식이 되도록 a, b의 값을 정하여라.

4. $4x^3 - 2x^2 - 4x + 5$ 를 $x + 1$ 로 나눈 나머지를 구하여라.

5. $x^4 + ax^3 + 4x^2 + ax + 3$ 을 $x - 1$ 로 나누어떨어질 때, 상수 a 를 구하여라.

6. 다음 나눗셈의 몫과 나머지를 조립제법을 사용하여 구하여라.

(1) $(6x^3 - 11x^2 + 6x + 2) \div (2x - 1)$ (2) $(3x^4 + 4x^3 + 7x^2 + 5x - 2) \div (3x + 1)$

3. 인수분해와 약수, 배수

하나의 다항식을 두 개 이상의 다항식의 곱으로 나타내는 것을 **인수분해**라고 한다. 이때 곱해진 다항식을 **인수**라고 한다. 반대로 다항식으로 곱으로 나타낸 식을 하나의 식으로 표현하는 것을 **전개**한다고 한다. 예를 들어 $(x+2)(x+3)=x^2+5x+6$ 에서

$$(x+2)(x+3) \underset{\text{인수분해}}{\overset{\text{전개}}{\rightleftarrows}} x^2+5x+6$$

이고, $x+2$ 와 $x+3$ 은 x^2+5x+6 의 인수이다.

따라서 인수분해 공식은 곱셈 공식의 역으로 나타낼 수 있다.

[인수분해 공식]

(0) $ax+ay=a(x+y)$

(1) $a^2+2ab+b^2=(a+b)^2$, $a^2-2ab+b^2=(a-b)^2$

(2) $a^2-b^2=(a+b)(a-b)$

(3) $x^2+(a+b)x+ab=(x+a)(x+b)$

(4) $acx^2+(ad+bc)x+bd=(ax+b)(cx+d)$

(5) $x^3+(a+b+c)x^2+(ab+bc+ca)x+abc=(x+a)(x+b)(x+c)$
$x^3-(a+b+c)x^2+(ab+bc+ca)x-abc=(x-a)(x-b)(x-c)$

(6) $a^2+b^2+c^2+2(ab+bc+ca)=(a+b+c)^2$

(7) $a^3+3a^2b+3ab^2+b^3=(a+b)^3$
$a^3-3a^2b+3ab^2-b^3=(a-b)^3$

(8) $a^3+b^3=(a+b)(a^2-ab+b^2)$
$a^3-b^3=(a-b)(a^2+ab+b^2)$

(9) $a^3+b^3+c^3-3abc=(a+b+c)(a^2+b^2+c^2-ab-bc-ca)$

(10) $a^4+a^2b^2+b^4=(a^2+ab+b^2)(a^2-ab+b^2)$

예제 3.3.1 다음을 인수분해하여라.

(1) $x^2+2x-15$ (2) $2x^2+5x-3$ (3) $x^3-6x^2+12x-8$

풀이 (1) $(x+5)(x-3)$ (2) $(2x-1)(x+3)$ (3) $(x-2)^3$ ■

문자가 한 개이면서 3차 이상인 다항식 $f(x)$를 인수분해할 때는 $f(\alpha)=0$을 만족하는 α 값을 구하여 $f(x)$를 $x-\alpha$로 나누는 조립제법을 이용할 수 있다. 여기서 α 값은

$$\alpha=\pm\frac{(\text{상수항의 약수})}{(\text{최고차항의 계수의 약수})}$$

중에서 구할 수 있다. 인수분해한 후에는 그 몫이 다시 인수분해되는지를 조사한다.

예제 3.3.2 x^3-7x-6을 인수분해하여라.

풀이 $f(x)=x^3-7x-6$를 $x-\alpha$로 나누어 떨어지는 α를 구하려면

$\alpha=\pm\dfrac{(\text{상수항}(-6)\text{의 약수})}{(\text{최고차항의 계수}(1)\text{의 약수})}=\pm\dfrac{1,2,3,6}{1}$에서 구한다.

$f(x)$에 -1을 대입하면 $f(-1)=0$이므로 $f(x)$는 $x+1$를 인수로 갖는다. 그러므로 아래와 같이 조립제법을 이용한다.

$$\begin{array}{r|rrrr} & 1 & 0 & -7 & 6 \\ -1 & \downarrow & -1 & 1 & 6 \\ \hline & 1 & -1 & -6 & \vert\ 0 \end{array}$$

그러므로 x^3-7x-6을 $x+1$로 나눈 몫은 x^2-x-6이고, 나머지는 0이다. 즉 $x^3-7x-6=(x+1)(x^2-x-6)$로 인수분해된다. ■

두 개의 다항식 $A, B\,(B\neq0)$ 사이에 어떤 다항식 C가 있어 관계식

$$A=B\cdot C$$

이 성립하면 A를 B의 **배수**, B를 A의 **약수**라고 한다.

두 개 이상의 다항식에서 공통인 약수를 공약수라 하고, 공약수 중 차수가 가장 높은 것을 **최대공약수**(G.C.D.)라고 한다. 두 개 이상의 다항식에서 공통인 배수를 공배수라 하고, 공배수 중 차수가 가장 낮은 것을 **최소공배수**(L.C.M.)라고 한다. 두 개의 다항식이 상수 이외의 공약수를 갖지 않을 때, 이 두 다항식을 **서로소**라고 한다.

두 다항식 A, B의 최대공약수를 G, 최소공배수를 L이라 하면 서로소인 다항식 α, β가 존재하여

(1) $A = G\alpha,\ B = G\beta$

(2) $L = G\alpha\beta,\ LG = AB$

를 만족한다.

예제 3.3.3 다음 식의 최대공약수와 최소공배수를 구하여라.

(1) $4x^3y^2z^2,\ 6x^2y^3z^3,\ -12x^2y^4z^4$ (2) $x^2-4x+3,\ x^2-1,\ x^3-1$

풀이 (1) 최대공약수 : $2x^2y^2z^2$, 최소공배수 : $12x^3y^4z^4$

(2) $x^2-4x+3=(x-1)(x-3)$

$x^2-1=(x-1)(x+1)$

$x^3-1=(x-1)(x^2+x+1)$

이므로 최대공약수는 $(x-1)$, 최소공배수는

$$(x-1)(x-3)(x+1)(x^2+x+1)$$

이다. ■

연습문제 3. 인수분해와 약수, 배수

1. 다음 식을 인수분해하여라.

(1) $6x^2 - xy - 2y^2$ (2) $2x^2 - 11xy + 12y^2$

(3) $x^6 - y^6$ (4) $x^3 + 6x^2y + 12xy^2 + 8y^3$

(5) $(x^2 - 3x)^2 - 2x^2 + 6x - 8$ (6) $x^4 + x^2 + 1$

(7) $x^3 + yx^2 - x - y$ (8) $x^2 - y^2 + 3x + y + 2$

2. 인수정리를 이용하여 다음 식을 인수분해하여라.

(1) $2x^3 - 3x^2 + 3x - 1$ (2) $3x^3 + 7x^2 - 4$

3. 다음 다항식들의 G.C.D.와 L.C.M.을 구하여라.

(1) $12a^4b^3cxy^2,\ -9a^2b^5c^3z,\ 6a^3b^4c^4w^2$ (2) $x - x^2,\ x^2 + x - 2,\ x^5 - x^4 - x^2 + x$

4. 정수 계수를 가진 두 다항식의 곱이 $x^3 - x^2 - 8x + 12$ 이고 최대공약수가 $x - 2$ 일 때, 두 다항식을 구하여라.

4. 유리식과 무리식

두 다항식 $f(x), g(x)$ 에 대하여 $\dfrac{f(x)}{g(x)}$ $(g(x) \neq 0)$ 의 꼴로 나타내어지는 식을 **유리식**이라고 한다. $g(x)=1$ 인 경우 유리식 $\dfrac{f(x)}{g(x)}$ 는 다항식이 되므로 다항식도 유리식의 일종임을 알 수 있다. 다항식이 아닌 유리식을 **분수식**이라고 한다. 분수식 $\dfrac{f(x)}{g(x)}$ 에서 $f(x)$ 와 $g(x)$ 가 서로소인 경우 이 분수식을 **기약분수**라고 한다. 유리식은 다음과 같은 기본연산을 통해 간단히 할 수 있다.

(1) 분수식이 곱 또는 나눗셈의 형태로 되어 있는 경우 분모, 분자를 인수분해한 후 기약분수식으로 만든다.

(2) 분수식이 합 또는 차의 형태로 되어 있는 경우 통분(각 단항식의 분모를 동일하게 만드는 일)한 후 분자들을 계산한다.

(3) 분수식의 분모 또는 분자가 분수식으로 되어 있는 식을 **번분수식**이라 하는데, 번분수식의 경우 다음과 같이 계산한다.

$$\frac{\frac{g(x)}{f(x)}}{\frac{k(x)}{r(x)}} = \frac{g(x)}{f(x)} \times \frac{r(x)}{k(x)} = \frac{g(x)r(x)}{f(x)k(x)}$$

예제 3.4.1 유리식 $\dfrac{x+1}{4x^2+4x+1} + \dfrac{x^2+1}{4x^2-1}$ 을 간단히 하여라.

풀이

$$\begin{aligned}
\frac{x+1}{4x^2+4x+1} + \frac{x^2+1}{4x^2-1} &= \frac{x+1}{(2x+1)^2} + \frac{x^2+1}{(2x+1)(2x-1)} \\
&= \frac{(x+1)(2x-1)+(x^2+1)(2x+1)}{(2x+1)^2(2x-1)} \\
&= \frac{(2x^2+x-1)+(2x^3+x^2+2x+1)}{(2x+1)^2(2x-1)} \\
&= \frac{x(2x^2+3x+3)}{(2x+1)^2(2x-1)}
\end{aligned}$$

■

예제 3.4.2 유리식 $1+\dfrac{1}{1+\dfrac{1}{x}}$ 을 간단히 하여라.

풀이

$$1+\frac{1}{1+\frac{1}{x}}=1+\frac{1}{\frac{x+1}{x}}=1+\frac{x}{x+1}=\frac{2x+1}{x+1}$$ ■

일반적으로 0이 아닌 두 수 a, b에 대하여 'a가 b의 몇 배인가'를 a의 b에 대한 비라 하고 이것을 $a:b$로 나타낸다. 이때 분수식 $\frac{a}{b}$의 값을 이 비의 값이라고 한다. 두 개의 비 $a:b$와 $c:d$의 값이 같을 때

$$a:b=c:d \text{ 또는 } \frac{a}{b}=\frac{c}{d}$$

로 나타내고 이 식을 **비례식**이라고 한다. 비례식의 외항의 곱은 내항의 곱과 같다. 즉 $ad=bc$가 성립한다. 그러므로 위 비례식은

$$\frac{a}{c}=\frac{b}{d}$$

와도 같다. 때로는 다음과 같이 세 개의 비를 같게 놓을 때가 있는데

$$a:b:c=x:y:z$$

이것은 $a:b=x:y$와 $b:c=y:z$가 동시에 성립한 것을 의미한다. 즉 $\frac{a}{x}=\frac{b}{y}$와 $\frac{b}{y}=\frac{c}{z}$가 동시에 성립하는 것이다. 그래서 이것을

$$\frac{a}{x}=\frac{b}{y}=\frac{c}{z}$$

와 같이 쓰기도 한다.

예제 3.4.3 $x:y:z=2:3:4$일 때, 다음 식의 값을 구하여라.

(1) $\dfrac{x+2y+3z}{x+y+z}$　　(2) $\dfrac{xy+yz+zx}{x^2+y^2+z^2}$

풀이

$x:y:z=2:3:4$로부터 $\frac{x}{2}=\frac{y}{3}=\frac{z}{4}=k\ (k\neq 0)$로 놓으면

$$x = 2k,\ y = 3k,\ z = 4k$$

이다.

(1) $\dfrac{x+2y+3x}{x+y+z} = \dfrac{2k+2(3k)+3(4k)}{2k+3k+4k} = \dfrac{20k}{9k} = \dfrac{20}{9}$

(2) $\dfrac{xy+yz+zx}{x^2+y^2+z^2} = \dfrac{(2k)(3k)+(3k)(4k)+(4k)(2k)}{(2k)^2+(3k)^2+(4k)^2} = \dfrac{26k^2}{29k^2} = \dfrac{26}{29}$ ■

예제 3.4.4 $\dfrac{x+y}{12} = \dfrac{y+z}{13} = \dfrac{z+x}{5}$ 에서 $x:y:z$ 를 구하여라.

풀이 $\dfrac{x+y}{12} = \dfrac{y+z}{13} = \dfrac{z+x}{5} = k\ (k \neq 0)$ 로 놓으면

$$x+y = 12k,\ y+z = 13k,\ z+x = 5k$$

이다. 위 세 식의 양변을 더하면

$$2(x+y+z) = 30k \text{ 또는 } x+y+z = 15k$$

따라서

$$x = 15k-(y+z) = 15k-13k = 2k$$

$$y = 15k-(z+x) = 15k-5k = 10k$$

$$z = 15k-(x+y) = 15k-12k = 3k$$

그러므로

$$x:y:z = 2:10:3$$ ■

근호 안에 문자가 있는

$$\sqrt{\frac{f(x)}{g(x)}} \quad (\text{단 } f(x), g(x) : \text{다항식, } g(x) \neq 0, \frac{f(x)}{g(x)} \geq 0)$$

와 같은 형태의 식을 **무리식**이라고 한다. 무리식의 계산을 위해서 제곱근의 성질과 분모의 유리화에 대하여 보자.

정리 3.4.1

제곱근의 성질

$a>0, b>0$ 일 때

(1) $\sqrt{a}\sqrt{b}=\sqrt{ab}$ (2) $\dfrac{\sqrt{a}}{\sqrt{b}}=\sqrt{\dfrac{a}{b}}$

(3) $\sqrt{a^2b}=a\sqrt{b}$ (4) $\sqrt{\dfrac{a}{b^2}}=\dfrac{\sqrt{a}}{b}$

예제 3.4.5 다음 무리식을 간단히 하여라.

(1) $(3\sqrt{2}-2\sqrt{3})^2$ (2) $(\sqrt{10}-\sqrt{2})(\sqrt{18}+\sqrt{90})$

(3) $\sqrt{\dfrac{5}{6}}\left(\sqrt{\dfrac{3}{10}}-\sqrt{\dfrac{2}{15}}\right)$

풀이

(1) $(3\sqrt{2})^2-2\cdot3\sqrt{2}\cdot2\sqrt{3}+(2\sqrt{3})^2=18-12\sqrt{6}+12$
$=30-12\sqrt{6}$

(2) $(\sqrt{10}-\sqrt{2})(3\sqrt{2}+3\sqrt{10})=3(\sqrt{10}-\sqrt{2})(\sqrt{10}+\sqrt{2})$
$=3\{(\sqrt{10})^2-(\sqrt{2})^2\}=24$

(3) $\sqrt{\dfrac{5\cdot3}{6\cdot10}}-\sqrt{\dfrac{5\cdot2}{6\cdot15}}=\sqrt{\dfrac{1}{4}}-\sqrt{\dfrac{1}{9}}=\dfrac{1}{2}-\dfrac{1}{3}=\dfrac{1}{6}$ ■

무리식에서 분모에 근호를 포함하고 있을 때, 그 식의 값은 변하지 않으면서 분모에서 근호를 없애는 것을 **분모의 유리화**라고 한다. 보통 곱셈 공식을 이용하여 분모의 유리화를 할 수 있다.

예제 3.4.6 다음 무리식에서 분모를 유리화하여라.

(1) $\dfrac{1}{\sqrt{x+1}}$ (2) $\dfrac{1}{\sqrt{x}+1}$

풀이

(1) $\dfrac{\sqrt{x+1}}{\sqrt{x+1}\sqrt{x+1}}=\dfrac{\sqrt{x+1}}{x+1}$

(2) $\dfrac{\sqrt{x}-1}{(\sqrt{x}+1)(\sqrt{x}-1)}=\dfrac{\sqrt{x}-1}{x-1}$ ■

예제 3.4.7 다음 무리식을 간단히 하여라.

$$\frac{1}{\sqrt{x+1}+\sqrt{x-1}}+\frac{1}{\sqrt{x+1}-\sqrt{x-1}}$$

풀이

$$\frac{\sqrt{x+1}-\sqrt{x-1})+\sqrt{x+1}+\sqrt{x-1}}{(\sqrt{x+1}+\sqrt{x-1})(\sqrt{x+1}-\sqrt{x-1})}$$

$$=\frac{2\sqrt{x+1}}{(x+1)-(x-1)}=\sqrt{x+1}$$ ■

유리수는 덧셈과 곱셈에 대해 닫혀있으므로 다음과 같은 두 무리수가 같을 조건이 성립된다. 유리수는 유리수끼리 같고, 무리수는 무리수끼리 같다.

정리 3.4.2

무리수의 상등

a,b,c,d :유리수, $\sqrt{p}, \sqrt{q}$:무리수일 때

(1) $a+b\sqrt{p}=c+d\sqrt{p} \Leftrightarrow a=c, c=d$

(2) $a+\sqrt{p}=b+\sqrt{q} \Leftrightarrow a=b, p=q$

예제 3.4.8 다음 식을 만족시키는 유리수 x, y를 구하여라.

(1) $x-2+\sqrt{5}=y+1+\sqrt{x-2}$

(2) $\dfrac{x}{\sqrt{3}-\sqrt{2}}+\dfrac{y}{\sqrt{3}+\sqrt{2}}=\dfrac{1}{\sqrt{3}+\sqrt{2}}$

풀이

(1) 무리수의 상등에 따라 $x-2=y+1, x-2=5$이다.

따라서 $x=7, y=4$ 이다.

(2) 양변의 분모를 유리화하면

$$x(\sqrt{3}+\sqrt{2})+y(\sqrt{3}-\sqrt{2})=\sqrt{3}-\sqrt{2}$$

을 얻고 정리하면

$$(x+y)\sqrt{3}+(x-y)\sqrt{2}=\sqrt{3}-\sqrt{2}$$

이고 무리수의 상등에 따라

$$x+y=1,\ x-y=-1$$

그러므로 $x=0, y=1$ 이다. ■

연습문제 4. 유리식과 무리식

1. 다음 분수식을 간단히 하여라.

(1) $\dfrac{1}{1-x}+\dfrac{1}{1+x}+\dfrac{2}{1+x^2}+\dfrac{4}{1+x^4}$

(2) $\dfrac{1}{a(a+1)}+\dfrac{1}{(a+1)(a+2)}+\dfrac{1}{(a+2)(a+3)}$

(3) $\dfrac{\dfrac{a^2}{b}-\dfrac{b^2}{a}}{\dfrac{1}{b}-\dfrac{1}{a}}$

(4) $\dfrac{1}{1-\dfrac{1}{1-\dfrac{1}{a}}}\times\dfrac{1}{1-\dfrac{1}{1+\dfrac{1}{a}}}$

2. $\dfrac{x+y}{3}=\dfrac{y+z}{4}=\dfrac{z+x}{5}$ 일 때, 다음 식의 값을 구하여라.

(1) $x:y:z$

(2) $\dfrac{1}{xy}:\dfrac{1}{yz}:\dfrac{1}{zx}$

(3) $\dfrac{xy+yz+zx}{x^2+y^2+z^2}$

3. 다음 식을 간단히 하여라.

(1) $\dfrac{2+\sqrt{3}}{2-\sqrt{3}}$

(2) $\sqrt{7+4\sqrt{3}}$

(3) $\sqrt{2+\sqrt{3}}-\sqrt{2-\sqrt{3}}$

4. $x=\sqrt{3}+\sqrt{2}$, $y=\sqrt{3}-\sqrt{2}$ 일 때, 다음 식의 값을 구하여라.

(1) $3x^2-5xy+3y^2$

(2) $x^4+x^2y^2+y^4$

(3) $\dfrac{y}{x^2+1}+\dfrac{x}{y^2+1}$

5. 다음 식을 만족하는 유리수 x, y 를 구하여라.

(1) $x-1+(y-x+2)\sqrt{2}=0$

(2) $x+2+(y-1)\sqrt{3}=3+4\sqrt{3}$

6. 유리수 x, y 가 $(x+\sqrt{2})(y+\sqrt{2})=4+3\sqrt{2}$ 를 만족할 때 x^3+y^3 의 값을 구하여라.

04 장

방정식과 부등식

등식(equality)은 두 식 또는 수가 같음을 기호로 나타낸 것으로 하나의 명제이다. 문자를 포함한 등식은 문자에 들어간 값에 따라 참일 수도 거짓일 수도 있다. 문자를 포함한 등식을 **방정식**(equation)이라 한다.

이제 방정식과 관련된 몇 가지 용어를 정의하도록 하겠다.

- 방정식에서 특정한 값을 찾아야 하는 문자를 **미지수**(unknown)라 하고, 반면, 방정식에서 값을 찾아 내는 것이 목적이 아닌 문자를 **문자 상수**(character constant)라고 한다. 한 문자가 미지수와 문자 상수인지는 미리 그 의미가 구분되어야 한다.

- 주어진 방정식의 미지수에 대입하였을 때 방정식을 참이 되게 하는 수 또는 식을 그 방정식의 **해**(solution) 또는 **근**(root)이라 하고, 방정식의 해 전체를 원소로 하는 집합을 방정식의 **해집합**(solution set)이라고 한다. "방정식을 푼다"라는 것은 방정식의 해집합을 구하는 것이다.

- 방정식에서 미지수의 개수를 나타내기 위하여 '**원**'이라는 용어를 사용한다.

- 특히, 등식의 양변이 다항식(polynomial)으로 된 방정식을 **다항방정식**(polynomial equation)이라 하고, 다항방정식을 "(다항식) = 0"의 꼴로 정리하였을 때 다항식의 차수를 방정식에서 '**차**'라는 용어로 나타낸다.

  예를 들면

  일원이차방정식: $x^2 - 5x + 6 = 0$
  이원일차방정식: $x + 2y = 0$
  이원이차방정식: $xy = 1$, $x^2 + y = 0$
  일원오차방정식: $x^5 + x^4 + x + 1 = 0$
  삼원삼차방정식: $x^2y + y^3 + xy + x + 5 = 0$

  등이 있다.

1. 일차방정식

미지수 x에 대한 일차방정식 $ax=b$의 해집합

미지수 x에 대한 일차방정식 $ax=b$의 해는 다음과 같다.

정리 4.4.1

$ax=b$의 해

일차방정식 $ax=b$에서(단, a, b는 문자 상수이다.)

(1) $a\neq 0$이면 $ax=b$는 한 개의 근 $x=\dfrac{b}{a}$를 갖는다.

(2) $a=0$, $b\neq 0$이면 $ax=b$의 근은 존재하지 않는다.

(3) $a=0$, $b=0$이면 $ax=b$의 근은 무수히 많다.

증명 (1) $a\neq 0$이므로 방정식 $ax=b$의 양변을 a로 나눈다.

(2) $0\times x=b(\neq 0)$이고 좌변은 0이므로 이 방정식을 만족하는 x는 존재하지 않는다.

(3) $0\times x=0$이고 좌변도 0이므로 어떠한 x를 대입하여도 방정식이 성립한다. ■

예제 4.1.1 미지수 x에 대한 방정식 $ax=a-1$의 해를 구하여라. (단, a는 상수)

풀이

(1) $a\neq 0$이면 $x=\dfrac{a-1}{a}$

(2) $a=0$이면 방정식은 $0\times x=-1$이 되므로 이 방정식을 만족하는 x는 존재하지 않는다. ■

절댓값을 포함하는 일차방정식

절댓값 안에 미지수 x를 포함하는 방정식의 해를 구하기 위하여는 절댓값의 성질을 이용하여 절댓값 기호를 없애야 한다. 예를 들어 $|x-5|$의 경우에는

(1) $x-5 \geq 0$이면 $|x-5|=x-5$

(2) $x-5<0$이면 $|x-5|=-x+5$

를 이용하여 미지수 x의 범위에 따른 경우를 나눈 다음 절댓값 기호를 없앤 후 방정식을 푼다. 방정식을 풀고 난 후 각 경우에 따른 x의 범위를 생각해 줘야 함을 잊지 않는다.

예제 4.1.2 방정식 $2|x-2|-|x-3|=5$의 해집합을 구하여라.

풀이 (1) $x \leq 2$일 경우

$|x-2|=-x+2$, $|x-3|=-x+3$이다. 따라서 방정식은

$$2(-x+2)-(-x+3)=5$$

$$-x+1=5$$

$$x=-4$$

$-4 \leq 2$이므로 $x=-4$는 위 방정식의 해가 된다.

(2) $2<x \leq 3$일 경우

$|x-2|=x-2$, $|x-3|=-x+3$이다. 따라서 방정식은

$$2(x-2)-(-x+3)=5$$

$$3x-7=5$$

$$x=4$$

$4>3$이므로 경우 $2<x \leq 3$에 맞지 않으므로 적당한 해가 되지 못한다.

(3) $x>3$일 경우

$|x-2|=x-2$, $|x-3|=x-3$이다. 따라서 방정식은

$$2(x-2)-(x-3)=5$$

$$x-1=5$$

$$x=6$$

$3>6$이므로 $x=6$은 위 방정식의 해가 된다.

(1), (2), (3)에 의하여 위 방정식의 해집합은 $\{-4, 6\}$이다. ■

연습문제 1. | 일차방정식

1. 다음 방정식을 풀어라.

(1) $|x+4| = 2x+5$

(2) $|x-1| + |x+2| = 5$

2. x 에 대한 방정식 $ax-a^2 = bx-b^2$ 을 풀어라.

3. x 에 대한 방정식 $(k^2+4k-5)x = -8x+k+3$ 의 해가 무수히 많을 때의 k 의 값을 a, 해가 없을 때의 k 의 값을 b 라고 할 때 $a+b$ 의 값을 구하여라.

4. 다음 x 에 대한 방정식의 모든 근을 구하여라.

$|x+1| + |x-a| = a+2$ (단, $a>-1$)

5. 방정식 $||x+1|-1| = x+1$ 의 해를 구하여라.

2. 이차방정식

이차방정식은 미지수의 최고 차수가 2인 방정식이다. 즉, 미지수 x에 대한 이차방정식은 일반적으로 $ax^2+bx+c=0$ 형태로 여기서 $a\neq 0$, b, c는 상수이다.

이차방정식의 풀이

이차방정식을 푸는 세 가지 방법은 다음과 같다.

(1) 방법 1 : 인수분해 이용
이차다항식의 인수분해와 다음과 같은 등식의 성질을 이용한다.
실수 A, B에 대하여 $AB=0 \Leftrightarrow A=0$ 또는 $B=0$
따라서 이차방정식을 $(ax-b)(cx-d)=0\,(a\neq 0,\ c\neq 0)$으로 변형하면 근은

$$x=\frac{b}{a} \text{ 또는 } x=\frac{d}{c}$$

이다.

(2) 방법 2 : 완전제곱식 이용
주어진 이차방정식을 완전제곱식을 포함한 등식, $(x-a)^2=b$ (a, b는 상수)으로 바꾼다.
$x-a=\pm\sqrt{b}$이므로

$$x=a\pm\sqrt{b}$$

이다. 여기서 $b\geq 0$이면 $\sqrt{b}$는 실수이고, $b<0$이면 $\sqrt{b}$는 복소수이다.

(3) 방법 3 : 근의 공식 이용
주어진 이차방정식 $ax^2+bx+c=0$ $(a\neq 0)$을 위에서와 같이 완전제곱식을 포함한 등식으로 바꾼다.

$$ax^2+bx+c=0$$

$$\Leftrightarrow x^2+\frac{b}{a}x+\frac{c}{a}=0$$

$$\Leftrightarrow (x+\frac{b}{2a})^2=\frac{b^2-4ac}{4a^2}$$

$$\Leftrightarrow x=-\frac{b}{2a}\pm\frac{\sqrt{b^2-4ac}}{2a}$$

따라서 주어진 방정식 $ax^2+bx+c=0$ $(a\neq 0)$에 대하여 다음과 같은 근의 공식을 얻는다.

$$x=-\frac{b}{2a}+\frac{\sqrt{b^2-4ac}}{2a} \text{ 또는 } x=-\frac{b}{2a}-\frac{\sqrt{b^2-4ac}}{2a}.$$

예제 4.2.1 다음 이차방정식을 풀어라.

(1) $x^2-7x+12=0$ (2) $\frac{1}{2}x^2+x-\frac{3}{2}=0$

풀이 (1) ① 인수분해하면 $(x-3)(x-4)=0$

따라서 $x=3$ 또는 $x=4$이다.

② 완전제곱식을 포함한 식으로 정리하면

$$x^2-7x+(\frac{7}{2})^2=(\frac{7}{2})^2-12 \Leftrightarrow (x-\frac{7}{2})^2=(\frac{1}{2})^2 \Leftrightarrow x=4 \text{ 또는 } x=3$$

③ 근의 공식에 의하여 계산하여도 $x=4$ 또는 $x=3$을 얻는다.

(2) 식의 양변에 2를 곱하면

$x^2+2x-3=0$

$(x+3)(x-1)=0$

따라서 $x=-3$ 또는 $x=1$이다. ■

이차방정식의 근과 계수의 관계

정리 4.2.1

x를 미지수로 하는 이차방정식 $ax^2+bx+c=0$ $(a\neq 0)$의 근을 α, β라 할 때

$$\alpha+\beta=-\frac{b}{a},\ \alpha\beta=\frac{c}{a}$$

증명 $ax^2+bx+c=0$의 해가 α, β이므로 인수분해하면

$$ax^2+bx+c=a(x-\alpha)(x-\beta)=0$$

이며

$$a(x-\alpha)(x-\beta)=ax^2-a(\alpha+\beta)x+a\alpha\beta=0$$

이므로 $ax^2+bx+c=0$과 계수를 비교하면

$$\alpha+\beta=-\frac{b}{a},\ \alpha\beta=\frac{c}{a}$$

를 얻는다. ■

예제 4.2.2 이차방정식 $x^2+5x+6=0$의 근을 α, β라 할 때 다음 두 수를 근으로 가지는 x에 대한 이차방정식을 구하여라.

(1) $\alpha+\beta$, $\alpha\beta$ (2) α^2, β^3 (3) $2\alpha-\beta, 2\beta-\alpha$

풀이 α, β가 방정식 $x^2+5x+6=0$의 근이므로 $\alpha+\beta=-5$, $\alpha\beta=6$이다.

(1) $p=\alpha+\beta$, $q=\alpha\beta$라 하면 $p=-5$, $q=6$이다.

$p+q=1$, $pq=-30$에서 p, q를 두 근으로 하는 방정식은 $x^2-x-30=0$이다.

(2) $p=\alpha^2$, $q=\beta^2$라 하면 $p+q=\alpha^2+\beta^2=(\alpha+\beta)^2-2\alpha\beta=(-5)^2-2\cdot 6=13$

$$pq=(\alpha\beta)^2=36$$

따라서 이차방정식은 $x^2-13x+36=0$이다.

(3) $p=2\alpha-\beta$, $q=2\beta-\alpha$라 하면 $p+q=2(\alpha+\beta)-(\alpha+\beta)=\alpha+\beta=-5$

$$pq=(2\alpha-\beta)(2\beta-\alpha)=5\alpha\beta-2(\alpha^2+\beta^2)=4$$

따라서 이차방정식은 $x^2+5x+4=0$이다. ■

이차방정식의 판별식

실수 계수를 갖는 이차방정식 $ax^2+bx+c=0$의 근의 공식은

$$x=-\frac{b}{2a}\pm\frac{\sqrt{b^2-4ac}}{2a}$$

이다. 이로부터 다음이 성립함을 알 수 있다.

정리 4.2.2

실수 계수를 갖는 이차방정식 $ax^2+bx+c=0$에서 $D=b^2-4ac$라고 하면

(1) $D>0$이면 $\sqrt{D}$는 실수이므로 $x=-\dfrac{b}{2a}\pm\dfrac{\sqrt{b^2-4ac}}{2a}$는 서로 다른 두 실근이다.

(2) $D=0$이면 $x=-\dfrac{b}{2a}$은 한 개이고, 두 근이 중복되므로 중근이다.

(3) $D<0$이면 $\sqrt{D}$는 순허수이므로 $x=-\dfrac{b}{2a}\pm\dfrac{\sqrt{b^2-4ac}}{2a}$는 서로 다른 두 허근이다.

예제 4.2.3 x에 대한 다음 이차방정식의 근을 판별하여라.

(1) $x^2-\sqrt{2}x+\sqrt{5}=0$ (2) $x^2-\sqrt{2}ax-\dfrac{1}{2}a-\dfrac{1}{2}=0$ (a는 실수)

풀이 (1) $D=(-\sqrt{2})^2-4\sqrt{5}<0$이므로 방정식의 근은 서로 다른 두 허근이다.

(2) $D=(-\sqrt{2}a)^2-4(-\dfrac{1}{2}a-\dfrac{1}{2})=2a^2+2a+2=2(a+\dfrac{1}{2})^2+\dfrac{3}{2}>0$이다.

따라서 방정식의 근은 서로 다른 두 실근이다. ■

연습문제 2. | 이차방정식

1. 다음 이차방정식을 풀어라.

(1) $x^2 - x - 2 + \sqrt{2} = 0$

(2) $x^2 - 3x - 2 = 0$

(3) $3x^2 - 10x + 30 = 0$

(4) $x^2 - 2\sqrt{2}x + 5 = 0$

2. 이차방정식 $x^2 - 2ax + b^2 + 1 = 0$이 실근을 가질 때, 이차방정식 $x^2 + 4ax + 2b = 0$의 근을 판별하여라.

3. 이차방정식 $x^2 - 3x + 1 = 0$의 두 근을 α, β 라고 할 때 $\left(\alpha^2 + \frac{1}{\beta}\right)\left(\beta^2 + \frac{1}{\alpha}\right)$의 값을 구하여라.

4. x에 대한 이차방정식 $x^2 - 2(m+a)x + m^2 - 2m + a^2 = 0$이 m의 값에 관계없이 항상 중근을 가질 때, 상수 a의 값을 구하여라.

5. x에 대한 이차방정식 $x^2 + 2(k-1)x + k^2 - 10 = 0$이 서로 다른 두 실근을 갖도록 하는 자연수 k의 개수를 구하여라.

3. 고차방정식

고차방정식이란 삼차 이상의 방정식을 말한다. 예를 들어

$$x^3+1=0 \text{ : 삼차방정식}$$
$$x^4+2x^2+x+1=0 \text{ : 사차방정식}$$

등이 있다. 고차방정식은 일차 또는 이차방정식에 비하여 그 풀이가 쉽지 않다는 점에서 구분된다. 다시 말하면 일차 또는 이차방정식의 경우에는 일반적인 해법이 존재하며 또한 그 해법이 그리 어렵지 않았다. 하지만 고차방정식의 경우에는 일반적인 해법이 존재하지 않거나 존재하더라도 그 해법에 매우 까다로운데 5차 이상의 방정식의 경우 그 일반적인 해법이 존재하지 않음이 수학자 아벨(N. H. Abel, 1802 - 1829)에 의하여 증명되었다. 또한 삼차방정식을 위한 카르다노의 해법(Cardano's method)과 페라리의 해법(Ferrari's method)이 존재하나 그 사용이 매우 까다롭다. 따라서 삼차방정식과 사차방정식의 경우 인수분해와 치환을 이용하는 간단한 해법을 알아보자.

고차방정식의 풀이

예제 4.3.1 인수분해를 이용하여 다음 방정식을 풀어라.

(1) $x^3-x=0$ (2) $x^4-5x^3+x^2-3x-18=0$

풀이 (1) $x^3-x=x(x^2-1)=x(x+1)(x-1)=0$에서 $x=-1, 0, 1$이다.

(2) $f(x)=x^4-5x^3+x^2-3x-18$이라면 $f(1)=f(3)=0$

좌변을 인수분해하면 $(x-1)(x+2)(x-3)^2=0$

따라서 방정식의 근은 $x=1, -2, 3$(중근)이 된다. ■

예제 4.3.2 치환을 이용하여 다음 방정식을 풀어라.

(1) $x^4+5x^2+6=0$ (2) $(x^2+3x-3)(x^2+3x+1)+3=0$

풀이 (1) $x^2=u$로 치환하면 $u^2+5u+6=(u+2)(u+3)=0$가 되어 $u=-2, -3$이다.

따라서 $x=\pm\sqrt{2}i, \pm\sqrt{3}i$, $i^2=-1$이다.

(2) $x^2+3x=u$로 치환하면

$(u+3)(u-1)+3=u^2+2u=u(u+2)=0$에서 $u=0,\ -2$이다.

$x^2+3x=x(x+3)=0$에서 $x=0,-3$이고

$x^2+3x=-2 \Leftrightarrow x^2+3x+2=0 \Leftrightarrow (x+1)(x+2)=0$에서 $x=-1,-2$이다. ■

삼차방정식 $x^3=1$

n차방정식 $x^n=1$의 근을 1의 n제곱근이라 하고, 이 수는 드 무아브르의 수(de Movire numbers)이라 불린다.

여기서는 $n=3$인 경우, 1의 세제곱근에 대하여 알아보자.

먼저 방정식 $x^3=1$을 풀어 보자.

$$x^3-1=(x-1)(x^2+x+1)=0$$

이므로 $x=1$ 또는 $x^2+x+1=0$이다.

$x\neq 1$이면 $x^2+x+1=0$이고 근의 공식에 의하여

$$x^2+x+1=0 \Leftrightarrow x=\frac{-1\pm\sqrt{3}i}{2}$$

위에서 $x^2+x+1=0$의 두 허근은 서로 켤레복소수 관계에 있으므로 한 근을 ω라면 다른 근은 $\overline{\omega}$이고 다음이 성립한다.

정리 4.3.1

$x^2+x+1=0$의 한 근을 ω라고 하면

(1) ω는 $x^2+x+1=0$의 근

(2) $\omega^3=1,\ \omega^2+\omega+1=0$

(3) $\omega+\overline{\omega}=-1,\ \omega\overline{\omega}=1,\ \omega^2=\overline{\omega}$

(4) $\omega+\dfrac{1}{\omega}=-1,\ \overline{\omega}+\dfrac{1}{\overline{\omega}}=-1$

(5) $a+b\omega=0 \Leftrightarrow a=0,\ b=0$ (단, a,b는 실수)

예제 4.3.3 삼차방정식 $x^3=1$의 한 허근을 ω라 할 때, 다음 값을 계산하여라.
(단, $\overline{\omega}$는 ω의 켤레복소수)

(1) $\omega^2+\omega$ (2) $\omega+\overline{\omega}$ (3) $\omega+\dfrac{1}{\omega}$

풀이 삼차방정식 $x^3=1$의 한 허근이 ω이므로
$\omega^3=1$ 방정식 $x^3=1$에서 $(x-1)(x^2+x=1)=0$이다.
ω는 방정식 $x^2+x+1=0$의 한 허근이므로 $\omega^2+\omega+1=0$
(1) 위 식에서 $\omega^2+\omega=-1$임을 알 수 있다.
(2) ω, $\overline{\omega}$는 방정식 $x^2+x+1=0$의 두 근이므로 근과 계수의 관계에 의하여 $\omega+\overline{\omega}=-1$이 성립한다.
(3) $\omega+\dfrac{1}{\omega}=\dfrac{\omega^2+1}{\omega}=\dfrac{-\omega}{\omega}=-1$이다. ■

삼차방정식의 근과 계수의 관계

정리 4.3.2

삼차방정식 $ax^3+bx^2+cx+d=0\,(a\neq 0)$의 세 근을 α, β, γ라고 하면

(1) $\alpha+\beta+\gamma=-\dfrac{b}{a}$

(2) $\alpha\beta+\beta\gamma+\gamma\alpha=\dfrac{c}{a}$

(3) $\alpha\beta\gamma=-\dfrac{d}{a}$

증명 세 근이 α, β, γ이므로 주어진 방정식은

$$a(x-\alpha)(x-\beta)(x-\gamma)=0$$

과 일치하여야 한다. 이를 방정식 $ax^3+bx^2+cx+d=0$과 비교하여 풀면 위 정리의 식들을 얻는다. ■

예제 4.3.4 삼차방정식 $x^3-5x^2+10x-5=0$의 세 근을 α, β, γ라고 할 때, $\alpha^2+\beta^2+\gamma^2$의 값을 구하여라.

풀이 삼차방정식의 근과 계수의 관계에 의하여

$$\alpha+\beta+\gamma=5,\ \alpha\beta+\beta\gamma+\gamma\alpha=10$$

$$\alpha^2+\beta^2+\gamma^2=(\alpha+\beta+\gamma)^2-2(\alpha\beta+\beta\gamma+\gamma\alpha)$$

$$=5^2-2\cdot 10=5$$

■

연습문제 3. | 고차방정식

1. 다음 방정식을 풀어라.

(1) $x^3=-1$ (2) $x^4=16$

2. x에 대한 삼차방정식 $x^3-2x^2+ax+6=0$의 한 근이 -2일 때, 실수 a의 값과 나머지 두 근을 구하여라.

3. 사차방정식 $(x^2+x-8)(x^2+7x-8)+5x^2=0$의 모든 정수근의 합을 구하여라.

4. 삼차방정식 $x^3-x^2+2=0$의 두 허근을 α, β 라 할 때, $\frac{1}{\alpha}+\frac{1}{\beta}$의 값을 구하여라.

5. x에 대한 삼차방정식 $x^3+(3a-1)x-3a=0$이 중근을 가질 실수 a의 값을 구하여라.

4. 연립방정식

연립방정식이란 두 개 이상의 식 속에서 두 개 이상의 문자가 있는 방정식을 의미한다. 따라서 모든 연립방정식 풀이의 기본은 문자수를 줄여 나가는 것이다.

연립일차방정식

미지수가 2개인 연립일차방정식은 두 방정식에서 하나의 미지수를 소거하여 풀고, 미지수가 3개인 연립일차방정식은 미지수 중에서 어느 하나를 소거하여 미지수가 2개인 연립일차방정식으로 만들어 푼다.

예제 4.4.1 연립방정식 $\begin{cases} 3x+2y+z=12 \\ x+y-z=6 \\ x-2y+z=-2 \end{cases}$ 를 풀어라.

풀이

$$\begin{cases} 3x+2y+z=12 & \cdots\cdots (ㄱ) \\ x+y-z=6 & \cdots\cdots (ㄴ) \\ x-2y+z=-2 & \cdots\cdots (ㄷ) \end{cases}$$

(ㄱ)+(ㄴ)을 하면

$$4x+3y=18 \quad \cdots\cdots (ㄹ)$$

(ㄴ)+(ㄷ)을 하면

$$2x-y=4 \quad \cdots\cdots (ㅁ)$$

(ㄹ)+(ㅁ)×3을 하면

$$x=3$$

을 얻는다. 마찬가지로 $y=2$과 $z=-1$을 구한다. ■

참고 연립방정식 중에는 해가 무수히 많거나 하나도 없는 경우도 있다.

예제 4.4.2 다음 연립방정식을 풀어라.

(1) $\begin{cases} x+y+3z=6 \\ 2x+y-z=6 \\ 3x+2y+2z=10 \end{cases}$ (2) $\begin{cases} x+y-z=5 \\ 2x-y+2z=8 \\ 3x+z=13 \end{cases}$

풀이

(1) $\begin{cases} x+y+3z=6 & \cdots\cdots (ㄱ) \\ 2x+y-z=6 & \cdots\cdots (ㄴ) \\ 3x+2y+2z=10 & \cdots\cdots (ㄷ) \end{cases}$

(ㄱ)+(ㄴ)을 하면

$$3x+2y+2z=12 \quad \cdots\cdots (ㄹ)$$

(ㄷ)−(ㄹ)에서 좌변은 0, 우변은 −2이므로 연립방정식의 해는 존재하지 않는다.

(2) $\begin{cases} x+y-z=5 & \cdots\cdots (ㄱ) \\ 2x-y+2z=8 & \cdots\cdots (ㄴ) \\ 3x+z=13 & \cdots\cdots (ㄷ) \end{cases}$

(ㄱ)+(ㄴ)을 하면

$$3x+z=13 \quad \cdots\cdots (ㄹ)$$

(ㄷ)과 (ㄹ)은 일치하므로 이것을 만족하는 x, z의 값은 하나로 정해지지 않는다. $x=k$라고 하면 $x=k$, $y=18-4k$, $z=13-3k$, k는 임의의 실수로 표현할 수 있으므로 주어진 연립방정식의 해는 무수히 많다. ■

미지수가 2개인 연립일차방정식의 해의 개수와 두 직선의 위치 관계

연립방정식

$$\begin{cases} ax+by+c=0 \\ a'x+b'y+c'=0 \end{cases}$$

의 근의 개수와 각각의 일차방정식이 나타내는 직선의 위치 관계는 다음과 같음을 알 수 있다.

(1) 위 연립방정식의 해가 1개이다.

⇔ 두 직선이 한 점에서 만난다.

⇔ $\dfrac{a}{a'} \neq \dfrac{b}{b'}$

(2) 위 연립방정식의 해가 없다.

⇔ 두 직선이 만나지 않는다.

$$\Leftrightarrow \frac{a}{a'} = \frac{b}{b'} \neq \frac{c}{c'}$$

(3) 위 연립방정식의 해가 무수히 많다.

$\Leftrightarrow$ 두 직선이 일치한다.

$$\Leftrightarrow \frac{a}{a'} = \frac{b}{b'} = \frac{c}{c'}$$

예제 4.4.3 연립방정식 $\begin{cases} ax+y=4 \\ 6x+(a+1)y=12 \end{cases}$ 가 무수히 많은 해를 가질 때의 a의 값과 해가 없을 때의 a의 값을 각각 구하여라.

풀이

$$\begin{cases} ax+y=4 & \cdots (ㄱ) \\ 6x+(a+1)y=12 & \cdots (ㄴ) \end{cases}$$

에서 $(a+1)\times$(ㄱ)$-$(ㄴ)을 하면

$$(a^2+a-6)x = 4(a-2)$$

$$(a+3)(a-2)x = 4(a-2)$$

(1) 주어진 연립방정식의 해가 무수히 많기 위한 방정식의 모양은

$$0 \cdot x = 0$$

따라서 $a-2=0$, 즉 $a=2$

(2) 주어진 연립방정식의 해가 없기 위한 방정식의 모양은

$$0 \cdot x = k \ (k \neq 0)$$

따라서 $a+3=0$, 즉 $a=-3$ ■

연립이차방정식

차수가 가장 높은 방정식이 이차방정식일 때, 이 연립방정식을 **연립이차방정식**이라고 한다. 연립이차방정식의 풀이법을 알아보자.

(1) 일차방정식과 이차방정식으로 이루어진 연립일차방정식의 경우에는 일차방정식을 어느 한 문자에 대하여 정리한 다음 이차방정식에 대입한다.

(2) 두 이차방정식으로 이루어진 연립방정식의 경우에는 인수분해, 상수항 소거, 이차항 소거 등을 이용하여 일차방정식을 만든 후 한 이차방정식과 연립하여 푼다.

예제 4.4.4 (1) $\begin{cases} x-y=-2 \\ x^2+y^2=20 \end{cases}$ (2) $\begin{cases} x^2+xy-2y^2=0 \\ x^2+2xy-y^2=8 \end{cases}$ (3) $\begin{cases} x+y=2 \\ xy=-8 \end{cases}$

풀이

(1) $x-y=-2$에서 $y=x+2$를 $x^2+y^2=20$에 대입하여 풀면

$$x^2+2x-8=0,\ (x+4)(x-2)=0$$

따라서 $x=-4$ 또는 $x=2$

첫 번째 식으로부터 $x=-4$이면 $y=-2$, $x=2$이면 $y=4$

따라서 구하는 해는

$$\begin{cases} x=-4 \\ y=-2 \end{cases} \text{ 또는 } \begin{cases} x=2 \\ y=4 \end{cases}$$

(2) $x^2+xy-2y^2=0$에서 $(x-y)(x+2y)=0$

따라서 $x=y$ 또는 $x=-2y$

① $x=y$를 $x^2+2xy-y^2=8$에 대입하면

$$y^2+2y^2-y^2=8,\ y^2=4$$

따라서 $x=\pm 2$, $y=\pm 2$ (복호동순)

② $x=-2y$를 $x^2+2xy-y^2=8$에 대입하면

$$(-2y)^2+2(-2y)y-y^2=8,\quad y^2=-8$$

그러므로 $y=\pm 2\sqrt{2}\,i$, $x=\mp 4\sqrt{2}\,i$(복호동순)

①, ②에서 구하는 해는

$$\begin{cases} x=2 \\ y=2 \end{cases} \text{ 또는 } \begin{cases} x=-2 \\ y=-2 \end{cases} \text{ 또는 } \begin{cases} x=-4\sqrt{2}\,i \\ y=2\sqrt{2}\,i \end{cases} \text{ 또는 } \begin{cases} x=4\sqrt{2}\,i \\ y=-2\sqrt{2}\,i \end{cases}$$

(3) $x+y=2$, $xy=-8$이므로 x, y는 이차방정식 $p^2-2p-8=0$의 두 근이다.

$(p-4)(p+2)=0$에서 $p=4$또는 $p=-2$

따라서 구하는 해는

$$\begin{cases} x=4 \\ y=-2 \end{cases} \text{ 또는 } \begin{cases} x=-2 \\ y=4 \end{cases}$$

■

연습문제 4. 연립방정식

1. 연립방정식 $\frac{x-y}{5}=\frac{y-z}{4}=\frac{z+x}{5}=1$의 해 x, y, z를 구하여라.

2. x, y 에 대한 연립방정식 $\begin{cases} 5x+3y=kx \\ 8x+3y=ky \end{cases}$ 의 해가 2개 이상 존재하게 하는 k의 값을 구하여라.

3. 연립방정식 $\begin{cases} kx+y+z=k \\ x+ky+z=1 \\ x+y+kz=2 \end{cases}$ 의 해가 없기 위한 상수 k의 값을 구하여라.

4. 연립방정식 $\begin{cases} x^2-2xy-3y^2=5 \\ 2x^2+3xy+y^2=3 \end{cases}$ 의 해를 구하여라.

5. 연립방정식 $\begin{cases} x^2+xy-2y^2=0 \\ x^2+2xy-y^2=8 \end{cases}$ 을 만족하는 실수 해를 구하여라.

5. 공통근과 부정방정식

공통근

두 방정식 $f(x)=0$, $g(x)=0$의 공통근을 α라고 하면 $f(\alpha)=0$, $g(\alpha)=0$이므로, 이 두 식을 연립하여 최고차항 또는 상수항을 소거한 후 공통근을 구한다.

예제 4.5.1 다음 세 방정식이 공통근을 가질 때, 상수 k의 값을 구하여라.

$$x^2-4x+3=0,\ x^2-2x-3=0,\ x^2-kx+12=0$$

풀이

$x^2-4x+3=0$에서 $(x-3)(x+1)=0$

$x^2-2x-3=0$에서 $(x-3)(x+1)=0$

이므로 공통근은 $x=3$

따라서 $x=3$이 $x^2-kx+12=0$의 근이 되어야 하므로 $k=7$이다. ■

부정방정식

방정식의 개수가 미지수의 개수보다 적어 그 근을 정할 수 없는 방정식을 **부정방정식**이라 한다.

(1) 정수 조건의 부정방정식

(일차식) × (일차식) = (정수)의 꼴로 변형한다.

(2) 실수 조건의 부정방정식

- 실수 x, y에 대한 이차방정식으로 주어지면 한 문자에 대하여 정리한 후 판별식 $D \geq 0$임을 이용한다.
- A, B가 실수이고 $A^2+B^2=0$의 꼴이면 $A=0$, $B=0$임을 이용한다.

예제 4.5.2 방정식 $2xy-2x-3y-7=0$을 만족하는 자연수 x, y에 대하여 $x+y$의 최댓값을 구하여라.

풀이 $2xy-2x-3y-7=0$에서

$$(2x-3)(y-1)=10$$

x, y는 자연수이므로

$2x-3 \geq -1$, $y-1 \geq 0$인 정수들이다. 또한 $2x-3$은 홀수이어야 한다. 따라서

$2x-3$	1	5
$y-1$	10	2

이 성립한다.

$$2x-3=1,\ y-1=10\text{에서 } x=2,\ y=11$$

$$2x-3=5,\ y-1=2\text{에서 } x=4,\ y=3$$

을 얻는다.

따라서 $x+y$의 최댓값은 13이다. ■

예제 4.5.3 방정식 $x^2-4xy+5y^2+2x-8y+5=0$을 만족하는 두 실수 x, y에 대하여 $x+y$의 값을 구하여라.

풀이 $x^2-4xy+5y^2+2x-8y+5=0$을 x에 대하여 정리하면

$$x^2-2(2y-1)x+(5y^2-8y+5)=0$$

x는 실수이므로 $\frac{D}{4}=(2y-1)^2-(5y^2-8y+5) \geq 0$이어야 한다. 이를 정리하면

$$(y-2)^2 \leq 0$$

그러므로 $y=2$이고, 이것을 위 식에 대입하면

$x^2-6x+9-0$, $(x-3)^2-0$에서 $x=3$

그러므로 $x+y=5$ ■

연습문제 5. | 공통근과 부정방정식

1. x에 대한 두 이차방정식 $x^2-x+2a=0$, $x^2+3x+2=0$이 공통근을 가질 때, 상수 a의 값을 구하여라.

2. x에 대한 두 이차방정식 $x^2+kx+3=0$, $x^2+3x+k=0$이 오직 하나의 공통근을 가질 때, 상수 k의 값과 공통근을 구하여라

3. 방정식 $xy+2x+2y+3=0$을 만족시키는 정수 x, y의 값을 구하여라.

4. 방정식 $(x^2+4xy+y^2-10)^2+(x-y-2)^2=0$을 만족시키는 실수 x, y에 대하여 $(x+y)^2$의 값을 구하여라.

5. 방정식 $x^2-2xy+2y^2+4x-6y+5=0$을 만족시키는 실수 x, y에 대하여 $x+y$의 값을 구하여라.

6. 부등식

부등호 $>$, $<$, $\geq$, $\leq$를 사용하여 두 수 또는 두 식의 대소 관계를 나타낸 식을 부등식이라 하고, 주어진 부등식을 만족시키는 미지수의 값 또는 값의 범위를 부등식의 해라고 한다.

부등식에서 다음의 기본 성질이 성립한다.

(1) $a > b, b > c$ 이면 $a > c$

(2) $a > b$ 이면 $a+c > b+c$, $a-c > b-c$

(3) $a > b$, $c > 0$ 이면 $ac > bc$, $\frac{a}{c} > \frac{b}{c}$

(4) $a > b$, $c < 0$이면 $ac < bc$, $\frac{a}{c} < \frac{b}{c}$

예제 4.6.1 $a > 0$, $b > 0$일 때, 다음을 증명하여라.

$$a > b \Longleftrightarrow a^2 > b^2$$

증명 $a > 0$, $b > 0$이므로 $a+b > 0$이다.

$$\begin{aligned} a > b &\Longrightarrow a-b > 0 \\ &\Longrightarrow (a-b)(a+b) > 0 \\ &\Longrightarrow a^2 - b^2 > 0 \\ &\Longrightarrow a^2 > b^2 \end{aligned}$$

역으로

$$\begin{aligned} a^2 > b^2 &\Longrightarrow a^2 - b^2 > 0 \\ &\Longrightarrow (a-b)(a+b) > 0 \\ &\Longrightarrow a-b > 0 \\ &\Longrightarrow a > b \end{aligned}$$

따라서 $a > b \Longleftrightarrow a^2 > b^2$ ■

일차부등식

(1) 일차부등식

주어진 부등식을 이항하여 정리했을 때 좌변이 x 에 대한 일차식으로 나타나는 부등식을 **일차부등식**이라고 한다.

(2) 부등식 $ax > b$ (a, b 는 상수)의 해

① $a > 0$일 때 $x > \frac{b}{a}$

② $a < 0$일 때 $x < \frac{b}{a}$

③ $a = 0$일 때

$b \geq 0$인 경우 $0 \cdot x > b$가 되어 부등식을 만족하는 실수 x는 존재하지 않는다.

$b < 0$인 경우 $0 \cdot x > b$가 되어 모든 실수 x는 부등식을 만족한다.

예제 4.6.2 x 에 대한 부등식 $(6a+2)x-5 \leq ax+9$를 풀어라. (단, a는 상수)

단, 위 부등식에서 a 는 상수이다.

풀이 부등식 $(6a+2)x-5 \leq ax+9$에서 $(5a+2)x \leq 14$

(1) $a > -\frac{2}{5}$일 때

$5a+2 > 0$이므로 $x \leq \frac{14}{5a+2}$

(2) $a < -\frac{2}{5}$일 때

$5a+2 < 0$이므로 $x \geq \frac{14}{5a+2}$

(3) $a = -\frac{2}{5}$일 때

$0 \cdot x \leq 14$이므로 해는 모든 실수이다. ■

예제 4.6.3 주어진 연립부등식

$1 \le x+y \le 4$

$3 \le x-2y \le 6$

을 만족하는 실수 x, y에 대하여 $a \le 5x-y \le b$ 가 성립할 때, a 의 최댓값과 b 의 최솟값을 각각 구하여라(단, a, b는 상수).

풀이 $1 \le x+y \le 4$ 에서

$$3 \le 3x+3y \le 12$$

$3 \le x-2y \le 6$ 에서

$$6 \le 2x-4y \le 12$$

두 부등식으로부터 $9 \le 5x-y \le 24$ 를 얻는다.

그러면 $a \le 5x-y \le b$ 는 $9 \le 5x-y \le 24$ 를 만족해야 하므로

$$a \le 9\,,\ b \ge 24$$

이다. 따라서 a 의 최댓값은 9, b 의 최솟값은 24 이다. ■

이차부등식

주어진 부등식에서 모든 항을 좌변으로 이항하여 정리하였을 때 좌변이 x 에 대한 이차식인 부등식을 **이차부등식**이라고 한다.

이차부등식은 이차부등식의 좌변을 0 으로 하는 이차방정식 $ax^2+bx+c=0\ (a>0)$의 판별식 $D=b^2-4ac$의 부호에 따라 그 해가 달라진다.

(1) $D>0$인 경우 이차부등식의 해

$a>0$일 때 이차방정식 $ax^2+bx+c=0$이 서로 다른 두 실근을 α, $\beta\,(\alpha<\beta)$를 가지면

- $ax^2+bx+c>0$ 의 해는 $x<\alpha$ 또는 $x>\beta$
- $ax^2+bx+c<0$ 의 해는 $\alpha<x<\beta$
- $ax^2+bx+c\ge 0$ 의 해는 $x\le\alpha$ 또는 $x\ge\beta$
- $ax^2+bx+c\le 0$ 의 해는 $\alpha\le x\le\beta$

(2) $D=0$인 경우 이차부등식의 해

$a>0$일 때, 이차방정식 $ax^2+bx+c=0$이 중근 α를 가지면

- $ax^2+bx+c>0$의 해는 $x \neq \alpha$인 모든 실수
- $ax^2+bx+c<0$의 해는 없다.
- $ax^2+bx+c \geq 0$의 해는 모든 실수
- $ax^2+bx+c \leq 0$의 해는 $x=\alpha$

(3) $D<0$인 경우 이차부등식의 해

$a>0$일 때, 이차방정식 $ax^2+bx+c=0$이 허근을 가지면

- $ax^2+bx+c>0$의 해는 모든 실수
- $ax^2+bx+c<0$의 해는 없다.
- $ax^2+bx+c \geq 0$의 해는 모든 실수
- $ax^2+bx+c \leq 0$의 해는 없다.

예제 4.6.4 다음 부등식을 풀어라.

(1) $x^2-\frac{5}{2}x-\frac{3}{2}>0$

(2) $-x^2+3x+2 \geq 0$

풀이

(1) 이차방정식 $x^2-\frac{5}{2}x-\frac{3}{2}=0$에서 $(2x+1)(x-3)=0$이므로

$$x=-\frac{1}{2} \text{ 또는 } x=3$$

따라서 구하는 부등식의 해는

$$x<-\frac{1}{2} \text{ 또는 } x>3$$

(2) 양변에 -1을 곱하면 $x^2-3x-2 \leq 0$

이차방정식 $x^2-3x-2=0$에서 $(x-2)(x-1)=0$이므로

$$x=2 \text{ 또는 } x=1$$

따라서 구하는 부등식의 해는

$$1 \leq x \leq 2$$

■

예제 4.6.5 x에 대한 이차부등식 $ax^2+5x-6<0$의 해가 $x<2$ 또는 $x>3$일 때, 상수 a의 값을 구하여라.

풀이 해가 $x<2$ 또는 $x>3$이고, 이차항의 계수가 1인 이차부등식은

$$(x-2)(x-3) > 0$$

$$\Leftrightarrow \ x^2 - 5x + 6 > 0 \quad \cdots\cdots \ (ㄱ)$$

이 부등식은 주어진 부등식 $ax^2 + 5x - 6 < 0$과 같아야 하므로 $a < 0$이어야 한다. 따라서 (ㄱ)의 양변에 a를 곱하면 $ax^2 - 5ax + 6a < 0$이고 위 부등식과의 계수를 비교하면 $-5a = 5$, $6a = -6$, 따라서 $a = -1$을 얻는다. ■

예제 4.6.6 x 에 대한 이차부등식 $f(x) > 0$의 해가 $-3 < x < 6$ 일 때, 부등식 $f(2x+1) > 0$ 의 해를 구하여라.

풀이 해가 $-3 < x < 6$이고, 이차항의 계수가 1인 이차부등식은

$$(x+3)(x-6) < 0 \quad \cdots\cdots \ (ㄱ)$$

(ㄱ)과 $f(x) > 0$을 비교하면 부등호의 방향이 다르므로 (ㄱ)의 양변에 $a < 0$을 곱하면 $a(x+3)(x-6) > 0$. 따라서

$$f(x) = a(x+3)(x-6)$$

그리고

$$f(2x+1) = a(2x+4)(2x-5)$$

따라서 $f(2x+1) > 0$ 을 풀면

$$a(2x+4)(2x-5) > 0$$

$$(2x+4)(2x-5) < 0 \ \ (a < 0\text{임에 주의})$$

그러므로 $-2 < x < \dfrac{5}{2}$이다. ■

예제 4.6.7 x에 대한 이차부등식 $-x^2 + (k+2)x - 2k - 1 \geq 0$의 해가 존재하지 않을 때, 실수 k의 값의 범위를 구하여라.

풀이 이차부등식 $-x^2 + (k+2)x - (2k+1) \geq 0$에서

$$x^2 - (k+2)x + (2k+1) \leq 0$$

이 성립한다. 위 부등식을 만족하는 해가 존재하지 않으려면 이차방정식

$$x^2 - (k+2)x + (2k+1) = 0$$

에서 판별식 $D < 0$이어야 하므로

$$D = (k+2)^2 - 4(2k+1) < 0$$

이다. 따라서 $0 < k < 4$이다. ■

절댓값 기호가 포함된 부등식

절댓값 기호가 포함된 x에 대한 부등식을 풀기 위하여 먼저 x구간을 나누어 절댓값 기호를 없애고 다음과 같은 순서로 부등식의 해를 구한다.

(1) 절댓값 기호 안의 식이 0 이 되는 x의 값을 기준으로 x 의 구간을 나눈다.

(2) 각 구간에서 절댓값 기호를 없앤 후 부등식의 해를 구한다.

(3) 각 구간에서 구한 해를 합한 범위(합집합)를 주어진 부등식의 해로 한다.

예제 4.6.8 이차부등식 $x^2-2x-3<3|x-1|$을 풀어라.

풀이 절댓값 기호 안의 식 $x-1$을 0으로 하는 $x=1$을 기준으로 구간을 나누면

(1) $x<1$ (2) $x\geq 1$

(1) $x<1$일 때 $x^2-2x-3<-3(x-1)$

$x^2+x-6<0$, $(x+3)(x-2)<0$

$\therefore\ -3<x<2$

그런데 $x<1$이므로 $-3<x<1$

(2) $x\geq 1$일 때 $x^2-2x-3<3(x-1)$

$x^2-5x<0$, $x(x-5)<0$ $\therefore\ 0<x<5$

그런데 $x\geq 1$이므로 $1\leq x<5$

구하는 해는 (1)과 (2)에서의 해의 합집합이므로

$-3<x<5$ ■

예제 4.6.9 부등식 $|x|+|x-2|\leq 6$을 풀어라.

풀이 주어진 부등식에서

$$|x|=\begin{cases} x\ (x\geq 0) \\ -x\ (x<0)\end{cases},\quad |x-2|=\begin{cases} x-2\ (x\geq 2) \\ -x+2\ (x<2)\end{cases}$$

이므로 x의 값의 범위를 $x<0$, $0\leq x<2$, $x\geq 2$의 세 경우로 나누어 푼다.

(1) $x<0$일 때

$-x-(x-2)\leq 6$에서 $-2x+2\leq 6$

$2x\geq -4$ $\therefore\ x\geq -2$

그런데 $x < 0$이므로

$$-2 \le x < 0$$

(2) $0 \le x < 2$일 때

$x-(x-2) \le 6$에서 $2 \le 6$이므로 부등식은 항상 참이 된다.

그런데 $0 \le x < 2$이므로

$$0 \le x < 2$$

(3) $x \ge 2$일 때

$x+(x-2) \le 6$에서 $2x-2 \le 6$

$$2x \le 8 \qquad \therefore\ x \le 4$$

그런데 $x \ge 2$이므로

$$2 \le x \le 4$$

(1), (2), (3)에서 $-2 \le x \le 4$ ■

절대부등식의 증명

$2x^2 \ge 0$, $x-2 < x$, $-(x-1)^2 \le 0$은 x에 어떤 실수를 대입하여도 항상 성립한다.

이와 같이 문자를 포함한 부등식에서 그 문자에 어떤 실수를 대입하여도 항상 성립하는 부등식을 **절대부등식**이라고 한다.

부등식을 증명할 때에는 다음과 같은 실수의 성질이 자주 이용된다.

임의의 실수 a, b에 대하여

(1) $a > b \iff a-b > 0$

(2) $a^2 \ge 0$, $a^2+b^2 \ge 0$

(3) $a^2+b^2 = 0 \iff a=b=0$

(4) $|a|^2 = a^2$, $|ab| = |a||b|$

(5) $a > 0$, $b > 0$일 때, $a > b \iff a^2 > b^2$

예제 4.6.10 부등식 $a^2+b^2 \ge ab$를 증명하고, 등호가 성립하는 경우를 말하여라.

증명

좌변에서 우변을 뺀 후 정리하면 $a^2+b^2-ab=\left(a-\frac{b}{2}\right)^2+\frac{3}{4}b^2$

그런데 $\left(a-\frac{b}{2}\right)^2 \geq 0$, $\frac{3}{4}b^2 \geq 0$이므로 $a^2+b^2-ab \geq 0$

따라서 $a^2+b^2 \geq ab$

여기서 등호가 성립하는 경우는 $a-\frac{b}{2}=0$, $b=0$, 즉 $a=b=0$일 때이다. ■

예제 4.6.11 $a>0$, $b>0$일 때, 다음 부등식을 증명하여라.

$$\frac{a+b}{2} \geq \sqrt{ab}$$

증명

$a>0$, $b>0$이므로

$$\sqrt{ab}=\sqrt{a}\sqrt{b}$$

좌변에서 우변을 뺀 후 정리하면

$$\frac{a+b}{2}-\sqrt{ab}=\frac{(\sqrt{a})^2-2\sqrt{a}\sqrt{b}+(\sqrt{b})^2}{2}$$

$$=\frac{(\sqrt{a}-\sqrt{b})^2}{2} \geq 0$$

따라서 $\frac{a+b}{2} \geq \sqrt{ab}$이다.

여기서 등호가 성립하는 경우는 $\sqrt{a}=\sqrt{b}$, 즉 $a=b$일 때이다. ■

기하학적 성질을 이용한 절대부등식의 증명

도형의 기하학적 성질을 적절히 이용하면 절대부등식의 증명을 아주 쉽고 재미있게 할 수 있다.

다음의 몇 가지 예를 살펴보기로 한다.

예제 4.6.12 $x>1$일 때 $x+\frac{1}{x}>2$임을 증명하여라.

증명

$x>1$이면 $x-\frac{1}{x}>0$이고

$$\left(x-\frac{1}{x}\right)^2+2^2=\left(x+\frac{1}{x}\right)^2$$

따라서 오른쪽 직각삼각형에서 $x+\dfrac{1}{x}>2$이다.

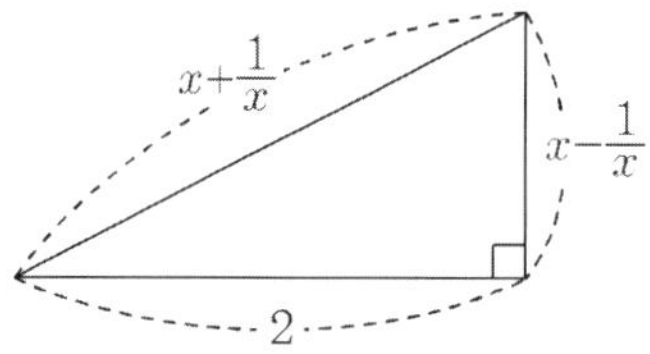

예제 4.6.13 네 양수 a, b, c, d에 대하여 $\dfrac{a}{b}<\dfrac{c}{d}$일 때, $\dfrac{a}{b}<\dfrac{a+c}{b+d}<\dfrac{c}{d}$임을 증명하여라.

증명 $\dfrac{a}{b}<\dfrac{c}{d}$일 때 오른쪽 그림

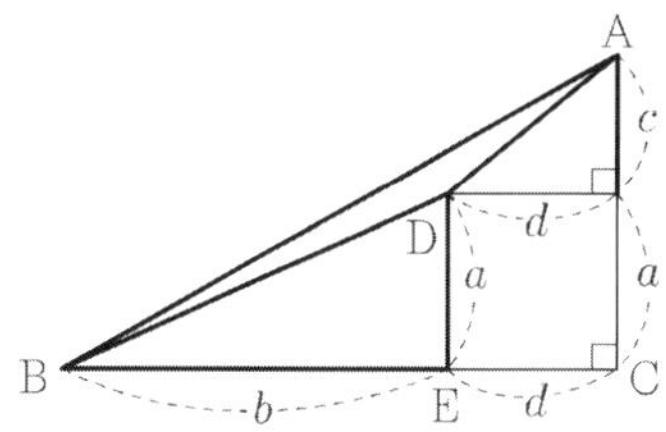

$\dfrac{a}{b}$는 $\triangle$DBE에서 $\overline{\text{BD}}$의 기울기

$\dfrac{c}{d}$는 $\triangle$ADF에서 $\overline{\text{AD}}$의 기울기

$\dfrac{a+c}{b+d}$는 $\triangle$ABC에서 $\overline{\text{AB}}$의 기울기

임을 알 수 있다.

따라서 $\dfrac{a}{b}<\dfrac{a+c}{b+d}<\dfrac{c}{d}$이다. ■

분수방정식과 무리방정식의 해법

(1) 분수방정식의 풀이
- 분모의 최소공배수를 양변에 곱하여 정방정식으로 고친 다음 정방정식을 푼다.
- 정방정식의 근 중에서 무연근을 버리고 처음 방정식의 분모를 0으로 하지 않는 것만을 근으로 취한다.

(2) 무리방정식의 풀이
- 적당히 이항하고 양변을 제곱하여 정방정식으로 고친 다음 정방정식을 푼다.
- 정방정식의 근 중에서 무연근이 아닌 것을 택한다.

무리부등식과 분수부등식의 해법

(1) 무리부등식의 해법
- $A>\sqrt{B}$의 해법

① $B \geq 0$ 이고 $A > 0$을 동시에 만족하는 범위를 구한다.

② 양변을 제곱하여 $A^2 > B$의 범위를 구한다.

③ 위의 범위의 공통 부분이 구하는 답이다.

• $A < \sqrt{B}$ 의 해법

① $B > 0$, $A \geq 0$, $A^2 < B$이고 $A > 0$을 동시에 만족하는 범위를 구한다.

② $B^2 \geq 0$, $A < 0$의 범위를 구한다.

③ 위의 범위를 합한 범위가 구하는 답이다.

(2) 분수부등식의 해법

① 부등식을 이항하고 통분하여

$$\frac{f(x)}{g(x)} > 0\,,\ \frac{f(x)}{g(x)} < 0\,,\ \frac{f(x)}{g(x)} \geq 0\,,\ \frac{f(x)}{g(x)} \leq 0$$

의 꼴로 정리한다.

② 동치 관계를 이용하여 분모를 없앤 후 정부등식으로 고쳐서 푼다.

$$\frac{f(x)}{g(x)} > 0 \iff f(x)\,g(x) > 0$$

$$\frac{f(x)}{g(x)} < 0 \iff f(x)\,g(x) < 0$$

참고 분수부등식에서는 분모를 0으로 하는 값은 제외한다.

예제 4.6.14 주어진 등식 $\dfrac{3x}{x^3+1} = \dfrac{a}{x+1} + \dfrac{bx+c}{x^2-x+1}$ 이 x에 대한 항등식일 때, a, b, c의 값을 구하여라.

풀이 주어진 등식의 우변을 통분하면

$$\frac{a}{x+1} + \frac{bx+c}{x^2-x+1} = \frac{a(x^2-x+1)+(bx+c)(x+1)}{(x+1)(x^2-x+1)}$$

$$= \frac{(a+b)x^2+(-a+b+c)x+(a+c)}{x^3+1}$$

따라서 주어진 등식은

$$\frac{3x}{x^3+1} = \frac{(a+b)x^2+(-a+b+c)x+(a+c)}{x^3+1}$$

이 식은 x에 대한 항등식이므로 항등식의 성질에 의해

$$0 = a+b,\quad 3 = -a+b+c,\quad 0 = a+c$$

위의 세 식을 연립하여 풀면

$$a=-1,\ b=1,\ c=1$$ ■

예제 4.6.15 무리방정식 $\sqrt{x+2}=x$의 해를 구하여라.

풀이 $\sqrt{x+2}=x$의 양변을 제곱하면

$$x+2=x^2$$

이 방정식은 $(x-2)(x+1)=0$이므로

$$x=2,\ -1$$

그런데 $x=-1$은 방정식에 대입하면 (좌변)$\neq$(우변)이므로 버린다.

$x=2$는 방정식에 대입하면 성립하므로 무리방정식의 근이 된다. ■

예제 4.6.16 $\dfrac{3}{x-1} \geq \dfrac{1}{x+1}$의 해를 구하여라.

풀이 위 부등식은 $\dfrac{3}{x-1}-\dfrac{1}{x+1} \geq 0$이다. 이를 계산하면

$$\frac{2x-4}{(x-1)(x+1)} \geq 0$$

$$\Leftrightarrow 2(x+2)(x+1)(x-1) \geq 0,\quad x \neq \pm 1$$

에서 구하는 해집합은

$$-2 \leq x < 1,\ x > 1$$

이다. ■

예제 4.6.17 $\sqrt{3+x}<3-x$의 해를 구하여라.

풀이 (1) $\sqrt{3+x}<3-x$에서 $x \geq -3$이고 또한 $3-x>0 \Leftrightarrow 3>x$가 성립하여야 한다.

(2) 양변을 제곱하면

$$3+x<(3-x)^2$$

$$\Leftrightarrow (x-6)(x-1)>0$$

$$\Leftrightarrow x<1,\ x>6$$

을 얻는다.

(1)과 (2)에서의 해집합의 교집합을 구하면

$$-3 \leq x < 1$$ ■

연습문제 6. 부등식

1. 다음 연립부등식을 풀어라.

(1) $\begin{cases} |x-3| < 1 \\ x^2 - 3x \geq 0 \end{cases}$ (2) $\begin{cases} x^2 - x - 12 < 0 \\ x^2 - 2x - 8 \geq 0 \end{cases}$

2. x에 대한 이차부등식 $x^2 + 2kx + 3 - 2k \geq 0$이 모든 실수 x에 대하여 성립하고, x에 대한 이차방정식 $x^2 - 2(1+k)x + 3(k+1) = 0$이 실근을 가질 때, 정수 k를 구하여라.

3. $a < b < c$일 때, x에 대한 부등식 $|x-a| < |x-b| < |x-c|$를 풀어라.

4. $a > 0,\ b > 0,\ c > 0$일 때 다음을 증명하여라.

(1) $\sqrt{ab} \geq \dfrac{2ab}{a+b}$ (2) $\dfrac{b}{a} + \dfrac{a}{b} \geq 2$ (3) $a^3 + b^3 + c^3 \geq 3abc$

5. 다음 부등식을 풀어라.

(1) $\sqrt{3+x} < 3 - x$ (2) $\sqrt{4-x^2} \leq x + 2$

6. $a \geq 0,\ b \geq 0,\ c \geq 0$일 때, $a^2 + b^2 + c^2 \geq ab + bc + ca$임을 기하학적 성질을 이용하여 증명하여라.

05 장

곡선과 도형

1. 점과 좌표

두 점 사이의 거리

(1) 수직선 위의 두 점 사이의 거리

수직선 위의 두 점 $A(x_1)$, $B(x_2)$ 사이의 거리 $\overline{AB}$는

$$\overline{AB} = |x_2 - x_1| = |x_1 - x_2|$$

이다.

(2) 좌표평면 위의 두 점 사이의 거리

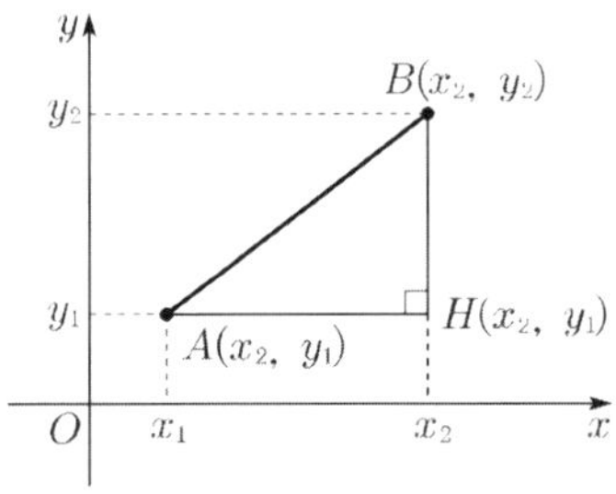

좌표평면 위의 두 점 $A(x_1,\ y_1)$, $B(x_2,\ y_2)$가 주어져 있다. 점 A를 지나고 x축에 평행한 직선과 점 B를 지나고 y축에 평행한 직선의 교점을 H라고 하면

$$\overline{AH} = |x_2 - x_1|,\ \overline{BH} = |y_2 - y_1|$$

이고, $\triangle AHB$는 직각삼각형이므로 피타고라스의 정리에 의하여

$$\overline{AB}^2 = \overline{AH}^2 + \overline{BH}^2 = (x_2 - x_1)^2 + (y_2 - y_1)^2$$

따라서 $\overline{AB} = \sqrt{(x_2 - x_1)^2 + (y_2 - y_1)^2}$ 이다.

정리 5.1.1

> 좌표평면 위의 두 점 $A(x_1,\ y_1)$, $B(x_2,\ y_2)$ 사이의 거리는
>
> $$\overline{AB} = \sqrt{(x_2 - x_1)^2 + (y_2 - y_1)^2}$$

예제 5.1.1 두 점 $A(m^2,\ 0)$, $B(1,\ 2m)$ 사이의 거리가 2일 때, m의 값을 구하여라.

풀이 $\overline{AB}^2 = 4$이므로 $\overline{AB}^2 = (m^2 - 1)^2 + (2m)^2 = 4$

정리하면 $m^4+2m^2-3=0$. 따라서 $(m^2+3)(m^2-1)=0$

$m^2+3\neq 0$이므로 $m^2=1$ 그러므로 $m=1,\ -1$ ■

예제 5.1.2 두 점 $A(1, 0)$, $B(4, 3)$에서 같은 거리에 있는 직선 $3x+y=2$ 위의 점의 좌표를 구하여라.

풀이 구하는 점을 $P(a,\ b)$라고 하면

$\overline{AP}=\overline{BP}$이므로 $\overline{AP}^2=\overline{BP}^2$

$$(a-1)^2+(b)^2=(a-4)^2+(b-5)^2$$

이를 풀면 $a+b=4$

또, 점 $P(a,\ b)$는 $3x+y=2$ 위에 있으므로 $3a+b=2$

위 두 식을 연립하여 풀면 $a=-1,\ b=5$ ■

연습문제 1. 점과 좌표

1. 두 점 $A(1,\ 1)$, $B(-1,\ 3)$에서 같은 거리에 있는 x축 위의 점을 P, y축 위의 점을 Q라고 할 때, 선분 PQ의 길이를 구하여라.

2. 두 점 $A(a,\ -3)$, $B(1,\ a)$에 대하여 선분 AB의 길이가 최소가 되도록 하는 실수 a의 값을 구하여라.

3. 세 점 $O(0,\ 0)$, $A(a,\ 3)$, $B(2,\ 4)$에 대하여 $\overline{OA}=\overline{AB}$일 때, 실수 a의 값을 구하여라.

4. 좌표평면 위의 두 점 $A(-1,\ 1)$, $B(4,\ 4)$와 x축 위의 점 P에 대하여 $\overline{AP}+\overline{BP}$의 최솟값을 구하여라.

2. 내분점과 외분점

내분점과 외분점

(1) 수직선 위에 선분의 내분점과 외분점의 좌표

두 점 $A(x_1)$, $B(x_2)$를 이은 선분 AB가 주어져 있다.

① 선분의 내분점

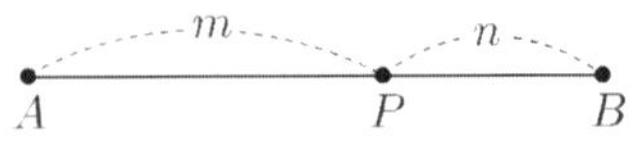

$\overline{AP} : \overline{BP} = m : n \ (m > 0,\ n > 0)$을 만족하는 선분 AB 위의 점 P의 좌표는 다음과 같다.

$$P\left(\frac{mx_2 + nx_1}{m+n}\right)$$

② 선분의 외분점

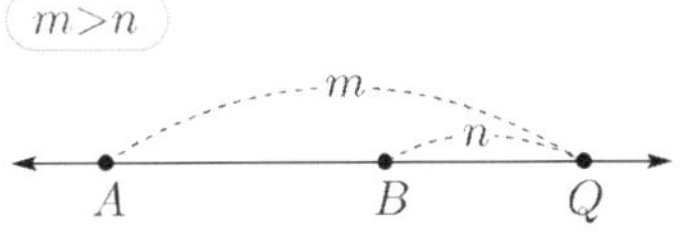

$\overline{AQ} : \overline{BQ} = m : n \ (m > 0,\ n > 0,\ m \neq n)$을 만족하는 선분 AB의 연장선 위의 점 Q의 좌표는 다음과 같다.

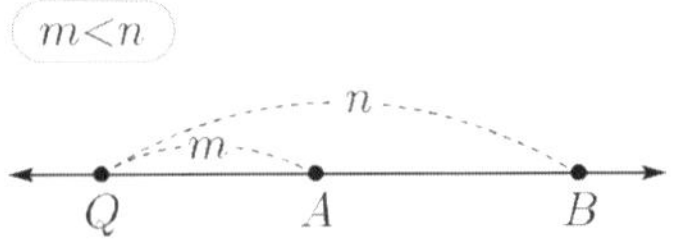

$$Q\left(\frac{mx_2 - nx_1}{m-n}\right) \ (\text{단, } m \neq n)$$

(2) 좌표평면 위의 선분의 내분점과 외분점의 좌표

두 점 $A(x_1,\ y_1)$, $B(x_2,\ y_2)$를 이은 선분 AB에 대하여 $m : n \ (m > 0,\ n > 0)$으로

- 내분하는 점 P의 좌표는

$$P\left(\frac{mx_2 + nx_1}{m+n},\ \frac{my_2 + ny_1}{m+n}\right)$$

- 외분하는 점 Q의 좌표는

$$Q\left(\frac{mx_2 - nx_1}{m-n},\ \frac{my_2 - ny_1}{m-n}\right) \ (\text{단, } m \neq n)$$

이다.

참고 [삼각형의 내각의 이등분선의 성질]

오른쪽 그림과 같은 $\triangle ABC$에서 $\angle A$의 이등분선이 $\overline{BC}$와 점 D에서 만날 때

$$\overline{AB} : \overline{AC} = \overline{BD} : \overline{DC}$$

가 성립한다.

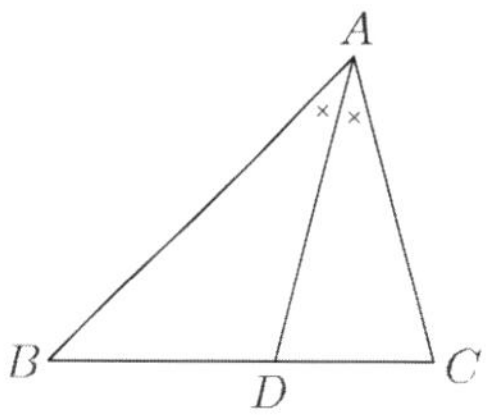

내분점과 외분점의 활용

왼쪽 오른쪽

(1) 삼각형의 무게중심

삼각형의 세 중선은 한 점에서 만나며 이 점을 **무게중심**이라고 한다. 이때 무게중심은 세 중선을 각 꼭짓점으로부터 2:1로 내분한다.

(2) 삼각형의 무게중심의 좌표

① 세 꼭짓점의 좌표가 $A(x_1,\ y_1)$, $B(x_2,\ y_2)$, $C(x_3,\ y_3)$인 삼각형 ABC의 무게중심 G의 좌표는

$$G\left(\frac{x_1+x_2+x_3}{3},\ \frac{y_1+y_2+y_3}{3}\right)$$

② 삼각형 ABC의 세 변 AB, BC, CA를 각각 $m:n(m>0,\ n>0)$으로 내분하는 점을 D, E, F라고 할 때, 삼각형 ABC와 삼각형 DEF의 무게중심은 일치한다.

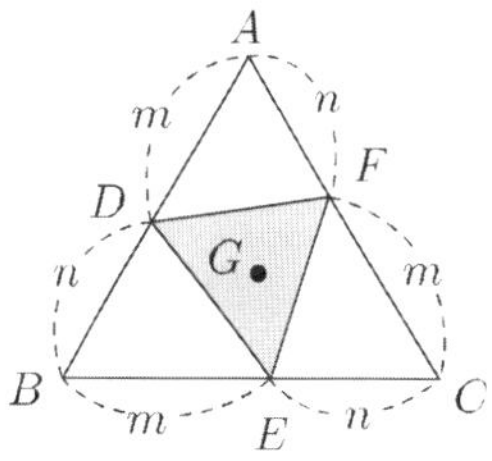

예제 5.2.1 삼각형 ABC에서 $\angle A$의 이등분선이 변 BC와 만나는 점을 D라 한다. 두 꼭짓점의 좌표가 $B(-8,\ 14)$, $C(10,\ -4)$이고, $\overline{AB} : \overline{AC} = 13:5$일 때, 점 D의 좌표를 구하여라.

풀이 삼각형의 내각의 이등분선의 성질에 의하여

$$\overline{AB} : \overline{AC} - \overline{BD} : \overline{DC}$$

이때, $\overline{AB} : \overline{AC} = 13:5$이므로

$$\overline{BD} : \overline{DC} = 13:5$$

$\overline{BD} : \overline{DC} = 13:5$이므로 점 D는 변 BC를 $13:5$로 내분하는 점이다. 따라서

$$D\left(\frac{13\cdot 10+5\cdot(-8)}{13+5},\ \frac{13\cdot(-4)+5\cdot 14}{13+5}\right)$$

$$= D(5,\ 1)$$

■

연습문제 2. 내분점과 외분점

1. 선분 AB를 $3:2$로 내분하는 점의 좌표가 $\left(\frac{1}{5},\ 5\right)$이고 점 A의 좌표가 $A(2,\ 3)$일 때, 점 B의 좌표를 구하여라.

2. 삼각형 ABC에서 꼭짓점 A의 좌표가 $A(4,\ 3)$이고, $\overline{AB}$의 중점의 좌표가 $(-2,\ 2)$, 무게중심의 좌표가 $(1,\ 1)$일 때, B, C의 좌표를 구하여라.

3. 네 점 $A(a,\ 4)$, $B(1,\ 1)$, $C(b,\ 2)$, $D(-5,\ c)$를 꼭짓점으로 하는 평행사변형 $ABCD$의 두 대각선의 교점의 좌표가 $(-2,\ 3)$일 때, $a+b+c$의 값을 구하여라.

4. 세 점 $A(a,\ 1)$, $B(b,\ 6)$, $C(-3,\ ab)$를 꼭짓점으로 하는 삼각형 ABC의 무게중심이 원점일 때, a^2+b^2의 값을 구하여라.

5. 세 점 $A(0,\ 4)$, $B(4,\ 1)$, $C(-5,\ -8)$을 꼭짓점으로 하는 삼각형 ABC에서 $\angle A$의 이등분선이 변 BC와 만나는 점 D의 좌표를 구하여라.

3. 직선

직선의 방정식

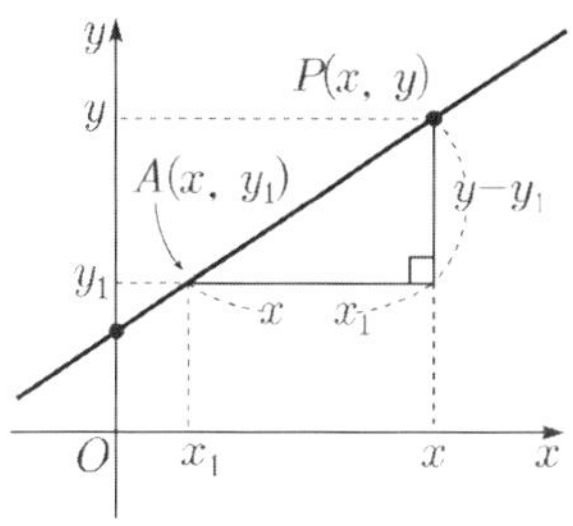

좌표평면 위에 있는 직선을 x, y에 대한 일차방정식으로 나타낸 것을 **직선의 방정식**이라고 한다. 좌표평면에서 점 $A(x_1, y_1)$을 지나고 기울기가 m인 직선의 방정식을 구하여 보자.

구하는 직선 위의 한 점을 $P(x, y)$라고 하면 $x \neq x_1$일 때, 오른쪽 그림에서 기울기

$$m = \frac{y - y_1}{x - x_1}$$

은 점 P의 위치와 관계없이 항상 일정하다. 따라서

$$y - y_1 = m(x - x_1)$$

이며 이 식은 $x = x_1$일 때에도 성립하므로 구하는 직선의 방정식이다.

(1) 직선의 기울기와 절편

① $(\text{기울기}) = \dfrac{(y\text{의 값의 증가량})}{(x\text{의 값의 증가량})}$

② (x절편)=(x축과 만나는 점의 x좌표)

③ (y절편)=(y축과 만나는 점의 y좌표)

(2) 직선의 방정식 구하기

① 기울기가 m, y절편이 n인 직선의 방정식은

$$y = mx + n$$

② 기울기가 m, 점 (x_1, y_1)을 지나는 직선의 방정식은

$$y - y_1 = m(x - x_1)$$

③ 두 점 (x_1, y_1), (x_2, y_2)를 지나는 직선의 방정식은

- $x_1 \neq x_2$, $y_1 \neq y_2$일 때,

$$y-y_1=\frac{y_2-y_1}{x_2-x_1}(x-x_1)$$

- $x_1 \neq x_2$, $y_1 = y_2$일 때, $y=y_1$
- $x_1 = x_2$일 때, $x=x_1$

④ x절편이 a, y절편이 b인 직선의 방정식은

$$\frac{x}{a}+\frac{y}{b}=1 \ (\text{단, } a \neq 0,\ b \neq 0)$$

(3) 직선의 방정식의 일반형

다양한 직선의 방정식을 하나의 꼴로 표현한 x, y에 대한 일차방정식

$$ax+by+c=0$$

을 **직선의 방정식의 일반형**이라 하고, 이를 변형하면 위에서 구한 직선의 방정식과 같다.

- $a \neq 0,\ b \neq 0 \ \rightarrow \ y=-\frac{a}{b}x-\frac{c}{b}$
- $a = 0,\ b \neq 0 \ \rightarrow \ y=-\frac{c}{b}$
- $a \neq 0,\ b = 0 \ \rightarrow x=-\frac{c}{a}$

예제 5.3.1 다음 조건을 만족하는 직선의 방정식을 구하여라.

(1) 두 점 $(-2,\ 2)$, $(0,\ 2)$를 지난다.
(2) 두 점 $(3,\ 1)$, $(3,\ -2)$를 지난다.
(3) 점 $(-5,\ 2)$을 지나고, x축에 평행하다.
(4) 점 $(4,\ -1)$을 지나고, y축에 평행하다.

풀이 (1) 두 점 $(-2,\ 2)$, $(0,\ 2)$의 y좌표가 2로 일정하므로 구하는 직선의 방정식은 $y=2$
(2) 두 점 $(3,\ 1)$, $(3,\ -2)$의 x좌표가 3으로 일정하므로 구하는 직선의 방정식은 $x=3$
(3) 점 $(-5,\ 2)$를 지나고, x축에 평행하면 y좌표가 2로 일정하므로 구하는 직선의 방정식은 $y=2$
(4) 점 $(4,\ -1)$을 지나고, y축에 평행하면 x좌표가 4로 일정하므로 구하는 직선의 방정식은 $x=4$ ■

예제 5.3.2 점 $(-2,\ 1)$을 지나고, 기울기가 양수인 직선이 x축, y축과 만나서 이루는 삼각형의 넓이의 최솟값을 구하여라.

풀이 구하는 직선의 기울기를 m이라 하면 기울기가 양수이므로

$$m > 0$$

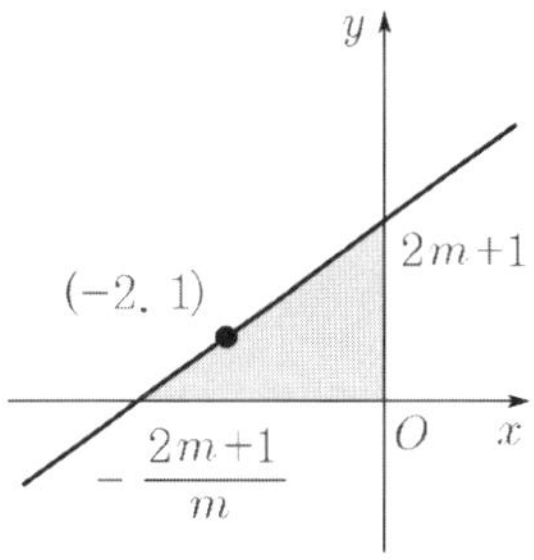

점 $(-2,\ 1)$을 지나고, 기울기가 m인 직선의 방정식은

$y-1=m(x+2)$이다.

이 직선이 x축, y축과 만나는 점의 좌표를 각각 구하면

$$\left(\frac{2m+1}{m},0\right),\ (0,2m+1)$$

이때 위 직선이 x축, y축과 만나서 이루는 삼각형의 넓이를 S라 하면

$$S=\frac{1}{2}\times\left(\frac{2m+1}{m}\right)\times(2m+1)=2+\left(2m+\frac{1}{2m}\right)$$

$m>0$이므로 $2m>0,\ \dfrac{1}{2m}>0$

산술평균과 기하평균의 관계에 의하여

$$2m+\frac{1}{2m}\geq 2\sqrt{2m\times\frac{1}{2m}}=2$$

그러므로 $S=2+\left(2m+\dfrac{1}{2m}\right)\geq 2+2=4$ ■

두 직선의 위치 관계

좌표평면 위에 주어진 두 직선의 모양과 위치 관계와 필요충분조건을 정리하면 다음과 같다.

(1) 두 직선 $y=mx+n$과 $y=m'x+n'$에서

평행 조건	$m=m',\ n\neq n'$
일치 조건	$m=m',\ n=n'$
수직 조건	$mn'=-1$
한 점에서 만날 조건	$m\neq m'$

(2) 두 직선 $ax+by+c=0$, $a'x+b'y+c=0$에서

평행 조건	$\frac{a}{a'}=\frac{b}{b'}\neq\frac{c}{c'}$
일치 조건	$\frac{a}{a'}=\frac{b}{b'}=\frac{c}{c'}$
수직 조건	$aa'+bb'=0$
한 점에서 만날 조건	$\frac{a}{a'}\neq\frac{b}{b'}$

예제 5.3.3 **직선 $x+ay-1=0$이 직선 $x-by+1=0$과 수직이고, 직선 $x-(b-2)y+1=0$과 평행할 때, a^2+b^2을 구하여라.**

풀이 두 직선 $x+ay-1=0$, $x-by+1=0$이 수직이므로

$$1\cdot 1+a\cdot(-b)=0$$

따라서 $ab=1$ …… (ㄱ)

또한 두 직선 $x+ay-1=0$, $x-(b-2)y+1=0$이 평행하므로

$$\frac{1}{1}=\frac{a}{-(b-2)}\neq\frac{-1}{1}$$

따라서 $a+b=2$ …… (ㄴ)

그러므로 (ㄱ), (ㄴ)에 의하여

$$a^2+b^2=(a+b)^2-2ab=2^2-2\times1=2$$

■

두 직선의 교점을 지나는 직선

(1) 상수 k의 값에 관계없이 정점을 지나는 직선

$(ax+by+c)+k(a'x+b'y+c)=0$은 항등식의 성질에 의해 상수 k의 값에 관계없이 두 직선 $ax+by+c=0$, $a'x+b'y+c'=0$의 교점을 지나는 직선이다.

(2) 두 직선의 교점을 지나는 직선의 방정식

두 직선 $ax+by+c=0$, $a'x+b'y+c'=0$의 교점을 지나는 직선의 방정식은

$(ax+by+c)+k(a'x+b'y+c')=0$ (단, k는 상수)

예제 5.3.4 두 직선 $2x+y+1=0, x-y+2=0$의 교점과 점 $(-2,\ 2)$를 지나는 직선의 방정식을 구하여라.

풀이 두 직선 $2x+y+1=0$, $x-y+2=0$의 교점을 지나는 직선의 방정식은

$$(2x+y+1)+k(x-y+2)=0 \text{ (단, } k\text{는 상수)}$$

구하는 직선이 점 $(-2,\ 2)$를 지나므로 위 방정식에 $x=-2$, $y=2$를 대입하여 k의 값을 구하면

$$(-4+2+1)+k(-2-2+2)=0$$

$$-1-2k=0, \text{ 즉 } k=-\frac{1}{2}$$

따라서 구하는 직선의 방정식은

$$y=-x$$

■

점과 직선 사이의 거리

거리는 최단 거리를 의미하므로 점과 직선 사이의 거리는 그 점에서 직선에 내린 수선의 길이이다.

정리 5.3.1

좌표평면에서 점 $P(x_1,\ y_1)$과 직선 $ax+by+c=0$ 사이의 거리는

$$\frac{|ax_1+by_1+c|}{\sqrt{a^2+b^2}}$$

증명 점 $P(x_1,\ y_1)$에서 직선 $l: ax+by+c=0\,(a\neq 0, b\neq 0)$에 내린 수선의 발을 $H(x_2,\ y_2)$라고 하면 점 P와 직선 l 사이의 거리는 $\overline{PH}$의 길이이다.

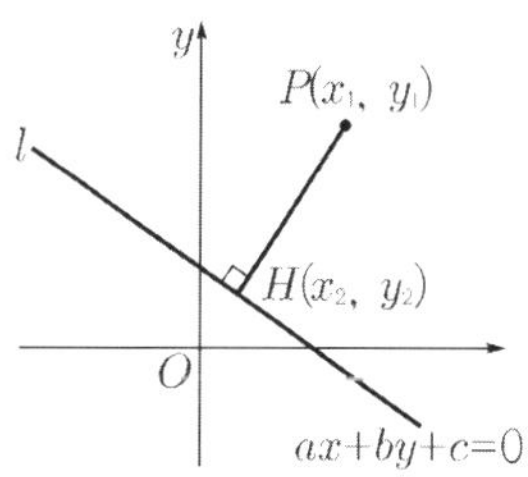

직선 l의 기울기가 $-\frac{a}{b}$이므로 직선 PH의 기울기 $\frac{y_2-y_1}{x_2-x_1}=\frac{b}{a}$이다. 이로부터

$$y_2-y_1=\frac{b}{a}(x_2-x_1) \quad \cdots\cdots (ㄱ)$$

를 얻는다. 또한 점 H는 직선 l 위의 점이므로

$$ax_2 + by_2 + c = 0$$

이며 이로부터

$$a(x_2 - x_1) + b(y_2 - y_1) + ax_1 + by_1 + c = 0 \quad \cdots\cdots (ㄴ)$$

를 얻는다.

(ㄱ)과 (ㄴ)을 연립하여 $x_2 - x_1$, $y_2 - y_1$을 구하면

$$x_2 - x_1 = \frac{-a(ax_1 + by_1 + c)}{a^2 + b^2}, \quad y_2 - y_1 = \frac{-b(ax_1 + by_1 + c)}{a^2 + b^2}$$

이며 계산에 의하여

$$\overline{PH} = \frac{|ax_1 + by_1 + c|}{\sqrt{a^2 + b^2}}$$

를 얻는다.

$a = 0$, $b \neq 0$ 또는 $a \neq 0$, $b = 0$일 때에는 직선이 x축 또는 y축에 평행할 때인데, 이 경우에도 위의 식이 성립한다. ■

예제 5.3.5 (1) 점(4, 3)과 직선$2x + y - 3 = 0$사이의 거리를 구하여라.

(2) 원점에서 $3x + 2y - 3 = 0$까지의 거리를 구하여라.

풀이 (1) (4, 3)과 직선 $2x + y - 3 = 0$ 사이의 거리를 d라 하면

$$d = \frac{|2 \cdot 4 + 1 \cdot 3 - 3|}{\sqrt{2^2 + 1^2}} = \frac{8}{\sqrt{5}} = \frac{8\sqrt{5}}{5}$$

(2) $d = \dfrac{|-3|}{\sqrt{3^2 + 2^2}} = \dfrac{3}{\sqrt{13}}$ ■

예제 5.3.6 직선 $4x - 3y + 1 = 0$에 수직이고, 원점과의 거리가 1인 직선의 방정식을 구하여라.

풀이 직선 $4x - 3y + 1 = 0$의 기울기를 구하면 $y = \frac{4}{3}x + \frac{1}{3}$이므로 기울기는 $\frac{4}{3}$이다. 직선에 수직인 직선의 방정식의 기울기를 m이라 하면 수직 조건에 의하여 두 직선의 기울기의 곱이 -1이므로

$$m \times \frac{4}{3} = -1, \quad m = -\frac{3}{4}$$

이때 구하는 직선의 방정식을

$$y = -\frac{3}{4}x + k \Rightarrow 3x + 4y - 4k = 0$$

이라 하면 이 직선과 원점 (0, 0) 사이의 거리가 1이므로

$$\frac{|-4k|}{\sqrt{3^2+4^2}} = 1, \quad |4k| = 5, \quad 4k = \pm 5$$

그러므로 구하는 직선의 방정식은

$$3x + 4y + 5 = 0 \text{ 또는 } 3x + 4y - 5 = 0$$

이다. ∎

연습문제 3. | 직선

1. 점 $(2, 3)$ 을 지나는 직선이 x축, y축의 양의 부분과 만나는 점을 각각 A, B 라고 할 때 삼각형 OAB의 넓이는 12이다. 이 직선의 기울기를 구하여라.

2. 직선 $x + ay + 3 = 0$이 직선 $2x - by + 7 = 0$과 수직이고, 직선 $x - (b-3)y - 5 = 0$과 평행할 때, $a^2 + b^2$의 값을 구하여라.

3. 두 직선 $x + y = 1$, $3x + 2y = 1$의 교점을 지나고 직선 $-x + 2y = 0$에 수직인 직선의 방정식을 구하여라.

4. 좌표평면 위의 점 $A(-1, 0)$을 지나는 직선 l이 있다. 점 $B(0, 1)$에서 직선 l에 이르는 거리가 $\sqrt{2}$일 때, 식선 l의 기울기를 구하여라.

5. 두 직선 $ax + y + 1 = 0$, $x + by + c = 0$이 점 $(1, 3)$에서 직교할 때, a, b, c의 값을 구하여라.

4. 원

원의 방정식

좌표평면에서 한 정점 C로부터 일정한 거리에 있는 점의 자취를 원이라고 한다. 이때 이 정점 C를 원의 중심, 일정한 거리를 원의 반지름의 길이라고 한다.

또한 좌표평면에 있는 원을 x, y에 대한 이차방정식으로 나타낸 것을 원의 방정식이라 한다.

(1) 원의 방정식의 표준형

중심이 점 $C(a,\ b)$이고, 반지름의 길이가 r인 원의 방정식은

$$(x-a)^2+(y-b)^2=r^2$$

특히 중심이 원점이고, 반지름의 길이가 r인 원의 방정식은

$$x^2+y^2=r^2$$

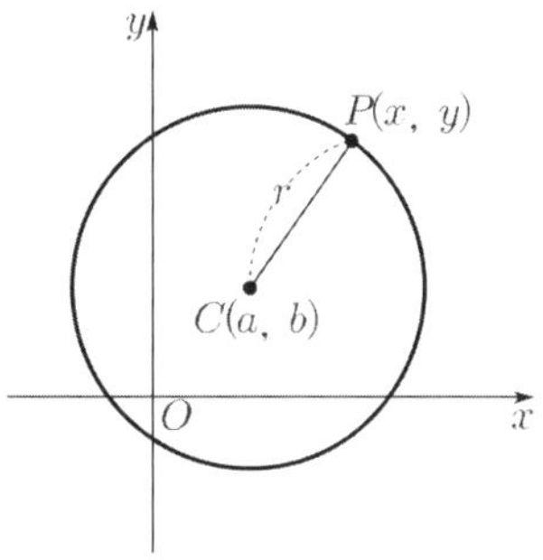

(2) 원의 방정식의 일반형

$$x^2+y^2+Ax+By+C=0 \ (\text{단, } A^2+B^2-4C>0)$$

(3) 원의 방정식 구하기

- 원의 중심 또는 반지름의 길이가 주어진 경우에는 원의 방정식의 표준형을 이용한다.
- 지름의 양 끝점 A, B의 좌표가 주어진 경우에는

  (원의 중심)$=(\overline{AB}$의 중점$)$

  (반지름의 길이)$=\dfrac{1}{2}\overline{AB}$

  임을 이용하여 원의 방정식을 구한다.
- 세 점의 좌표가 주어진 경우에는 세 점의 좌표를 원의 방정식의 일반형

  $$x^2+y^2+Ax+By+C=0$$

  에 대입하여 A, B, C의 값을 구한다.

예제 5.4.1 두 점 $A(-3,\ 2)$, $B(1,\ 4)$를 지름의 양 끝점으로 하는 원의 방정식을 구하여라.

풀이 두 점 A, B를 지름의 양 끝점으로 하는 원의 중심을 $C(a,\ b)$라고 하면 점 C는 선분 AB의 중점이므로

$$a=\frac{-3+1}{2}=-1$$

$$b=\frac{2+4}{2}=3$$

$$\therefore\ \mathrm{C}(-1,\ 3)$$

또 원의 반지름의 길이는

$$\overline{AC}=\sqrt{(-1+3)^2+(3-2)^2}=\sqrt{5}$$

이다. 따라서 구하는 원의 방정식은

$$(x+1)^2+(y-3)^2=5$$

■

예제 5.4.2 방정식 $x^2+y^2+2x-4y+1=0$은 어떤 도형을 나타내는지 말하여라.

풀이 $x^2+y^2+2x-4y+1=0$을 변형하면

$$x^2+2x+1+y^2-4y+4=4$$

즉, $(x+1)^2+(y-2)^2=2^2$

따라서 주어진 방정식은 중심이 $(-1,\ 2)$, 반지름의 길이가 2인 원을 나타낸다. ■

예제 5.4.3 세 점 $(-5,\ 0)$, $(1,\ 2)$, $(-3,\ 4)$를 지나는 원의 방정식을 구하여라.

풀이 구하는 원의 방정식을 $x^2+y^2+Ax+By+C=0$이라고 하자.

이 원이 세 점 $(-5,\ 0)$, $(1,\ 2)$, $(-3,\ 4)$를 지나므로 다음이 성립한다.

$$25-5A+C=0$$

$$5+A+2B+C=0$$

$$25-3A+4B+C=0$$

이것을 연립하여 풀면

$$A=4,\ B=-2,\ C=-5$$

따라서 구하는 원의 방정식은

$$x^2+y^2+4x-2y-5=0$$

■

원의 접선의 방정식

(1) 좌표평면에서 원 $x^2+y^2=r^2$ $(r>0)$에 접하고 기울기가 m인 직선의 방정식을 구하여 보자.
접선의 방정식을

$$y=mx+n$$

으로 놓고, 이것을 원의 방정식

$$x^2+y^2=r^2$$

에 대입하여 y를 소거하면

$$x^2+(mx+n)^2=r^2$$

을 얻는다. 이 식을 정리하면

$$(m^2+1)x^2+2mnx+n^2-r^2=0 \quad \cdots\cdots \text{ (ㄱ)}$$

이다. 이차방정식 (ㄱ)의 판별식을 D라고 하면

$$\begin{aligned} D&=(2mn)^2-4(m^2+1)(n^2-r^2) \\ &=4\{r^2(m^2+1)-n^2\} \end{aligned}$$

이다. 원과 직선이 접하므로 $D=0$, 즉 $4\{r^2(m^2+1)-n^2\}=0$이므로

$$n^2=r^2(m^2+1)$$

그러므로 $n=\pm r\sqrt{m^2+1}$
따라서 구하는 접선의 방정식은 다음과 같다.

$$y=mx\pm r\sqrt{m^2+1}$$

(2) $x^2+y^2=r^2$ 위의 점 $P(x_1,\ y_1)$에서의 접선의 방정식을 구하여 보자.
$x_1\neq 0$, $y_1\neq 0$일 때, 오른쪽 그림에서 직선 OP의 기울기는 $\dfrac{y_1}{x_1}$이고, 점 P에서의 접선은 직선 OP와 수직이므로 접선의 기울기는 $-\dfrac{x_1}{y_1}$이다.

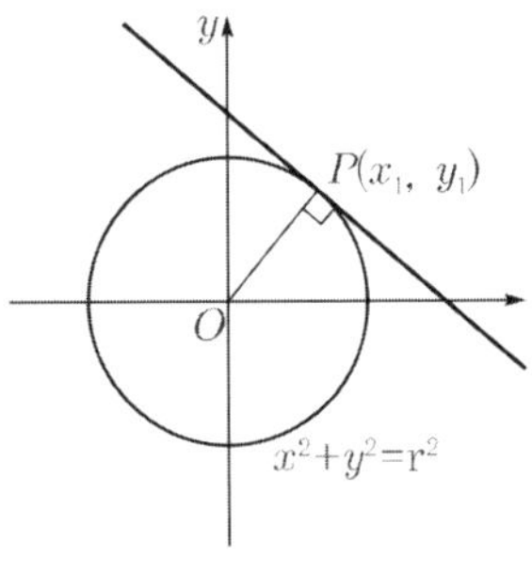

따라서 구하는 접선의 방정식은

$$y-y_1=-\frac{x_1}{y_1}(x-x_1)$$

그러므로 $x_1x+y_1y={x_1}^2+{y_1}^2$

그런데 점 $P(x_1,\ y_1)$은 원 위에 있으므로 ${x_1}^2+{y_1}^2=r^2$이다.

따라서 구하는 접선의 방정식은 다음과 같다.

$$x_1x+y_1y=r^2$$

위로부터 정리를 얻는다.

정리 5.4.1

(1) 원 $x^2+y^2=r^2$에 접하고 기울기가 m인 접선의 방정식은

$$y=mx\pm r\sqrt{m^2+1}$$

이다.

(2) 원 $x^2+y^2=r^2$ 위의 점 $(x_1,\ y_1)$에서의 접선의 방정식은

$$x_1x+y_1y=r^2$$

이다.

이제 원 밖의 한 점 $(a,\ b)$에서 원 $x^2+y^2=r^2$에 그은 접선의 방정식을 구하여 보자.

접점을 $(x_1,\ y_1)$이라 놓고, 접점이 주어질 때의 공식을 이용한다.

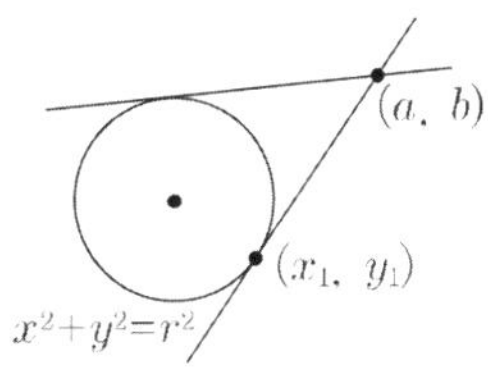

접점의 좌표를 $(x_1,\ y_1)$으로 놓는다.

점 $(x_1,\ y_1)$에서의 접선의 방정식을

$$x_1x+y_1y=r^2 \qquad \cdots\cdots (ㄱ)$$

으로 놓는다.

점 $(a,\ b)$는 접선 위의 점이므로 x, y의 좌표를 (ㄱ)에 대입한다.

$$ax_1 + by_1 = r^2 \qquad \cdots\cdots (ㄴ)$$

점 $(x_1,\ y_1)$은 원 위의 점이므로 x, y의 좌표를 원의 방정식 $x^2 + y^2 = r^2$에 대입한다.

$${x_1}^2 + {y_1}^2 = r^2 \qquad \cdots\cdots (ㄷ)$$

(ㄴ), (ㄷ)을 연립하여 x_1, y_1의 값을 구한 후, x_1, y_1의 값을 (ㄱ)에 대입하여 접선의 방정식을 구한다.

예제 5.4.4 원 $x^2 + y^2 = 6$에 접하고 기울기가 2인 접선의 방정식을 구하여라.

풀이 접선의 기울기가 2이고, 원 $x^2 + y^2 = 6$의 반지름의 길이는 $\sqrt{6}$이므로 원에 접하는 접선 방정식은

$$y = 2x \pm \sqrt{6}\sqrt{2^2 + 1}$$

그러므로

$$y = 2x \pm \sqrt{30}$$ ■

예제 5.4.5 원 $x^2 + y^2 = 4$ 위의 점 $(\sqrt{3}, 1)$에서의 접선의 방정식을 구하여라.

풀이 원 $x^2 + y^2 = 4$ 위의 점 $(\sqrt{3}, 1)$에서의 접선의 방정식은 위 공식을 사용하여 $\sqrt{3}x + y = 4$임을 알 수 있다. ■

예제 5.4.6 점 $(5,\ 0)$에서 원 $x^2 + y^2 = 5$에 그은 접선의 방정식을 구하여라.

풀이 접점을 $P(x_1,\ y_1)$이라 하면 점 P는 원 위에 있으므로 ${x_1}^2 + {y_1}^2 = 5$이다.

또 접선의 방정식은

$$x_1x + y_1y = 5$$

이고, 이 직선이 점 $(5,\ 0)$을 지나므로

$$5x_1 = 5$$

그러므로 $x_1 = 1$

$x_1 = 1$을 ${x_1}^2 + {y_1}^2 = 5$에 대입하면

$$1^2 + {y_1}^2 = 5$$

그러므로 $y_1 = \pm 2$

따라서 구하는 접선의 방정식은

$$x \pm 2y = 5$$

■

원과 직선의 위치 관계

원과 직선은 두 점 또는 한 점에서 만나거나 만나지 않는다.

이제 좌표평면에서 원과 직선의 위치 관계를 알아보자.
원과 직선의 방정식을 각각

$$x^2 + y^2 = r^2$$
$$y = mx + n$$

이라고 할 때, 위 두 식에서 y를 소거하면

$$x^2 + (mx + n)^2 = r^2$$

이고, 이 식을 전개하여 정리하면

$$(m^2 + 1)x^2 + 2mnx + n^2 - r^2 = 0 \quad \cdots\cdots \text{(ㄱ)}$$

이다.

$m^2 + 1 \neq 0$이므로 (ㄱ)은 이차방정식이고, 원과 직선의 교점의 개수는 방정식 (ㄱ)의 실근의 개수와 같다.

따라서 (ㄱ)의 판별식을 D라고 하면 원과 직선의 위치 관계는 다음과 같다.

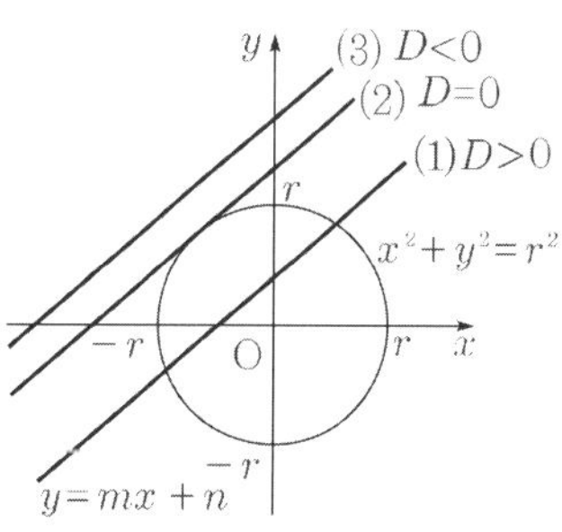

(1) $D > 0$이면 서로 다른 두 점에서 만난다.
(2) $D = 0$이면 한 점에서 만난다. (접한다.)
(3) $D < 0$이면 만나지 않는다.

예제 5.4.7 원 $x^2 + y^2 = 5$와 직선 $y = x + 1$의 위치 관계를 말하여라.

풀이 $y=x+1$을 $x^2+y^2=5$에 대입하면

$$x^2+(x+1)^2=5$$

이 식을 정리하면

$$x^2+x-2=0$$

이 이차방정식의 판별식 D는

$$D=1^2-4\cdot(-2)>0$$

이므로 원과 직선은 서로 다른 두 점에서 만난다. ■

연습문제 4. | 원

1. 중심이 x축 위에 있고 두 점 $(3, 3)$, $(2, 4)$를 지나는 원의 방정식을 구하여라.

2. 원 $x^2+y^2-4x+2y-3=0$과 직선 $y=k(x+1)$이 만나지 않도록 하는 실수 k의 값의 범위를 구하여라.

3. 원 밖의 점 $(-1, 3)$에서 원 $(x-1)^2+(y+2)^2=5$에 그은 두 접선의 기울기를 각각 a, b라고 할 때, $a+b$의 값을 구하여라.

4. 원 $(x-3)^2+(y+1)^2=25$ 위의 점 $(-1, 2)$에서의 접선의 x축 절편을 구하여라.

5. 두 원 $x^2+y^2=4$, $x^2+y^2-8x-4y+4=0$에 대하여 다음 물음에 답하여라

(1) 공통현을 구하여라.

(2) 공통현을 지름으로 하는 원의 방정식을 구하여라.

5. 도형의 이동

평행이동

도형을 모양과 크기를 바꾸지 않고 일정한 방향으로, 일정한 거리만큼 옮기는 것을 **평행이동**이라고 한다.

(1) 점의 평행이동

좌표평면 위의 한 점 $(x,\ y)$를 x축의 방향으로 a만큼, y축의 방향으로 b만큼 평행이동한 점을 $(x',\ y')$이라고 하면

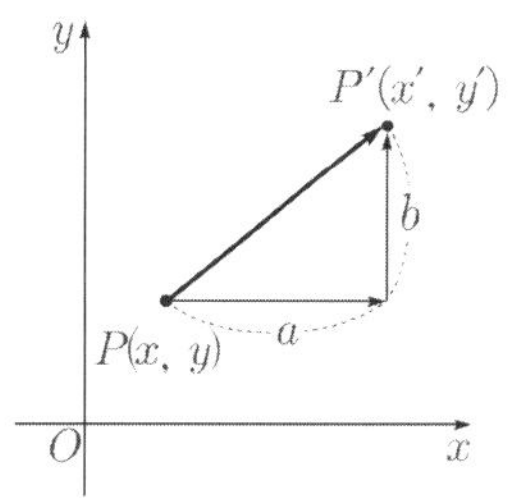

$$x' = x + a,\ y' = y + b$$

가 된다. 이러한 평행이동을 기호로 나타내면

$$f : (x,\ y) \rightarrow (x + a,\ y + b)$$

가 된다.

(2) 도형의 평행이동

방정식

$$f(x,\ y) = 0$$

이 나타내는 도형 F를 평행이동한 도형 F'의 방정식을 구하여 보자.

오른쪽 그림과 같이 도형 F 위의 점 $(x,\ y)$를 x축의 방향으로 a만큼, y축의 방향으로 b만큼 평행이동한 점을 $(x',\ y')$이라고 하면

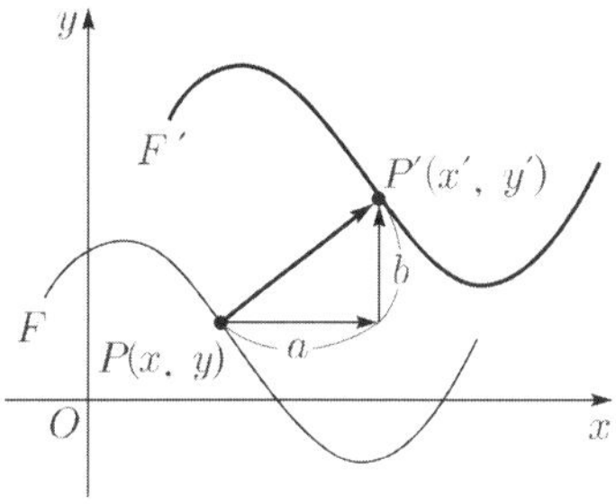

$$x' = x + a,\ y' = a + b$$

이므로

$$x = x' - a,\ y = y' - b$$

이며 이를 $f(x,\ y) = 0$에 대입하면

$$f(x' - a,\ y' - b) = 0$$

이 성립한다. 따라서 $f(x - a,\ y - b) = 0$이 도형 F'의 방정식이다.

대칭이동

한 도형을 한 점 또는 한 직선에 대하여 같은 거리만큼 반대쪽으로 옮기는 것을 점 또는 직선에 대한 대칭이동이라고 한다.

(1) x축에 대한 대칭이동

좌표평면 위의 한 점 $(x,\ y)$를 x축에 대하여 대칭이동한 점을 $(x',\ y')$이라고 하면

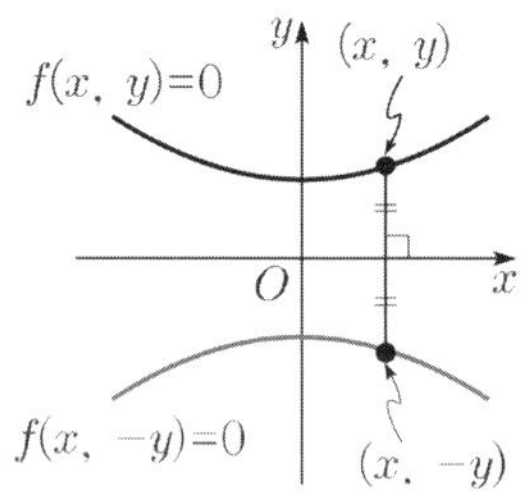

$$x'=x,\ y'=-y$$

가 된다.

방정식

$$f(x,\ y)=0$$

이 나타내는 도형 F를 x축에 대하여 대칭이동한 도형을 F'이라고 하면 위 식에서

$$x=x',\ y=-y'$$

이므로 이를 $f(x,\ y)=0$에 대입하면

$$f(x',\ -y')=0$$

이 성립한다. 따라서 $f(x,\ -y)=0$이 도형 F'의 방정식이다.

(2) y축에 대한 대칭이동

좌표평면 위의 한 점 $(x,\ y)$를 y축에 대하여 대칭이동한 점을 $(x',\ y')$이라고 하면

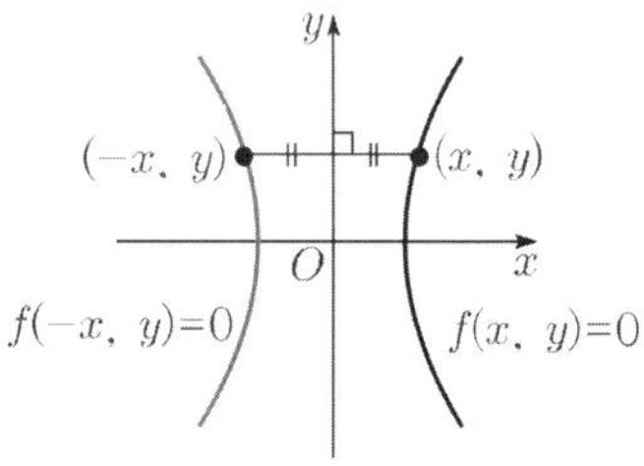

$$x'=-x,\ y'=y$$

가 된다.

방정식

$$f(x,\ y)=0$$

이 나타내는 도형 F를 x축에 대하여 대칭이동한 도형을 F'이라고 하면 위 식에서

$$x=-x',\ y=y'$$

이므로 이를 $f(x,\ y)=0$에 대입하면

$$f(-x',\ y')=0$$

이 성립한다. 따라서 $f(-x,\ y)=0$이 도형 F'의 방정식이다.

(3) 원점에 대한 대칭이동

좌표평면 위의 한 점 $(x,\ y)$를 원점에 대하여 대칭이동한 점을 $(x',\ y')$이라고 하면

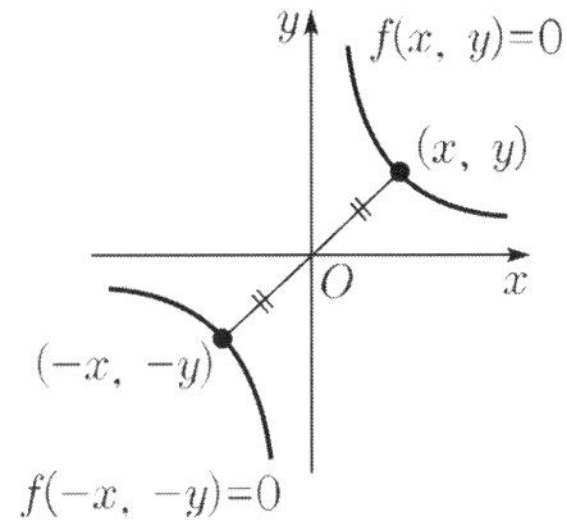

$$x'=-x,\ y'=-y$$

가 된다.

방정식

$$f(x,\ y)=0$$

이 나타내는 도형 F를 원점에 대하여 대칭이동한 도형을 F'이라고 하면 위 식에서

$$x=-x',\ y=-y'$$

이므로 이를 $f(x,\ y)=0$에 대입하면

$$f(-x',\ -y')=0$$

이 성립한다. 따라서 $f(-x,\ -y)=0$ 이 도형 F'의 방정식이다.

예제 5.5.1 원 $x^2+y^2=1$을 x축의 방향으로 2만큼, y축의 방향으로 1만큼 평행이동한 원의 방정식을 구하여라.

풀이 원 $x^2+y^2=1$을 x축의 방향으로 2만큼, y축의 방향으로 1만큼 평행이동한 원의 방정식은 $x^2+y^2=1$에 x 대신 $x-2$, y 대신 $y-1$을 대입한

$$(x-2)^2+(y-1)^2=1$$

이다. ■

참고 점과 직선에 대한 대칭이동의 특징들

다음은 점과 직선에 대한 대칭이동의 특징들을 정리한 것이다. 이를 이용하여 위와 같이 도형의 변환을 구할 수 있다.

점과 직선에 대한 대칭이동에 대하여 알아보자.

(1) 점에 대한 대칭이동

점 $P(x,\ y)$를 점 $(a,\ b)$에 대하여 대칭이동한 점의 좌표를 $P'(x',\ y')$이라 하면 점

$(a,\ b)$는 선분 PP'의 중점이므로 다음이 성립한다.

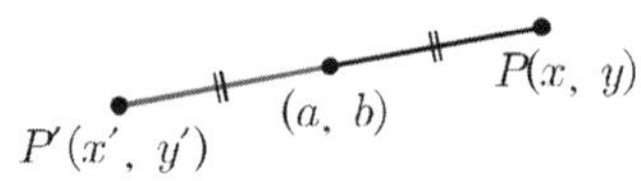

$$\left(\frac{x+x'}{2},\ \frac{y+y'}{2}\right)=(a,\ b)$$

이를 계산하면

$$x=2a-x',\quad y=2b-y'$$

이므로 방정식 $f(x,\ y)=0$ 이 나타내는 도형 F를 x축에 대하여 대칭이동한 도형 F'의 방정식은

$$f(2a-x, 2b-y)=0$$

이 된다.

(2) 점 $P(x,\ y)$를 직선 $y=ax+b$에 대하여 대칭이동한 점의 좌표를 $P'(x',\ y')$이라 하면 다음 두 가지를 직선 $y=ax+b$에 대한 대칭이동의 특징으로 생각할 수 있다.

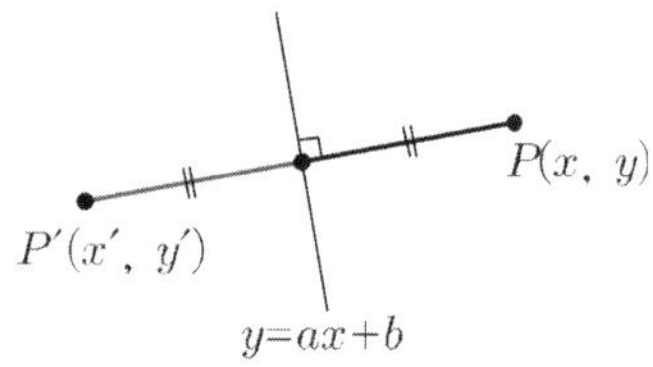

- 직선 $y=ax+b$는 선분 PP'의 중점 $\left(\frac{x+x'}{2},\ \frac{y+y'}{2}\right)$을 지난다.
- 직선 $y=ax+b$와 직선 PP'은 서로 수직으로 만난다. 즉, 두 직선의 기울기의 곱은 -1 이다.

연습문제 5. 도형의 이동

1. 다음 물음에 답하여라.

(1) 평행이동 $(x,\ y) \to (x+2,\ y-3)$에 의하여 점 $(1,\ 2)$가 직선 $y=6x+a$ 위의 점으로 옮겨질 때, 상수 a의 값을 구하여라.

(2) 점 $(1,\ 2)$를 점 $(5,\ 3)$으로 옮기는 평행이동에 의하여 점 $(2,\ 2)$가 옮겨지는 점의 좌표를 구하여라.

2. 다음 물음에 답하여라.

(1) 직선 $y=ax+b$를 x축의 방향으로 -1만큼, y축의 방향으로 3만큼 평행이동한 직선이 $y=bx+a$일 때, 상수 a, b의 값을 구하여라.

(2) 직선 $y=\frac{1}{2}x+3$을 x축에 대하여 대칭이동한 직선에 수직이고, 점 $(1,\ 2)$를 지나는 직선의 방정식을 구하여라.

3. 점 $(x,\ y)$를 직선 $y=x$에 대하여 대칭이동한 후 x축에 대하여 대칭이동하고, 다시 x축의 방향으로 1만큼 평행이동한 점의 좌표를 구하여라.

4. 다음 물음에 답하여라.

(1) 점 $P(2,\ 3)$을 점 $M(4,\ 5)$에 대하여 대칭이동한 점 Q의 좌표를 구하여라.

(2) 점 $P(5,\ 3)$을 직선 $y=2x+3$에 대하여 대칭이동한 점 Q의 좌표를 구하여라.

6. 포물선, 타원, 쌍곡선

포물선

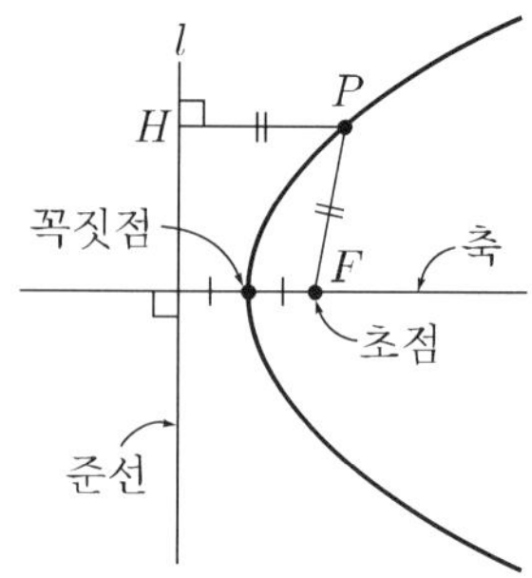

평면 위의 한 정점 F와 점 F를 지나지 않는 한 정직선 l이 주어질 때, 점 F와 직선 l에 이르는 거리가 같은 점 P들의 집합을 **포물선**이라고 한다.

이때 정점 F를 포물선의 **초점**, 정직선 l을 포물선의 **준선**이라고 하며, 포물선의 초점 F를 지나고 준선 l에 수직인 직선을 포물선의 **축**, 포물선과 축의 교점을 포물선의 **꼭짓점**이라고 한다.

정리 5.6.1

> 초점이 $F(p,\ 0)$이고, 준선이 $x=-p$인 포물선의 방정식은
> $$y^2=4px \ (\text{단, } p\neq 0)$$

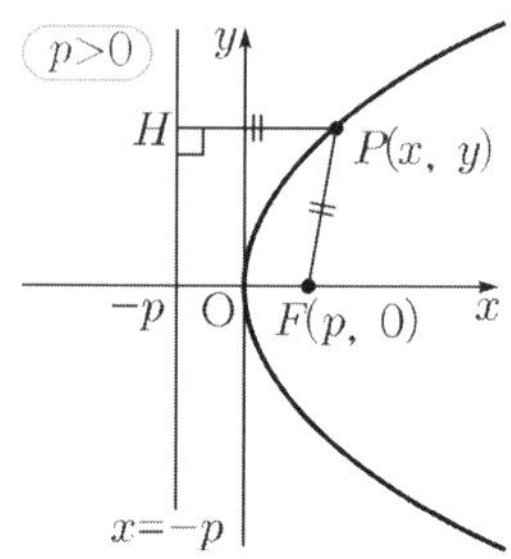

증명 포물선 위의 임의의 점 $P(x,\ y)$에서 준선 $x=-p$에 내린 수선의 발을 H라고 하면 H의 좌표는 $H(-p,\ y)$이다.

$\overline{PF}=\sqrt{(x-p)^2+y^2}$, $\overline{PH}=|x+p|$이고 포물선의 정의에 의하여 $\overline{PF}=\overline{PH}$이므로

$\sqrt{(x-p)^2+y^2}=|x+p|$이다. 이 식의 양변을 제곱하여 정리하면 $y^2=4px$를 얻는다.

한편 점 $P(x,\ y)$가 방정식 $y^2=4px$를 만족시키면 $\overline{PF}=\overline{PH}$이므로 점 P는 초점이 $F(p,\ 0)$, 준선이 $x=-p$인 포물선 위의 점이다.

따라서 구하는 포물선의 방정식은 $y^2=4px$이다. ■

참고 $y^2=4px$는 $p>0$이면 왼쪽으로 볼록한 포물선이고, $p<0$이면 오른쪽으로 볼록한 포물선이다.

예제 5.6.1 포물선 $y^2 = 12x$의 초점의 좌표와 준선의 방정식을 구하여라.

풀이 $y^2 = 12x = 4 \cdot 3x$이므로 $p = 3$이다.
따라서 초점의 좌표는 $(3,\ 0)$, 준선의 방정식은 $x = -3$이다. ■

예제 5.6.2 포물선 $x^2 = y$의 초점의 좌표와 준선의 방정식을 구하여라.

풀이 $x^2 = y = 4 \cdot \frac{1}{4}y$이므로

$$p = \frac{1}{4}$$

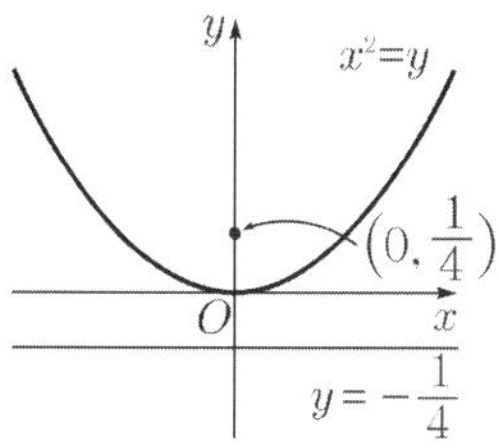

따라서 초점의 좌표는 $\left(0,\ \frac{1}{4}\right)$, 준선의 방정식은 $y = -\frac{1}{4}$이다. ■

포물선 $y^2 = 4px$에 접하고, 기울기가 $m(m \neq 0)$인 직선의 방정식과 포물선 위의 점 $P(x_1,\ y_1)$에서 접하는 직선을 구하여 보자.

정리 5.6.2

(1) 포물선 $y^2 = 4px$에 접하고, 기울기가 $m(m \neq 0)$인 직선의 방정식은

$$y = mx + \frac{p}{m}$$

(2) 포물선 $y^2 = 4px$ 위의 점 $P(x_1,\ y_1)$에서의 접선의 방정식은

$$y_1 y = 2p(x + x_1)$$

증명 (1) 구하는 접선의 방정식을 $y = mx + n$으로 놓고, 이것을 포물선의 방정식 $y^2 = 4px$에 대입하여 정리하면

$$m^2x^2 + 2(mn - 2p)x + n^2 = 0$$

이다. 이 이차방정식의 판별식을 D라고 하면

$$\frac{D}{4} = (mn - 2p)^2 - m^2n^2 = 0$$

이므로 $n = \frac{p}{m}$이다.

따라서 구하는 접선의 방정식은

$$y = mx + \frac{p}{m} \quad (\text{단}, \ m \neq 0)$$

이다.

(2) $x_1 \neq 0$일 때, 접선의 기울기를 m이라고 하면

접선의 방정식은

$$y - y_1 = m(x - x_1)$$

이다. 또 기울기가 m인 접선의 방정식은

$$y = mx + \frac{p}{m} \quad (m \neq 0)$$

이다. 그런데 위 두 직선은 같은 직선이므로 다음이 성립한다.

$$y_1 - mx_1 = \frac{p}{m}, \text{ 즉 } x_1 m^2 - y_1 m + p = 0$$

${y_1}^2 = 4px_1$을 이용하여 m의 값을 구하면 다음과 같다.

$$m = \frac{y_1 \pm \sqrt{{y_1}^2 - 4px_1}}{2x_1} = \frac{y_1}{2x_1} = \frac{2p}{y_1}$$

이것을 위에 대입하고 ${y_1}^2 = 4px_1$을 이용하여 정리하면

$$y_1 y = 2p(x + x_1)$$

이다. 또 이 식은 $x_1 = 0$일 때에도 성립함을 확인할 수 있다. ■

예제 5.6.3 다음 물음에 답하여라.

(1) 포물선 $y^2 = 8x$에 접하고, 기울기가 2인 직선의 방정식을 구하여라.

(2) 포물선 $y^2 = -2x$ 위의 점 $(-2, 2)$에서의 접선의 방정식을 구하여라.

풀이

(1) $y = 2x + \frac{2}{2}$, 따라서 $y = 2x + 1$이다.

(2) $2y = 2 \cdot \left(-\frac{1}{2}\right)(x - 2)$, 따라서 $y = -\frac{1}{2}x + 1$이다. ■

예제 5.6.4 포물선 $y^2 = 4x$와 직선 $y = 2x + k$의 위치 관계를 조사하여라.

풀이

$y = 2x + k$를 $y^2 = 4x$에 대입하면

$$(2x+k)^2 = 4x, \ 4x^2 + 4(k-1)x + k^2 = 0$$

이 이차방정식의 판별식을 D라고 하면

$$\frac{D}{4} = 4(k-1)^2 - 4k^2 = -4(2k-1)$$

(1) $D > 0$, 즉 $k < \frac{1}{2}$일 때, 서로 다른 두 점에서 만난다.

(2) $D = 0$, 즉 $k = \frac{1}{2}$일 때, 한 점에서 만난다.

(3) $D < 0$, 즉 $k > \frac{1}{2}$일 때, 만나지 않는다. ■

예제 5.6.5 점 $(-2, 1)$에서 포물선 $y^2 = 4x$에 그은 접선의 방정식을 구하여라.

풀이 접점을 $P(x_1, y_1)$이라고 하면 접선의 방정식은

$$y_1 y = 2(x + x_1)$$

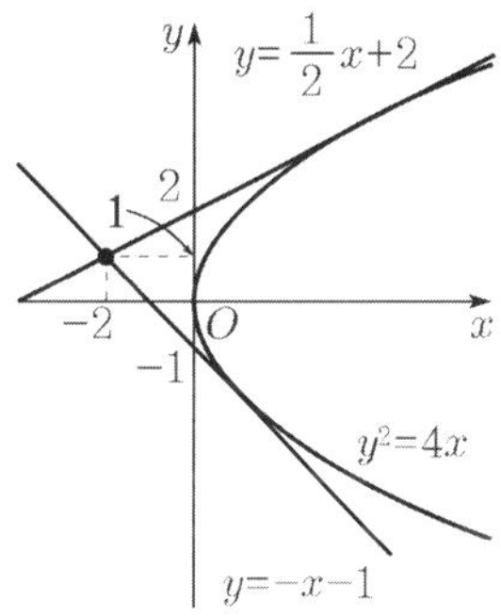

이 직선이 점 $(-2, 1)$을 지나므로

$$y_1 = 2(-2 + x_1) \quad \cdots\cdots \ (\text{ㄱ})$$

또 점 $P(x_1, y_1)$이 포물선 $y^2 = 4x$ 위의 점이므로

$$y_1^{\ 2} = 4x_1 \quad \cdots\cdots \ (\text{ㄴ})$$

(ㄱ)과 (ㄴ)에서

$$\begin{cases} x_1 = 1 \\ y_1 = -2 \end{cases} \text{ 또는 } \begin{cases} x_1 = 4 \\ y_1 = 4 \end{cases}$$

따라서 구하는 접선의 방정식은

$$y = -x - 1 \text{ 또는 } y = \frac{1}{2}x + 2\text{이다.}$$ ■

타원

좌표평면 위의 서로 다른 두 정점 F, F'에서의 거리의 합이 일정한 점들의 집합을 **타원**이라 하고, 두 정점 F, F'을 타원의 **초점**이라고 한다.

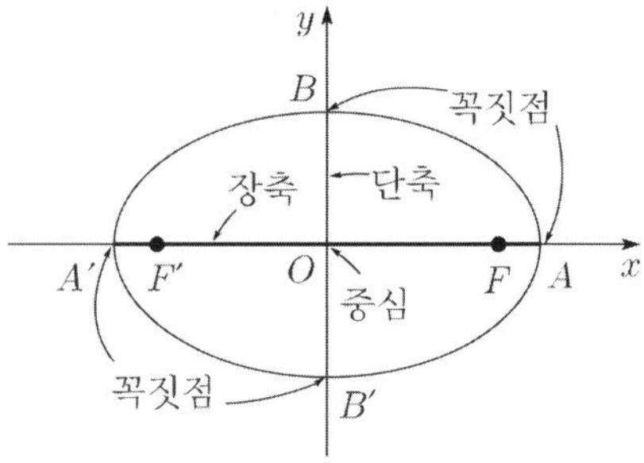

또한 타원에서 두 초점을 잇는 직선이 타원과 만나는 점을 각각 A, A'이라 하고, $\overline{FF'}$의 수직이등분선이 타원과 만나는 점을 각각 B, B'이라고 하자.

이때 네 점 A, A', B, B'을 타원의 **꼭짓점**, $\overline{AA'}$을 타원의 **장축**, $\overline{BB'}$을 타원의 **단축**이라고 하며, 장축과 단축의 교점을 타원의 **중심**이라고 한다.

정리 5.6.3

> 두 초점 $F(c,\ 0)$, $F'(-c,\ 0)$에서의 거리의 합이 $2a$인 타원의 방정식은
> $$\frac{x^2}{a^2}+\frac{y^2}{b^2}=1 \ (\text{단, } a>c>0,\ b^2=a^2-c^2)$$

증명 타원 위의 임의의 점을 $P(x,\ y)$라고 하면

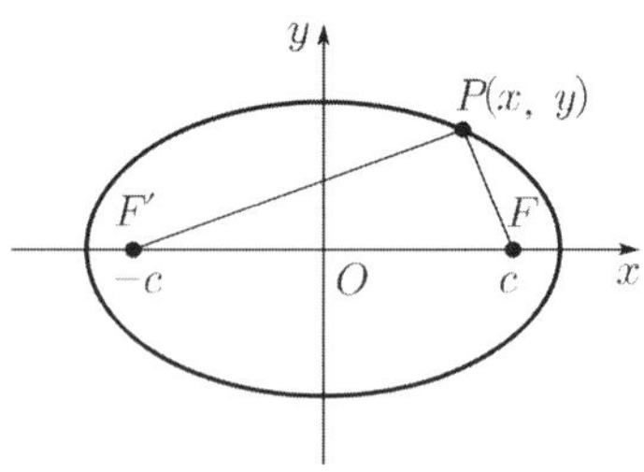

$$\overline{PF}=\sqrt{(x-c)^2+y^2}$$

$$\overline{PF'}=\sqrt{(x+c)^2+y^2}$$

이고, 타원의 정의에 의하여

$$\overline{PF}+\overline{PF'}=2a$$

이므로

$$\sqrt{(x-c)^2+y^2}+\sqrt{(x+c)^2+y^2}=2a$$

즉 $\sqrt{(x-c)^2+y^2}=2a-\sqrt{(x+c)^2+y^2}$이 성립한다.

이 식을 양변을 제곱하여 정리하면

$$cx+a^2=a\sqrt{(x+c)^2+y^2}$$

이다. 다시 양변을 제곱하여 정리하면

$$(a^2-c^2)x^2+a^2y^2=a^2(a^2-c^2)$$

여기서 $a>c>0$이므로 $b^2=a^2-c^2$으로 놓고 정리하면 다음 식을 얻는다.

$$\frac{x^2}{a^2}+\frac{y^2}{b^2}=1 \qquad \cdots\cdots(ㄱ)$$

또한 점 $P(x,\ y)$가 방정식 (ㄱ)을 만족시키면 $\overline{PF}+\overline{PF'}=2a$이므로 점 P는 두 초점 $F(c,\ 0)$, $F'(-c,\ 0)$에서의 거리의 합이 $2a$인 타원 위의 점이다.

따라서 $\dfrac{x^2}{a^2}+\dfrac{y^2}{b^2}=1$은 구하는 타원의 방정식이다. ■

예제 5.6.6 두 초점 $F(4,\ 0)$, $F'(-4,\ 0)$에서의 거리의 합이 10인 타원의 방정식을 구하여라.

풀이 구하는 타원의 방정식을

$$\frac{x^2}{a^2}+\frac{y^2}{b^2}=1$$

이라고 하면 $c=4$이고 $2a=10$에서

$$a=5,\ b^2=5^2-4^2=9$$

따라서 구하는 타원의 방정식은

$$\frac{x^2}{25}+\frac{y^2}{9}=1$$

이다. ■

예제 5.6.7 타원 $\dfrac{x^2}{169}+\dfrac{y^2}{25}=1$의 초점의 좌표와 장축, 단축의 길이를 구하여라.

풀이 $a=13,\ b=5$이므로 $c=\sqrt{13^2-5^2}=12$

따라서 초점의 좌표는 $(12,\ 0)$, $(-12,\ 0)$

장축의 길이는 $2a=26$

단축의 길이는 $2b=10$

이다. ■

예제 5.6.8 두 초점 $F(0,\ 4)$, $F'(0,\ -4)$에서의 거리의 합이 10인 타원의 방정식을 구하여라.

풀이 구하는 타원의 방정식을

$$\frac{x^2}{a^2}+\frac{y^2}{b^2}=1$$

이라고 하면 $c=4$이고 $2b=10$에서

$$b = 5,\ a^2 = 5^2 - 4^2 = 9$$

따라서 구하는 타원의 방정식은

$$\frac{x^2}{9} + \frac{y^2}{25} = 1$$

이다.

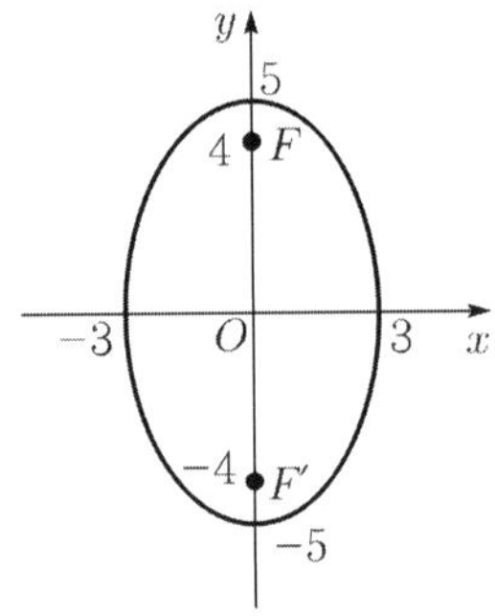

■

타원 $\frac{x^2}{a^2} + \frac{y^2}{b^2} = 1$에 접하고, 기울기가 $m(m \neq 0)$인 직선의 방정식과 타원 위의 점 $P(x_1,\ y_1)$에서 접하는 직선을 구하여 보자.

정리 5.6.4

(1) 타원 $\frac{x^2}{a^2} + \frac{y^2}{b^2} = 1$에 접하고, 기울기가 m인 직선의 방정식은

$$y = mx \pm \sqrt{a^2m^2 + b^2}$$

(2) 타원 $\frac{x^2}{a^2} + \frac{y^2}{b^2} = 1$ 위의 점 $P(x_1,\ y_1)$에서의 접선의 방정식은

$$\frac{x_1x}{a^2} + \frac{y_1y}{b^2} = 1$$

증명 (1) 구하는 접선의 방정식을 $y = mx + n$으로 놓고, 이것을 타원의 방정식 $\frac{x^2}{a^2} + \frac{y^2}{b^2} = 1$에 대입하여 정리하면

$$(a^2m^2 + b^2)x^2 + 2a^2mnx + a^2(n^2 - b^2) = 0$$

이다. 이 이차방정식의 판별식을 D라고 하면

$$\frac{D}{4} = a^2b^2(a^2m^2 + b^2 - n^2) = 0$$

이므로 $n = \pm\sqrt{a^2m^2 + b^2}$에서 접선의 방정식

$$y = mx \pm \sqrt{a^2m^2 + b^2}$$

을 얻는다.

(2) $y_1 \neq 0$일 때, 접선의 기울기를 m이라고 하면 접선의 방정식은

$$y - y_1 = m(x - x_1)$$

그리고 기울기가 m인 접선의 방정식은

$$y = mx \pm \sqrt{a^2m^2 + b^2}$$

이다. 그런데 이 두 직선은 같은 직선이므로 $y_1 - mx_1 = \pm\sqrt{a^2m^2+b^2}$ 이 성립한다. 이 식의 양변을 제곱하여 정리하면

$$(a^2 - {x_1}^2)m^2 + 2x_1y_1m + (b^2 - {y_1}^2) = 0$$

이다. 또 $\frac{{x_1}^2}{a^2} + \frac{{y_1}^2}{b^2} = 1$에서

$$a^2 - {x_1}^2 = \frac{a^2{y_1}^2}{b^2},\ b^2 - {y_1}^2 = \frac{b^2{x_1}^2}{a^2}$$

이고, 이것을 $(a^2 - {x_1}^2)m^2 + 2x_1y_1m + (b^2 - {y_1}^2) = 0$에 대입하여 정리하면 다음과 같다.

$$\frac{a^2{y_1}^2}{b^2}m^2 + 2x_1y_1m + \frac{b^2{x_1}^2}{a^2} = 0,\quad \left(\frac{ay_1}{b}m + \frac{bx_1}{a}\right)^2 = 0$$

따라서 m의 값을 구하면

$$m = -\frac{b^2x_1}{a^2y_1}$$

이다. 이것을 $y - y_1 = m(x - x_1)$에 대입하고 $\frac{{x_1}^2}{a^2} + \frac{{y_1}^2}{b^2} = 1$을 이용하여 정리하면

$$\frac{x_1x}{a^2} + \frac{y_1y}{b^2} = 1$$

이다. 이 식은 $y_1 = 0$일 때에도 성립한다. ■

예제 5.6.9 다음 물음에 답하여라.

(1) 타원 $\frac{x^2}{4} + \frac{y^2}{9} = 1$에 접하고, 기울기가 2인 직선의 방정식을 구하여라.

(2) 타원 $\frac{x^2}{12} + \frac{y^2}{16} = 1$ 위의 점 (3, 2)에서의 접선의 방정식을 구하여라.

풀이 (1) $y = 2x \pm \sqrt{4 \cdot 4 + 9}$ 이므로 $y = 2x \pm 5$이다.

(2) $\frac{3x}{12} + \frac{2y}{16} = 1$이므로 $2x + y = 8$이다. ■

예제 5.6.10 점 $(-2,\ 3)$에서 타원 $x^2+4y^2=4$에 그은 접선의 방정식을 구하여라.

풀이 접점을 $P(x_1,\ y_1)$이라고 하면 접선의 방정식은

$$x_1x+4y_1y=4$$

이 직선이 점 $(-2,\ 3)$을 지나므로

$$-2x_1+12y_1=4 \quad \cdots\cdots \text{(ㄱ)}$$

또 점 $P(x_1,\ y_1)$이 타원 $x^2+4y^2=4$ 위의 점이므로

$$x_1^{\ 2}+4y_1^{\ 2}=4 \quad \cdots\cdots \text{(ㄴ)}$$

(ㄱ)과 (ㄴ)에서

$$\begin{cases} x_1=-2 \\ y_1=0 \end{cases} \text{ 또는 } \begin{cases} x_1=\dfrac{8}{5} \\ y_1=\dfrac{3}{5} \end{cases}$$

따라서 구하는 접선의 방정식은

$x=-2$ 또는 $2x+3y=5$이다. ■

쌍곡선

평면 위의 두 정점 F, F'에서의 거리의 차가 일정한 점들의 집합을 쌍곡선이라 하고, 두 정점 F, F'을 쌍곡선의 **초점**이라고 한다.

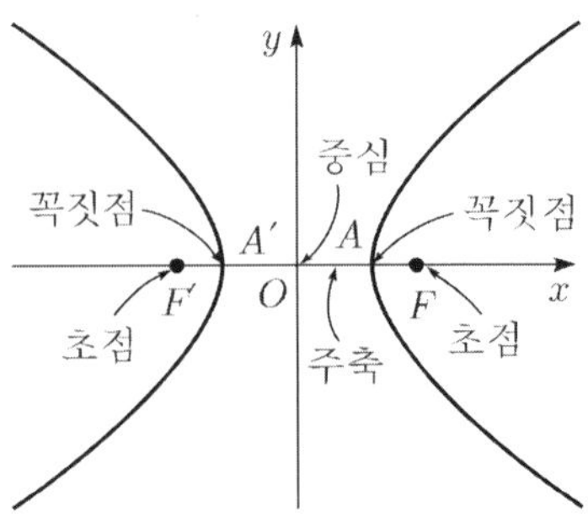

오른쪽 그림과 같이 쌍곡선에서 두 초점을 잇는 직선이 쌍곡선과 만나는 점을 각각 A, A'이라고 할 때, 두 점 A, A'을 쌍곡선의 **꼭짓점**이라 하고, $\overline{AA'}$을 쌍곡선의 **주축**, $\overline{AA'}$의 중점을 쌍곡선의 **중심**이라고 한다.

정리 5.6.5

두 초점 $F(c,\ 0)$, $F'(-c,\ 0)$에서의 거리의 차가 $2a$인 쌍곡선의 방정식은

$$\frac{x^2}{a^2}-\frac{y^2}{b^2}=1 \quad (\text{단, } c>a>0,\ b^2=c^2-a^2)$$

증명 쌍곡선 위의 임의의 점을 $P(x,\ y)$라고 하면

$$\overline{PF} = \sqrt{(x-c)^2 + y^2}, \ \overline{PF'} = \sqrt{(x+c)^2 + y^2}$$

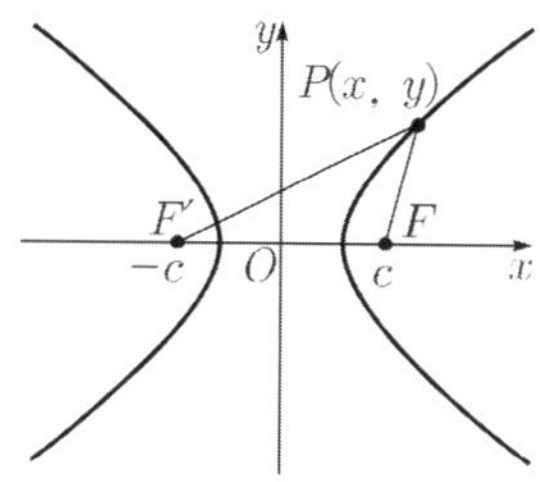

이고, 쌍곡선의 정의에 의하여

$$|\overline{PF} - \overline{PF'}| = 2a$$

이므로

$$\sqrt{(x-c)^2 + y^2} - \sqrt{(x+c)^2 + y^2} = \pm 2a$$

즉 $\sqrt{(x-c)^2 + y^2} = \sqrt{(x+c)^2 + y^2} \pm 2a$이다. 이 식의 양변을 제곱하여 정리하면

$$cx + a^2 = \pm a\sqrt{(x+c)^2 + y^2}$$

이고 이를 다시 양변을 제곱하여 정리하면

$$(c^2 - a^2)x^2 - a^2y^2 = a^2(c^2 - a^2)$$

이다. $b^2 = c^2 - a^2$으로 놓고 이를 정리하면

$$\frac{x^2}{a^2} - \frac{y^2}{b^2} = 1 \quad \cdots\cdots \ (ㄱ)$$

을 얻는다.

한편 점 $P(x, y)$가 방정식 (ㄱ)을 만족시키면 $|\overline{PF} - \overline{PF'}| = 2a$이므로 점 P는 두 초점 $F(c, 0)$, $F'(-c, 0)$에서의 거리의 차가 $2a$인 쌍곡선 위의 점이다.

따라서 $\frac{x^2}{a^2} - \frac{y^2}{b^2} = 1$은 구하는 쌍곡선의 방정식이다. ■

예제 5.6.11 두 초점 $F(5, 0)$, $F'(-5, 0)$에서의 거리의 차가 8인 쌍곡선의 방정식을 구하여라.

풀이 구하는 쌍곡선의 방정식을

$$\frac{x^2}{a^2} - \frac{y^2}{b^2} = 1$$

이라고 하면 $c = 5$이고 $2a = 8$에서

$$a = 4, \ b^2 = 5^2 - 4^2 = 9$$

따라서 구하는 쌍곡선의 방정식은

$$\frac{x^2}{16} - \frac{y^2}{9} = 1$$

이다. ■

예제 5.6.12 쌍곡선 $\frac{x^2}{25}-\frac{y^2}{9}=1$의 초점의 좌표와 주축의 길이를 구하여라.

풀이 $a=5,\ b=3$이므로

$$c=\sqrt{5^2+3^2}=\sqrt{34}$$

따라서 초점의 좌표는

$$(\sqrt{34},\ 0),\ (-\sqrt{34},\ 0)$$

주축의 길이는 $2a=10$이다. ■

예제 5.6.13 두 초점 $F(0,\ 4)$, $F'(0,\ -4)$에서의 거리의 차가 6인 쌍곡선의 방정식을 구하여라.

풀이 구하는 쌍곡선의 방정식을

$$\frac{x^2}{a^2}-\frac{y^2}{b^2}=-1$$

이라고 하면 $c=4$이고 $2b=6$에서

$$b=3,\ a^2=4^2-3^2=7$$

따라서 구하는 쌍곡선의 방정식은

$$\frac{x^2}{7}-\frac{y^2}{9}=-1$$

이다. ■

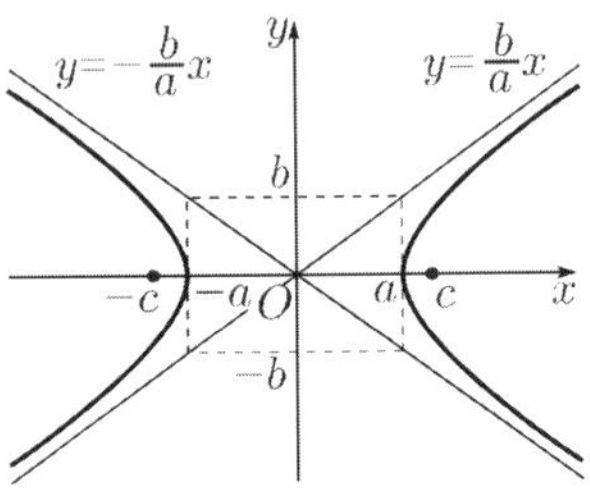

참고 쌍곡선의 방정식

$$\frac{x^2}{a^2}-\frac{y^2}{b^2}=1$$

을 y에 대하여 풀면 다음과 같다.

$$y=\pm\frac{b}{a}x\sqrt{1-\frac{a^2}{x^2}}$$

이 식에서 $|x|$의 값이 한없이 커지면 $\frac{a^2}{x^2}$의 값은 0에 한없이 가까워지므로, 쌍곡선 $\frac{x^2}{a^2}-\frac{y^2}{b^2}=1$은 두 직선 $y=\pm\frac{b}{a}x$에 한없이 가까워진다. 이 두 직선을 쌍곡선 $\frac{x^2}{a^2}-\frac{y^2}{b^2}=1$의 **점근선**이라고 한다.

쌍곡선 $\frac{x^2}{a^2}-\frac{y^2}{b^2}=1$에 접하고 기울기가 $m(m\neq 0)$인 직선의 방정식과 쌍곡선 위의 점

$P(x_1,\ y_1)$에서 접하는 직선을 구하여 보자.

정리 5.6.6

(1) 쌍곡선 $\dfrac{x^2}{a^2}-\dfrac{y^2}{b^2}=1$에 접하고, 기울기가 m인 직선의 방정식은

$$y=mx\pm\sqrt{a^2m^2-b^2}$$

(2) 쌍곡선 $\dfrac{x^2}{a^2}-\dfrac{y^2}{b^2}=1$ 위의 점 $P(x_1,\ y_1)$에서의 접선의 방정식은

$$\frac{x_1x}{a^2}-\frac{y_1y}{b^2}=1$$

증명 (1) 구하는 접선의 방정식을 $y=mx+n$으로 놓고, 이것을 쌍곡선의 방정식 $\dfrac{x^2}{a^2}-\dfrac{y^2}{b^2}=1$에 대입하여 정리하면

$$(a^2m^2-b^2)x^2+2a^2mnx+a^2(n^2+b^2)=0$$

이다. 이 이차방정식의 판별식을 D라고 하면

$$\frac{D}{4}=a^2b^2(b^2-a^2m^2+n^2)=0$$

에서 $n=\pm\sqrt{a^2m^2-b^2}\ \ (a^2m^2-b^2>0)$이므로 구하는 접선의 방정식

$$y=mx\pm\sqrt{a^2m^2-b^2}$$

이다.

(2) $y_1\neq 0$일 때, 접선의 기울기를 m이라 하자.

구하는 직선을 접선의 방정식 $y-y_1=m(x-x_1)$과 기울기가 m인 접선의 방정식 $y=mx\pm\sqrt{a^2m^2-b^2}$으로 나타내어 풀면

$$y_1-mx_1=\pm\sqrt{a^2m^2-b^2}$$

을 얻는다.

이 식의 양변을 제곱하여 정리하면

$$(x_1{}^2-a^2)m^2-2x_1y_1m+(b^2+y_1{}^2)=0 \quad \cdots\cdots \ (\text{ㄱ})$$

이다. 또 $\dfrac{x_1{}^2}{a^2}-\dfrac{y_1{}^2}{b^2}=1$에서

$$x_1{}^2-a^2=\frac{a^2y_1{}^2}{b^2},\ b^2+y_1{}^2=\frac{b^2x_1{}^2}{a^2}$$

이고, 이것을 (ㄱ)에 대입하여 정리하면 다음과 같다.

$$\frac{a^2{y_1}^2}{b^2}m^2 - 2x_1y_1m + \frac{b^2{x_1}^2}{a^2} = 0, \quad \left(\frac{ay_1}{b}m - \frac{bx_1}{a}\right)^2 = 0$$

따라서 $m = \frac{b^2x_1}{a^2y_1}$이고, 이를 $y - y_1 = m(x - x_1)$에 대입하고 $\frac{{x_1}^2}{a^2} - \frac{{y_1}^2}{b^2} = 1$을 이용하여 정리하면

$$\frac{x_1x}{a^2} - \frac{y_1y}{b^2} = 1$$

를 얻는다. 이 식은 $y_1 = 0$일 때도 성립한다. ■

예제 5.6.14 다음 물음에 답하여라.

(1) 쌍곡선 $\frac{x^2}{4} - \frac{y^2}{7} = 1$에 접하고, 기울기가 2인 직선의 방정식을 구하여라.

(2) 쌍곡선 $2x^2 - 3y^2 = 23$ 위의 점 (5, 3)에서의 접선의 방정식을 구하여라.

풀이

(1) $y = 2x \pm \sqrt{4 \cdot 4 - 7}$이므로 $y = 2x \pm 3$이다.

(2) $2 \cdot 5x - 3 \cdot 3y = 23$이므로 $10x - 9y = 23$이다. ■

연습문제 6. | 포물선, 타원, 쌍곡선

1. 다음 조건을 만족하는 점의 좌취의 방정식을 구하여라.

(1) 점 F(4, 0)과 직선 $x = -4$로부터 같은 거리에 있는 점

(2) 점 F(0, 5)과 직선 $y = -5$로부터 같은 거리에 있는 점

2. 초점의 좌표가 F(1, −3)이고, 준선의 방정식이 $y = 2$인 포물선의 방정식을 구하여라.

3. 포물선 $x^2 = -6y$와 직선 $y = 2x + k$의 위치 관계가 다음과 같을 때, 실수 k의 값 또는

k의 값의 범위를 구하여라.

(1) 서로 다른 두 점에서 만난다. (2) 접한다.

(3) 만나지 않는다.

4. 포물선 $y^2 = -8x$와 직선 $y = 4$의 교점에서의 접선의 방정식을 구하여라.

5. 두 점 $A(0, \sqrt{5})$, $B(0, -\sqrt{5})$로부터의 거리의 합이 8인 점 P의 자취의 방정식을 구하여라.

6. 타원 $\frac{x^2}{16} + \frac{y^2}{9} = 1$을 x축의 방향으로 a만큼, y축의 방향으로 b만큼 평행이동하면 x축, y축에 동시에 접한다. a, b의 값을 구하여라.

7. 타원 $3x^2 + 2y^2 = 6$에 접하고, 기울기가 $\frac{1}{\sqrt{3}}$인 접선의 방정식을 구하여라.

8. 점 $(2, 1)$에서 타원 $kx^2 + y^2 = k$ $(k > 0)$에 그은 두 접선이 수직일 때, k의 값을 구하여라.

9. 다음을 구하여라.

(1) 꼭짓점의 좌표가 $(1, 0)$, $(-1, 0)$이고, 점 $(3, 4)$을 지나는 쌍곡선의 방정식

(2) 한 점 $(2, 0)$을 지나고, 점근선의 방정식이 $-3x + 4y = 0$, $3x + 4y = 0$인 쌍곡선의 방정식

10. 쌍곡선 $\frac{x^2}{9} - \frac{y^2}{25} = 1$ 위의 한 점 P와 두 초점 F, F'에 대하여 $\angle FPF' = 30°$일 때, 삼각형 $PF'F$의 넓이를 구하여라.

7. 공간좌표

좌표공간에의 두 점 사이의 거리

좌표평면에서 두 점 사이의 거리를 구하는 것과 같은 방법으로 좌표공간에서 두 점 $A(x_1,\ y_1,\ z_1)$, $B(x_2,\ y_2,\ z_2)$ 사이의 거리를 구한다.

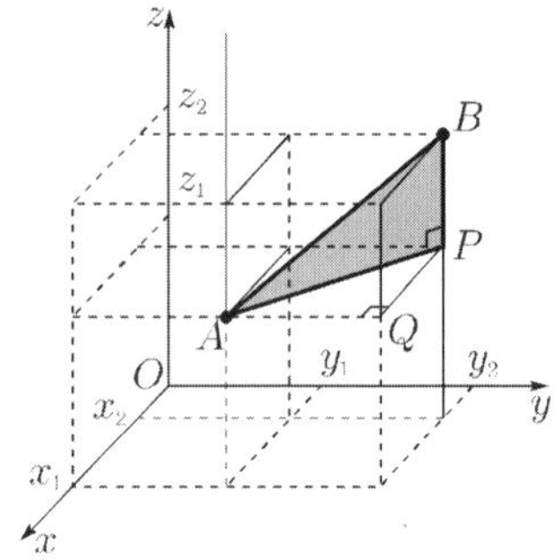

$\overline{AB}$가 각 좌표평면과 평행하지 않다고 할 때, $\overline{AB}$를 대각선으로 하고 모든 면이 좌표평면에 평행한 직육면체를 그리면

$P=(x_2,\ y_2,\ z_1)$, $Q=(x_1,\ y_2,\ z_1)$이다.

따라서

$$\overline{PQ}=|x_2-x_1|,\quad \overline{AQ}=|y_2-y_1|,\quad \overline{BP}=|z_2-z_1|$$

이며 이때 $\triangle ABP$, $\triangle APQ$는 직각삼각형이므로 피타고라스의 정리에 의하여 다음이 성립한다.

$$\overline{AB}^2=\overline{AP}^2+\overline{BP}^2$$
$$\overline{AP}^2=\overline{PQ}^2+\overline{AQ}^2$$

따라서

$$\overline{AB}^2=\overline{PQ}^2+\overline{AQ}^2+\overline{BP}^2=(x_2-x_1)^2+(y_2-y_1)^2+(z_2-z_1)^2$$

이므로 좌표공간의 두 점 A, B 사이의 거리는 다음과 같다.

$$\overline{AB}=\sqrt{(x_2-x_1)^2+(y_2-y_1)^2+(z_2-z_1)^2}$$

정리 5.7.1

> 좌표공간에서 두 점 $A(x_1,\ y_1,\ z_1)$, $B(x_2,\ y_2,\ z_2)$ 사이의 거리는
> $$\overline{AB}=\sqrt{(x_2-x_1)^2+(y_2-y_1)^2+(z_2-z_1)^2}$$

예제 5.7.1 두 점 $A(1,\ 3,\ -4)$, $B(0,\ 3,\ -6)$ 사이의 거리를 구하여라.

풀이 | $\overline{AB}=\sqrt{(-1)^2+(3-3)^2+\{-6-(-4)\}^2}=\sqrt{5}$ ■

내분점과 외분점

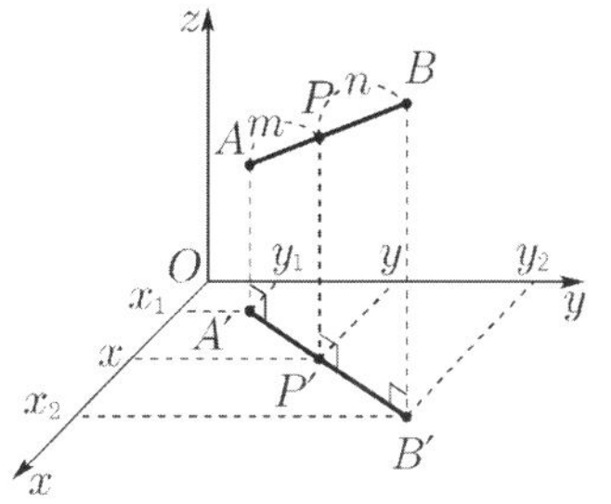

좌표공간 위에 세 점 A, B, P가 주어져 있다.

세 점 A, B, P의 xy평면 위로의 정사영을 각각 A', B', P'이라고 하면

$$A'(x_1,\ y_1,\ 0),\ B'(x_2,\ y_2,\ 0),\ P'(x,\ y,\ 0)$$

이다. 또

$$\overline{AP}:\overline{PB}=\overline{A'P'}:\overline{P'B'}=m:n$$

이므로 점 P'은 선분 $A'B'$을 $m:n$으로 내분하는 점이다. 이때 점 A', B', P'은 xy평면 위에 있으므로

$$x=\frac{mx_2+nx_1}{m+n},\ y=\frac{my_2+ny_1}{m+n}$$

이다. 마찬가지로 점 A, B, P의 yz평면 위로의 정사영을 구하여 계산하면

$$z=\frac{mz_2+nz_1}{m+n}$$

이다. 따라서 선분 AB를 $m:n$으로 내분하는 점 P의 좌표는 다음과 같다.

$$\mathrm{P}\left(\frac{mx_2+nx_1}{m+n},\ \frac{my_2+ny_1}{m+n},\ \frac{mz_2+nz_1}{m+n}\right)$$

마찬가지로 외분점도 구할 수 있다.

정리 5.7.2

좌표공간에서 두 점 $A(x_1,\ y_1,\ z_1)$, $B(x_2,\ y_2,\ z_2)$에 대하여 선분 AB를 $m:n\ (m>0,\ n>0)$으로 내분하는 점 P의 좌표는

$$\mathrm{P}\left(\frac{mx_2+nx_1}{m+n},\ \frac{my_2+ny_1}{m+n},\ \frac{mz_2+nz_1}{m+n}\right)$$

$m:n\ (m>0,\ n>0,\ m\neq n)$으로 외분하는 점 Q의 좌표는

$$\mathrm{Q}\left(\frac{mx_2-nx_1}{m-n},\ \frac{my_2-ny_1}{m-n},\ \frac{mz_2-nz_1}{m-n}\right)$$

예제 5.7.2 두 점 $A(1,\ 2,\ -3)$, $B(-2,\ 5,\ 3)$에 대하여 선분 AB를 $2:1$로 내분하는 점 P의 좌표와 외분하는 점 Q의 좌표를 구하여라.

풀이 선분 AB를 $2:1$로 내분하는 점 P의 좌표는 다음과 같다.

$$P\left(\frac{2\cdot(-2)+1\cdot1}{2+1},\ \frac{2\cdot5+1\cdot2}{2+1},\ \frac{2\cdot3+1\cdot(-3)}{2+1}\right)$$

따라서 $P(-1,\ 4, 1)$이다.

또 선분 AB를 $2:1$로 외분하는 점 Q의 좌표는

$$Q\left(\frac{2\cdot(-2)-1\cdot1}{2-1},\ \frac{2\cdot5-1\cdot2}{2-1},\ \frac{2\cdot3-1\cdot(-3)}{2-1}\right)$$

따라서 $Q(-5,\ 8,\ 9)$이다. ■

구의 방정식

한 정점으로부터 일정한 거리에 있는 점의 집합을 구라 하고, 이때의 정점을 구의 중심, 일정한 거리를 구의 반지름의 길이라고 한다.

좌표공간에서 한 점 $C(a,\ b,\ c)$를 중심으로 하고 반지름의 길이가 r인 구 위의 임의의 점 $P(x,\ y,\ z)$에 대하여

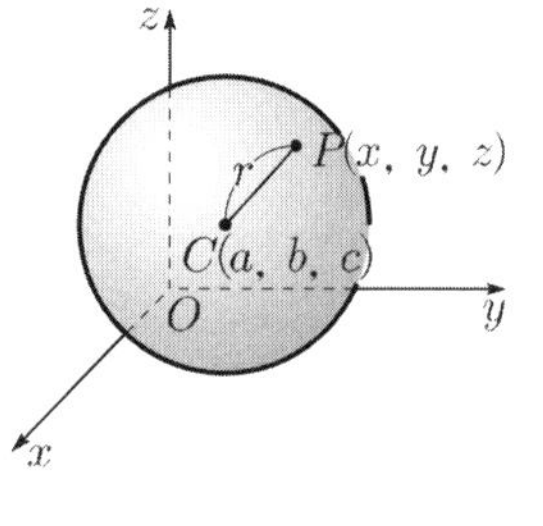

$\overline{CP}=r$이므로

$$\sqrt{(x-a)^2+(y-b)^2+(z-c)^2}=r$$

이다. 이 식의 양변을 제곱하면 다음과 같다.

$$(x-a)^2+(y-b)^2+(z-c)^2=r^2$$

역으로 $(x-a)^2+(y-b)^2+(z-c)^2=r^2$을 만족시키는 점 $P(x,\ y,\ z)$에 대하여 $\overline{CP}=r$이므로 점 P는 점 C를 중심으로 하고 반지름의 길이가 r인 구 위에 있다.

정리 5.7.3

> 중심이 $C(a,\ b,\ c)$이고 반지름의 길이가 r인 구의 방정식은
> $$(x-a)^2+(y-b)^2+(z-c)^2=r^2$$

예제 5.7.3 두 점 $A(1,\ 3,\ 5)$, $B(7,\ 5,\ 3)$을 지름의 양 끝점으로 하는 구의 방정식을 구하여라.

풀이 두 점 A, B를 지름의 양 끝점으로 하는 구의 중심을 C라고 하면 점 C는 선분 AB의 중점이므로

$$C=\left(\frac{1+7}{2},\ \frac{3+5}{2},\ \frac{5+3}{2}\right)=(4,4,4)$$

또 구의 반지름의 길이는

$$\overline{CA}=\sqrt{(4-1)^2+(4-3)^2+(4-5)^2}=\sqrt{11}$$

따라서 구하는 구의 방정식은

$$(x-4)^2+(y-4)^2+(z-4)^2=11$$

이다. ■

예제 5.7.4 방정식 $x^2+y^2+z^2-2x+4y-6z-11=0$은 어떤 도형을 나타내는지 말하여라.

풀이 $x^2+y^2+z^2-2x+4y-6z-11=0$을 변형하면

$$x^2-2x+1+y^2+4y+4+z^2-6z+9=25$$

$$(x-1)^2+(y+2)^2+(z-3)^2=5^2$$

이다. 따라서 위 방정식은 중심이 $(1,\ -2,\ 3)$이고 반지름의 길이가 5인 구를 나타낸다.

■

연습문제 7. 공간좌표

1. 두 점 $A(4,\ -4,\ -2)$, $B(-2,\ 0,\ 2)$에 대하여 선분 AB의 중점을 P, 선분 AB를 $2:1$로 외분하는 점을 Q라 할 때, 선분 PQ의 길이의 제곱을 구하여라.

2. 두 점 $A(2,\ 2,\ -4)$, $B(4,\ 2,\ -4)$를 지나고, yz평면, zx평면에 동시에 접하는 구의 방정식을 구하여라.

3. 네 점 $A(5,\ 0,\ 0)$, $B(2,\ 2,\ 1)$, $C(2,\ 0,\ 1)$, $D(3,\ 4,\ 0)$을 지나는 구의 방정식을 구하여라.

4. 두 점 $A(0,\ 0,\ 3)$, $B(0,\ -1,\ 0)$에서의 거리의 비가 $2:1$인 점 P의 자취의 방정식을 구하여라.

5. 두 점 $A(6, 4, 2)$, $B(-2, -2, -2)$에 대하여 선분 AB가 xy평면과 점 P에서 만날 때, 점 P의 좌표를 구하여라.

06 장

함수

이 장에서는 함수를 정의하고, 함수와 관련된 여러 가지 기호와 용어, 성질에 대해서 알아본다.

1. 함수의 정의와 성질

함수의 정의

오른쪽 [그림 1], [그림 2]와 같이 공집합이 아닌 두 집합 X, Y에서 어떤 주어진 관계에 의하여 집합 X의 원소에 집합 Y의 원소가 짝지어지는 것을 집합 X에서 집합 Y로의 **대응**이라고 한다.

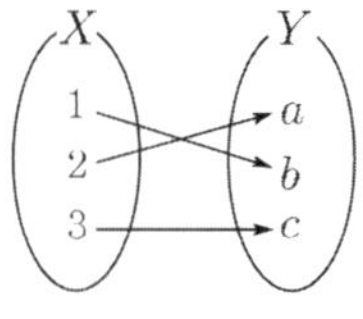

[그림 1]

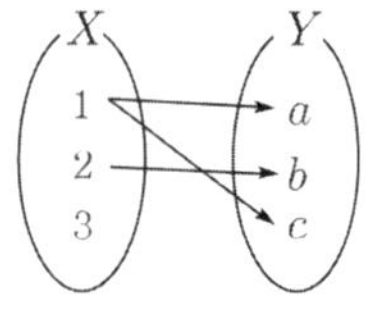

[그림 2]

이때 집합 X의 원소 x에 집합 Y의 원소 y가 대응하는 것을 기호로

$$x \to y$$

와 같이 나타내고, x가 y에 대응한다고 한다.

정의 6.1.1

(1) **함수**

공집합이 아닌 두 집합 X, Y에 대하여 X의 각 원소에 Y의 원소가 오직 하나씩 대응할 때, 이 대응을 X에서 Y로의 **함수**(function)라 하고, 이것을 기호로

$$f : X \to Y$$

와 같이 나타낸다.

(2) **정의역과 공역**

함수 $f : X \to Y$에서 집합 X를 함수 f의 **정의역**(domain), 집합 Y를 함수 f의 **공역**(codomain)이라고 한다.

(3) **함숫값과 치역**

함수 $f : X \to Y$에 대하여 X의 원소 x에 Y의 원소 y가 대응할 때, 이것을 기호로

$$y = f(x)$$

와 같이 나타내고, $f(x)$를 함수 f에 의한 x의 **상**(image) 또는 **함숫값**이라고 한다. 이와 같이 함수를 표현할 때, x를 **독립변수**라 하고 y를 **종속변수**라고 한다. 또한 함숫값 전체의 집합, 즉 $\{f(x) | x \in X\}$를 함수 f의 **치역**(range)이라고 한다.

일반적으로 집합 X의 부분집합 A에 대하여, A의 원소에 대응되는 함숫값들의 집합을 f에 의한 A의 상이라 하고 $f(A)$로 나타낸다. 즉,

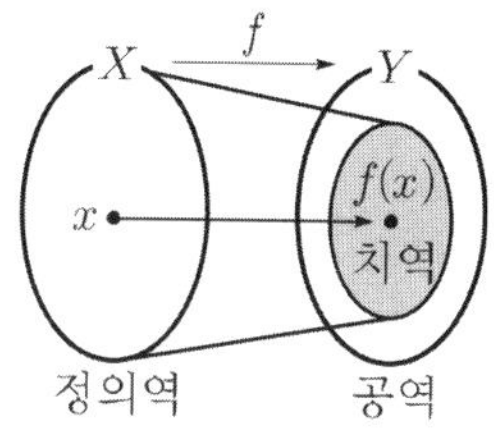

$$f(A)=\{f(x) \mid x \in A\}$$

또, 집합 Y의 부분집합 B에 대하여 다음과 같이 **역상**을 정의한다.

$$f^{-1}(B)=\{x \in X \mid f(x) \in B\}$$

예제 6.1.1 두 집합 $X=\{1,2\}$, $Y=\{-2,-1,0,1,2,3,4,5\}$에 대하여 함수 사이의 대응 $f: X \to Y$가 다음과 같이 주어질 때, f의 치역을 구하여라.

(1) $f(x)=x$ (2) $f(x)=x^2+1$

풀이 | (1) $\{1,2\}$ (2) $\{3, 5\}$ ■

예제 6.1.2 실수 전체의 집합을 정의역으로 하는 함수 f가 $f(x)=x^4$으로 주어졌을 때 $f^{-1}(1)$을 구하여라. 두 집합 $X=\{1,2\}$, $Y=\{-2,-1,0,1,2,3,4,5\}$에 대하여 함수 사이의 대응 $f: X \to Y$가 다음과 같이 주어질 때, f의 치역을 구하여라.

(1) $f(x)=x$ (2) $f(x)=x^2+1$

풀이 | $x^4=1$을 만족하는 x의 값의 집합이므로 $f^{-1}(1)=\{-1,1\}$이다. ■

대응 $X \to Y$가 함수인지 판별하기

두 집합 X, Y 사이의 대응 $X \to Y$가 함수인지 아닌지를 판별하기 위해서는 X의 각 원소에 대응하는 Y의 원소의 개수를 살펴보아야 한다.

예를 들어 두 집합 X, Y 사이의 내응이 주어셨을 때, 함수인 것과 아닌 것을 다음과 같이 판별할 수 있다.

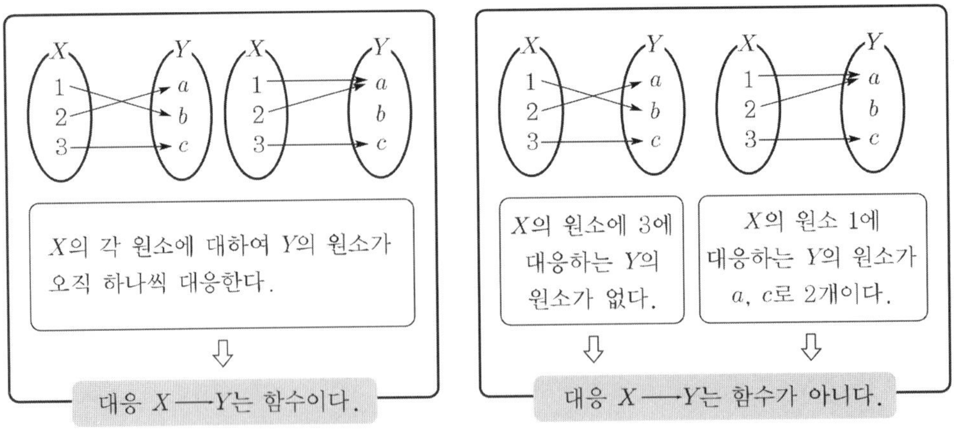

서로 같은 함수

두 함수 $f: X \to Y$와 $g: U \to V$에 대하여, 만약 $X = U$이고 모든 $x \in X$에 대하여 $f(x) = g(x)$일 때, 두 함수 **f와 g는 서로 같다**고 하며, 이것을 기호로

$$f = g$$

와 같이 나타낸다.

두 함수 f와 g가 서로 같지 않을 때, 기호로 $f \neq g$와 같이 나타낸다. 위에서 $f(x) = g(x)$는 두 함수, f, g의 함수식이 같다는 뜻이 아니라 f와 g의 대응 결과가 같다는 뜻이다.

예제 6.1.3 집합 $X = \{-1, 1\}$을 정의역으로 하는 두 함수 f, g가 $f(x) = x^2 - ax - b$, $g(x) = 2x$ 일 때, $f = g$가 성립하도록 하는 상수 a, b의 값을 구하여라.

풀이 $f(-1) = g(-1)$에서 $1 + a - b = -2$이다.
$f(1) = g(1)$에서 $1 - a - b = 2$이다.
따라서 두 식을 연립하여 풀면 $a = -2$, $b = 1$ 이다. ■

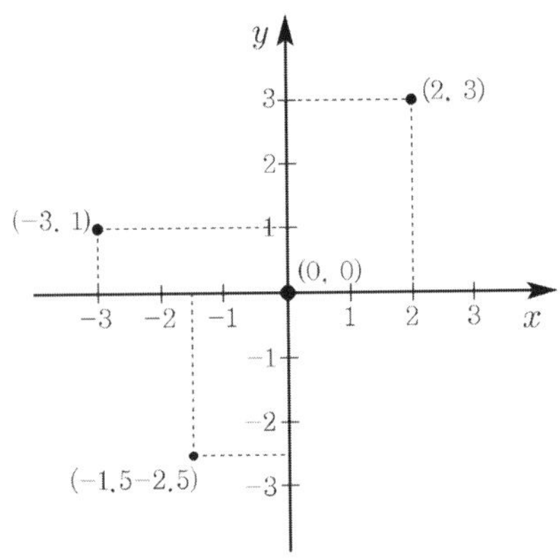

두 집합 X, Y가 주어졌을 때, X의 원소 x와 Y의 원소 y를 순서를 생각하여 만든 x와 y의 쌍(x, y)를 순서쌍(ordered pair)이라고 한다.

또, X의 원소를 첫 번째, Y의 원소를 두 번째로 하는 모든 순서 쌍 (x, y)의 집합을 집합 X와 Y의 곱집합(product set)이라 하고, $X \times Y$로 나타낸다. 즉

$$X \times Y = \{(x, y) \mid x \in X, y \in Y\}$$

기초수학에서 다루는 함수는 주로 실수의 부분집합들 사이의 대응 관계이다. 따라서 특별히 명시하지 않으면 이후의 모든 함수들에 대한 공역은 실수 전체이고, 정의역은 식 $f(x)$가 의미를 갖는 (또는 정의되는) 모든 실수들의 집합이다.

그러므로 함수를 정의함에 있어 정의역과 공역을 설정할 필요가 없어지고, 대응 규칙만 밝히면 된다. 즉, x에 대응하는 함숫값 $y=f(x)$만 정해 주면 함수가 결정되는 것이고, 이런 이유로 '함수 f' 대신 '함수 $f(x)$' 또는 '함수 $y=f(x)$'라고 나타내기도 한다.

함수의 그래프

(1) 함수의 그래프

함수 $f: X \to Y$에서 정의역 X의 원소 x와 이에 대응하는 함숫값 $f(x)$의 순서쌍 $(x, f(x))$ 전체의 집합 $\{(x, f(x)) | x \in X\}$를 **함수 f의 그래프**라고 한다.

(2) 함수의 그래프의 기하학적 표현

정의역과 공역이 모두 실수의 집합인 함수 $y=f(x)$의 그래프는 순서쌍 $(x, f(x))$를 좌표평면 위에 점으로 나타내어 그릴 수 있고, 이와 같이 함수의 그래프를 좌표평면 위에 나타내는 것을 함수의 그래프의 기하학적 표현이라고 한다.

또한 함수 $y=f(x)$의 그래프는 정의역의 각 원소 a에 대하여 y축에 평행한 직선 $x=a$와 오직 한 점에서 만난다.

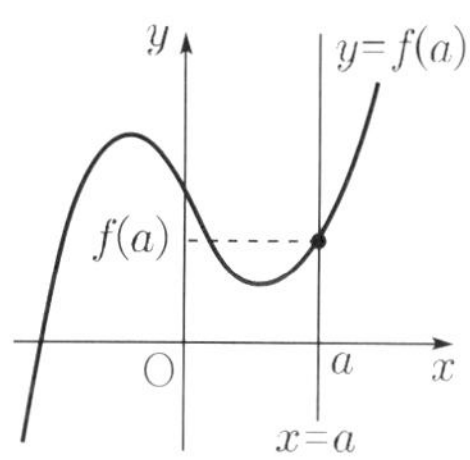

좌표평면에 나타내어진 그래프가 함수의 그래프인지 판별하기

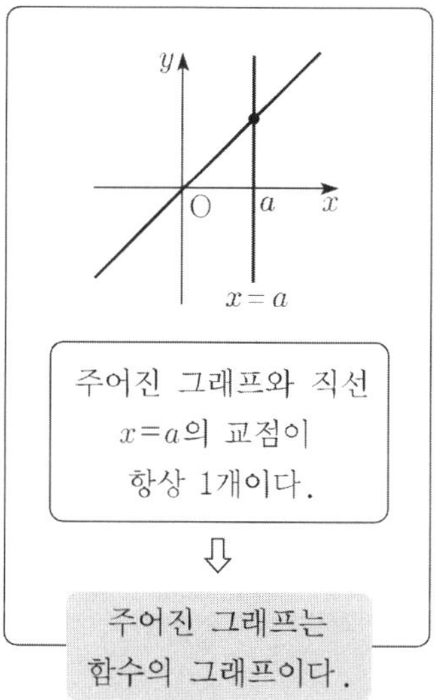

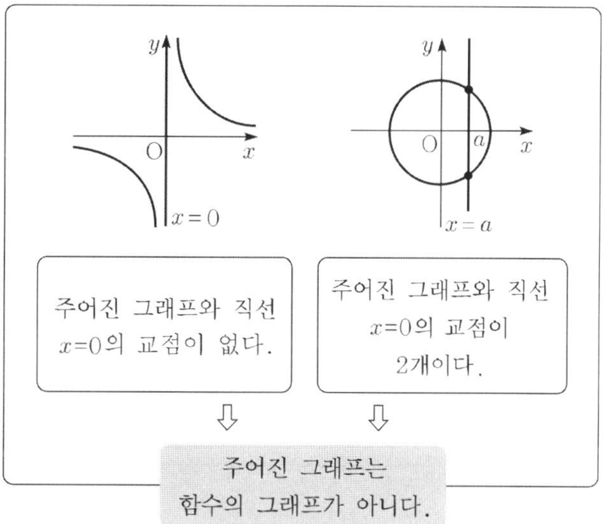

정의 6.1.2

(1) 일대일 함수

함수 $f : X \to Y$에서 정의역 X의 임의의 원소 x_1, x_2에 대하여 $x_1 \neq x_2$이면 $f(x_1) \neq f(x_2)$가 성립할 때, 함수 f를 **일대일 함수**라고 한다. 대우명제를 사용하여 다음과 같이 표현할 수 있다. 정의역에 속하는 임의의 두 원소 x_1, $x_2 \in X$에 대하여, 만약 $f(x_1) = f(x_2)$이면 $x_1 = x_2$이다.

(2) 위로의 함수

공역에 속하는 임의의 원소 $b \in Y$에 대하여 항상 b의 원상 $a \in X$가 존재한다. 즉, 임의의 원소 $b \in Y$에 대하여 항상 $a \in X$가 존재하고 $b = f(a)$이다.

(3) 일대일 대응 함수

임의의 x_1, x_2 $\in X$에 대하여

① $x_1 \neq x_2$이면 $f(x_1) \neq f(x_2)$

② $\{f(x) \mid x \in X\} = Y$

인 함수이다. 즉, 일대일 함수이며 동시에 위로의 함수를 일대일 대응 함수라고 한다.

단순한 형태의 대표적인 함수로는 아래와 같이 정의되는 상수함수와 항등함수가 있다.

함수 $f : X \to Y$에서 정의역 X의 임의의 원소 x에 대하여 '$f(x) = c$' (c는 상수)가 성립할 때, 함수 f를 **상수함수**라고 한다.

그리고 함수 $f : X \to Y$에서 정의역 X의 임의의 원소 x에 대하여 "$f(x) = x$"가 성립할 때, 함수 f를 X에서의 **항등함수**라 하고, 기호로 I와 같이 나타낸다.

일대일 대응	항등함수	상수함수
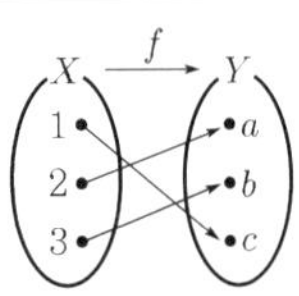	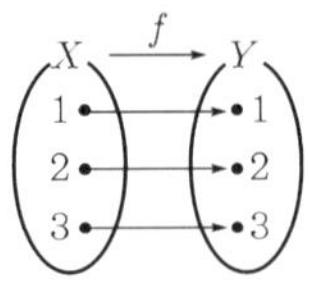	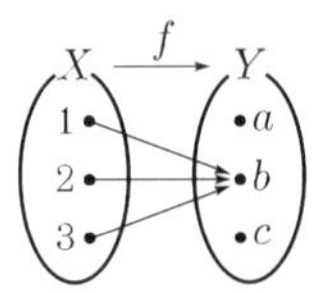
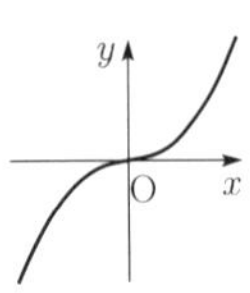	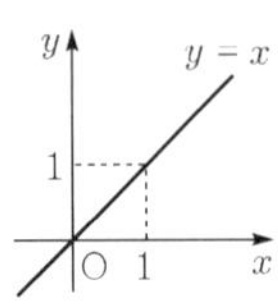	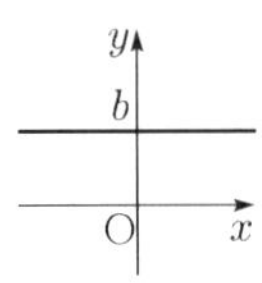

예제 6.1.4 다음 중 "$x_1 \neq x_2$이면 $f(x_1) \neq f(x_2)$이다"를 만족시키는 함수를 찾아라.

(1) $f(x)=x^2$ (2) $f(x)=2x$ (3) $f(x)=-3$ (4) $f(x)=|x|+1$

풀이 $x_1 \neq x_2$일 때 $f(x_1) \neq f(x_2)$이면 함수 f는 일대일 함수이다. 그래프를 이용하면 쉽게 볼 수 있다. 치역의 임의의 원소 a에 대하여 직선 $y=a$와 오직 한 점에서 만나는 그래프가 일대일 함수이다. 따라서 $f(x)=2x$만 일대일 함수이다. ■

정의 6.1.3

합성함수

두 함수 $f:X \rightarrow Y$, $g:Y \rightarrow Z$에 대하여 X의 각 원소 x에 Z의 원소 $g(f(x))$를 대응시키는 함수를 f와 g의 **합성함수**라 하고, 기호로 $g \circ f$와 같이 나타낸다.

즉, $g \circ f : X \rightarrow Z$, $(g \circ f)(x) = g(f(x))$

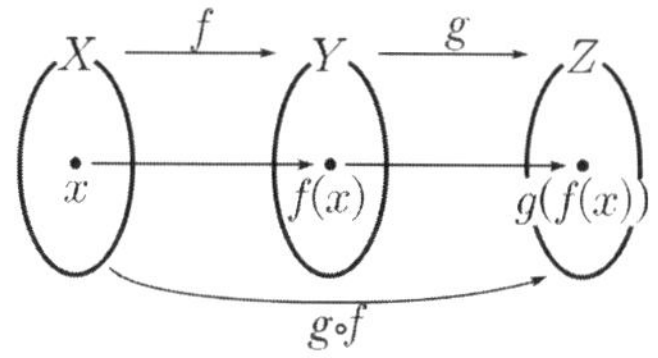

예제 6.1.5 세 함수 f, g, h가 다음 등식을 만족함을 증명하여라.

$h \circ (g \circ f) = (h \circ g) \circ f$

증명 $f: X \rightarrow Y$와 $g: Y \rightarrow Z$, $h: Z \rightarrow W$인 함수라고 하면 $h \circ (g \circ f)$와 $(h \circ g) \circ f$는 $X \rightarrow W$인 함수이다. 정의역 X에서 임의의 원소를 x라고 하면

$$h \circ (g \circ f)(x) = h((g \circ f)(x)) = h(g(f(x)))$$

이다. 한편

$$((h \circ g) \circ f)(x) = (h \circ g)(f(x)) = h(g(f(x)))$$

가 되어 두 식이 같음을 알 수 있다. ■

예제 6.1.6 두 함수 f, g와 항등함수 I에 대하여 다음 등식이 성립함을 증명하여라.

(1) $f \circ g \neq g \circ f$

(2) $I \circ f = f \circ I = f$

증명 (1) 두 함수 $f(x)=x-2$, $g(x)=2x+5$에 대하여

$(g \circ f)(x)=g(f(x))=g(x-2)=2(x-2)+5=2x+1$

$(f \circ g)(x)=f(g(x))=f(2x+5)=(2x+5)-2=2x+3$

$\therefore\ g \circ f \neq f \circ g$이다.

즉 합성함수에서는 교환법칙이 성립하지 않는다.

(2) X에서의 항등함수를 I로 놓으면 $I(x)=x$이므로

$(f \circ I)(x)=f(I(x))=f(x)$

$(I \circ f)(x)=I(f(x))=f(x)$

$\therefore\ f \circ I=I \circ f=f$이다. ■

정의 6.1.4

역함수

함수 $f: X \to Y$가 일대일 대응일 때, Y의 임의의 원소 y에 대하여 $y=f(x)$인 X의 원소 x를 대응시키는 함수를 f의 **역함수**라 하고, 기호로 f^{-1}와 같이 나타낸다.

즉, $f^{-1}: Y \to X$ 또는 $x=f^{-1}(y)$

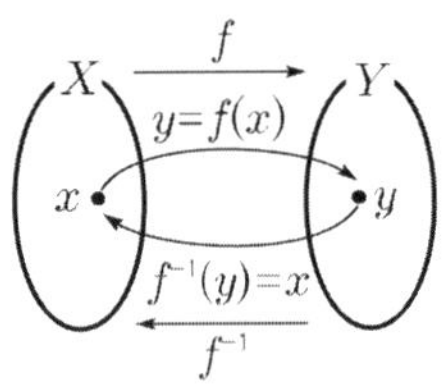

역함수의 간단한 성질을 알아보자.

정리 6.1.1

$f: X \to Y$, $g: Y \to Z$가 일대일 대응 함수일 때

(1) $f(a)=b \Leftrightarrow f^{-1}(b)=a$

(2) $(f^{-1})^{-1}=f$ (함수 f의 역함수의 역함수는 f이다.)

(3) $f^{-1} \circ f=I_X$; $f \circ f^{-1}=I_Y$ 여기서 I_X, I_Y는 각각 X, Y에서의 항등함수이다.

(4) $(g \circ f)^{-1}=f^{-1} \circ g^{-1}$

함수 $f(x)$의 역함수를 구하려면 다음과 같은 단계를 거치면 된다.

(1) 함수 $y=f(x)$가 일대일 대응인지를 확인한다.

(2) $y=f(x)$를 x에 대하여 정리한다. (즉, $x=f^{-1}(y)$)

(3) $x=f^{-1}(y)$에서 x와 y를 서로 바꾼다.

이때, x, y의 값의 범위가 있으면 이 역시 바꾼다. (즉, $y=f^{-1}(x)$)

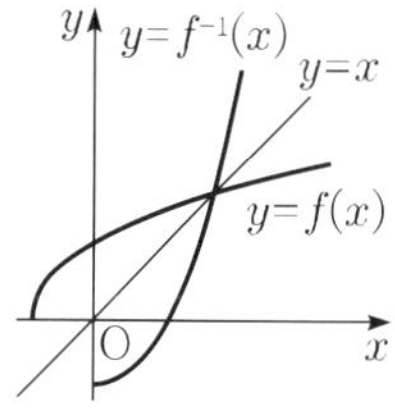

함수 $y=f(x)$의 그래프와 그 역함수 $y=f^{-1}(x)$의 그래프는 직선 $y=x$에 대하여 대칭이다.

즉, 함수 $y=f(x)$의 그래프와 그 역함수 $y=f^{-1}(x)$의 그래프의 교점은 함수 $y=f(x)$의 그래프와 직선 $y=x$의 교점과 같다.

예제 6.1.7 다음 함수의 역함수를 구하여라.

(1) $y=-3x+2$ (2) $y=\frac{1}{2}x+\frac{1}{4}$ (3) $y=(x-1)^2\,(x\geq 1)$

풀이

(1) $y=-\frac{1}{3}x+\frac{2}{3}$

(2) $y=2x-\frac{1}{2}$

(3) $y=\sqrt{x}+1\,(x\geq 0)$ ■

예제 6.1.8 두 함수 $f(x)=-3x+1$, $g(x)=4x+1$에 대하여 $(f\circ(g\circ f)^{-1}\circ f)(3)$의 값을 구하여라.

풀이

역함수의 성질을 이용하여 주어진 식을 간단히 정리한다.

주어진 식을 간단히 정리하면

$$\begin{aligned}(f\circ(g\circ f)^{-1}\circ f)(3)&=(f\circ f^{-1}\circ g^{-1}\circ f)(3)\\&=(g^{-1}\circ f)(3)\\&=g^{-1}(f(3))\\&=g^{-1}(-8)\end{aligned}$$

역함수의 정의를 이용하면

$g^{-1}(-8)=k$라 하면 $g(k)=-8$

$4k+1=-8$ 따라서 $k=-\frac{9}{4}$이다. ■

연습문제 1. | 함수의 정의와 성질

1. $f(x)=x+3$의 역함수를 구하여라.

2. $f(x)=x^2+1$, $g(x)=x+3$에 대하여 다음을 구하여라.

(1) $(g \circ f)(2)$ (2) $(f \circ g)(2)$ (3) $(g \circ f)(x)$ (4) $(f \circ g)(x)$

3. 함수 $y=x+1$의 그래프와 그 역함수의 그래프를 그려서 비교하여라.

4. 실수 전체의 집합에서 정의된 함수 f가 $f\left(\frac{x-1}{2}\right)=3x+4$을 만족시킬 때, $f(0)$의 값을 구하여라.

5. 두 함수 $f(x)=2x-1$, $g(x)=-x+a$에 대하여 $f \circ g=g \circ f$가 성립하도록 하는 상수 a의 값을 구하여라.

2. 다항함수와 유리함수, 무리함수

정의 6.2.1

다항함수

$y=f(x)$가 다항함수이면 $f(x)$는 x에 대한 다항식으로 표현되는 함수이다.

즉, $f(x)=a_nx^n+a_{n-1}x^{n-1}+\cdots+a_1x+a_0$ 꼴의 함수를 말한다. 이것을 단순히 **다항식**(polynomial)이라고도 하며, a_n, $a_{n-1}, \cdots a_1$, a_0를 이 다항식의 **계수**(coefficient), $a_n \neq 0$일 때 n을 이 다항식의 **차수**(degree)라고 한다.

이때 $f(x)$가 일차, 이차, 삼차, $\cdots$의 다항식일 때, 그 다항함수를 각각 일차함수, 이차함수, 삼차함수, $\cdots$라고 한다.

여기서는 일차함수, 이차함수, 삼차함수에 대하여 공부한다. 한편, 그래프를 그리기 위하여 수학적 프로그램인 메이플이나 메스매티카 등을 사용하면 구체적인 모양을 볼 수 있다.

일차함수 $y=ax+b(a\neq 0)$의 그래프

일차 직선식으로 표현되며, a를 기울기라 하고, b를 y절편이라고 한다.

$a>0$일 때	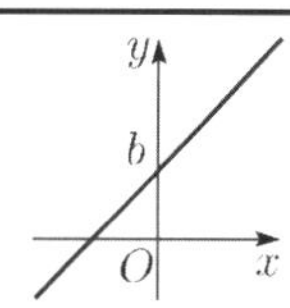
$a<0$일 때	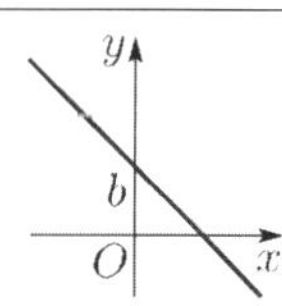

$a>0$	x가 증가할 때 y도 증가 (증가함수)
$a<0$	x가 증가할 때 y는 감소 (감소함수)

예제 6.2.1 정의역이 $\{x \mid -1\leq x\leq 3\}$인 일차함수 $y=-x+k$의 최솟값이 -1, 최댓값이 M일 때, 상수 M, k의 값을 구하여라.

풀이 $x=3$일 때 최솟값이므로 $f(3)=-3+k=-1$이다.
따라서 $k=2$이다.
$f(x)=-x+2$이므로 최댓값은 $M=f(-1)=3$이다. ■

이차함수 $y=ax^2+bx+c(a\neq 0)$의 그래프

이차함수 $y=ax^2$의 그래프

이차함수 $y=ax^2$의 그래프는 다음과 같은 성질이 있다.

(1) 원점 (0, 0)을 꼭짓점으로 하고, y축 $(x=0)$을 축으로 하는 포물선이다.

(2) $a>0$이면 아래로 볼록하고, $a<0$이면 위로 볼록하다.

(3) $|a|$의 값이 클수록 y축에 가까워진다.

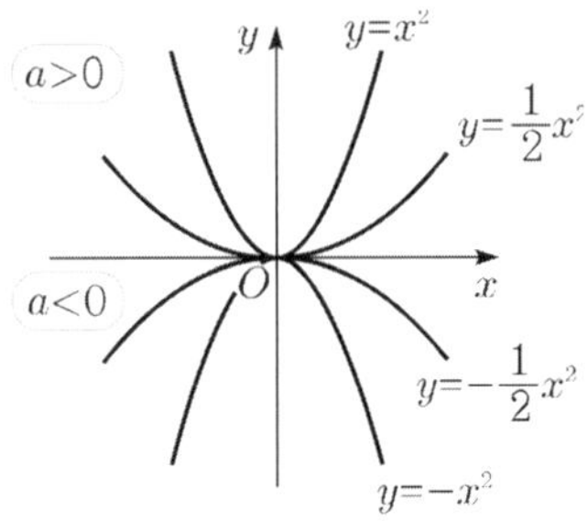

이차함수 $y=a(x-m)^2+n$의 그래프

이차함수 $y=a(x-m)^2+n$의 그래프는 다음과 같은 성질이 있다.

(1) 이차함수 $y=ax^2$의 그래프를 x축의 방향으로 m만큼, y축의 방향으로 n만큼 평행이동한 것이다.

(2) 꼭짓점의 좌표는 $(m,\ n)$이고, 축의 방정식은 $x=m$이다.

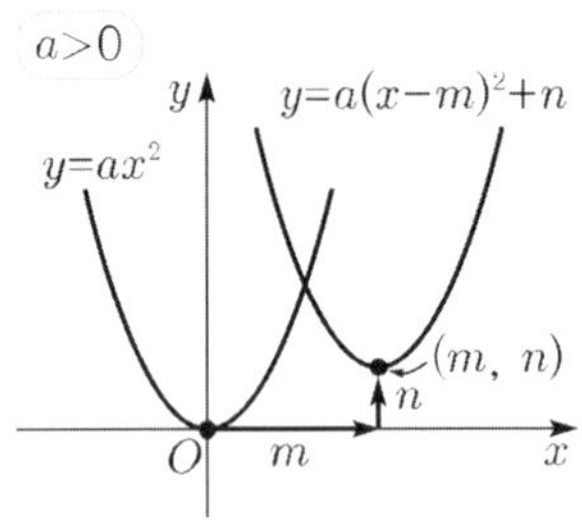

이차함수 $y=ax^2+bx+c$의 그래프

이차함수 $y=ax^2+bx+c=a\left(x+\dfrac{b}{2a}\right)^2-\dfrac{b^2-4ax}{4a}$이므로 그래프는 다음과 같은 성질이 있다.

(1) 이차함수 $y=ax^2$의 그래프를 x축의 방향으로 $-\dfrac{b}{2a}$만큼, y축의 방향으로 $-\dfrac{b^2-4ac}{4a}$만큼 평행이동한 것이다.

(2) 꼭짓점의 좌표는 $\left(-\dfrac{b}{2a},\ -\dfrac{b^2-4ac}{4a}\right)$이고, 축의 방정식은 $x=-\dfrac{b}{2a}$이다.

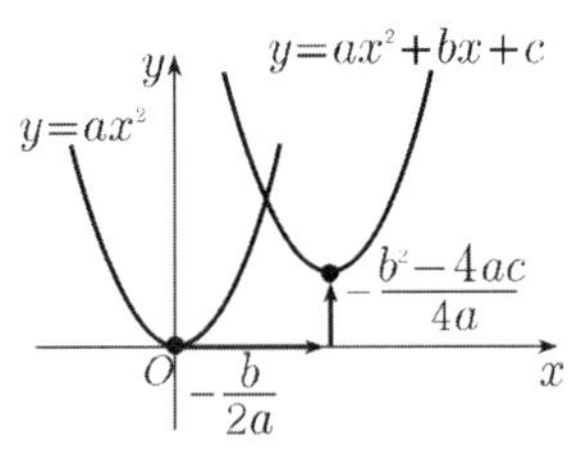

예제 6.2.2 이차함수 $y=x^2+4ax+4a^2+2b$의 그래프의 꼭짓점의 좌표가 $(2,\ 4)$일 때, 실수 $a,\ b$의 값을 구하여라.

풀이 $y=x^2+4ax+4a^2+2b=(x+2a)^2+2b$이므로 꼭짓점의 좌표는 $(-2a,\ 2b)$이다.
따라서 점 $(-2a,\ 2b)$가 점 $(2,\ 4)$과 같으므로

$$-2a=2,\ 2b=4$$

따라서 $a=-1,\ b=2$이다. ■

삼차함수 $y=ax^3$의 그래프

삼차함수 $y=ax^3$의 그래프는 다음과 같은 성질이 있다.

(1) 원점에 대하여 대칭이다.

(2) $|a|$의 값이 클수록 y축에 가까워진다.

(3) $a>0$이면 x가 증가할 때 y도 증가(증가함수)하고,
$a<0$이면 x가 증가할 때 y는 감소(감소함수)한다.

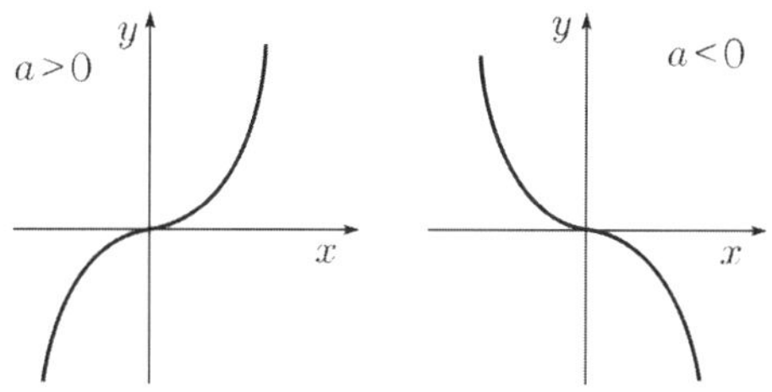

함수식에 절댓값 기호를 포함한 특별한 그래프들을 알아보자.

(1) 절댓값 기호를 포함한 식의 그래프를 그리는 순서
① 절댓값 기호 안의 값을 0으로 하는 x의 값을 구한다.
② ①에서 구한 값을 경계로 구간을 나누어 식을 구한다.
③ 각 구간에서 ②의 그래프를 그린다.

(2) 절댓값 기호를 포함한 식의 그래프
먼저 $y=f(x)$의 그래프를 그린 후
① $y=|f(x)|$의 그래프 : $y\ge 0$인 부분은 남기고, $y<0$인 부분은 x축에 대하여 대칭이동시킨다.
② $y=f(|x|)$의 그래프 : $x\ge 0$인 부분만 남기고 이 부분을 y축에 대하여 대칭이동시킨다.
③ $|y|=f(x)$: $y\ge 0$인 부분만 남기고 이 부분을 x축에 대하여 대칭이동시킨다.
④ $|y|=f(|x|)$: $x\ge 0$, $y\ge 0$인 부분만 남기고 이 부분을 x축, y축, 원점에 대하여 각각 대칭이동시킨다.

절댓값 기호를 포함한 식의 그래프의 예를 들어 설명하면 다음과 같다.

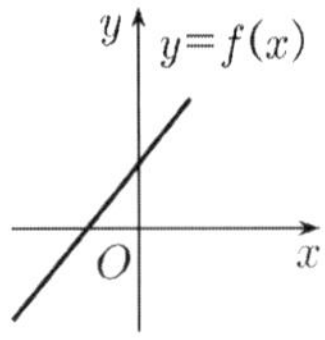

(1)

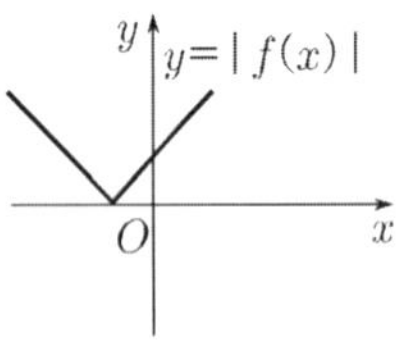

(2)

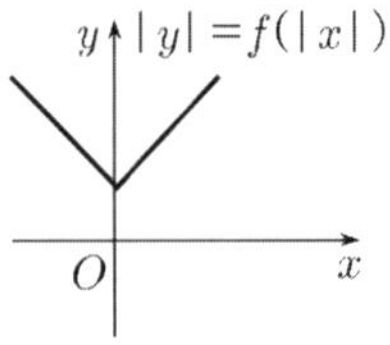

(3)

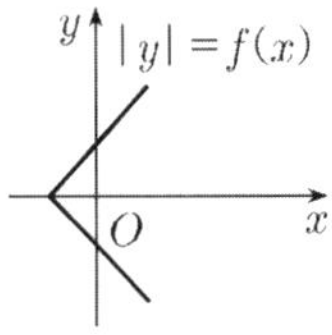

(4)

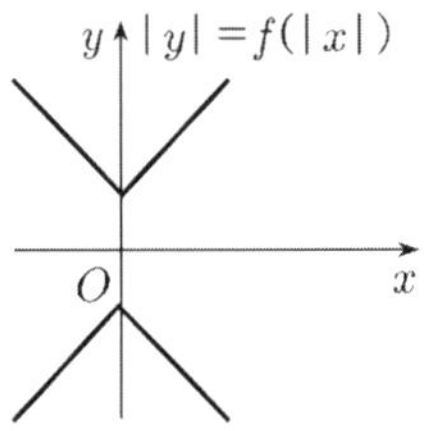

이때 y축 대칭인 함수, 즉 $f(-x)=f(x)$인 것을 **우함수**(even function 또는 짝함수)라 하고, 원점 대칭인 함수, 즉 $f(-x)=-f(x)$인 것을 **기함수**(odd function 또는 홀함수)라고 한다.

예제 6.2.3 다음 식의 그래프를 그려라.

(1) $f(x)=|x-1|+|x+1|$ (2) $y=|x-1|$ (3) $y=|x|+2$

풀이 (1)

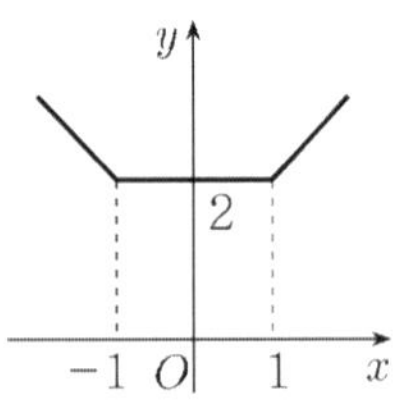

(2)

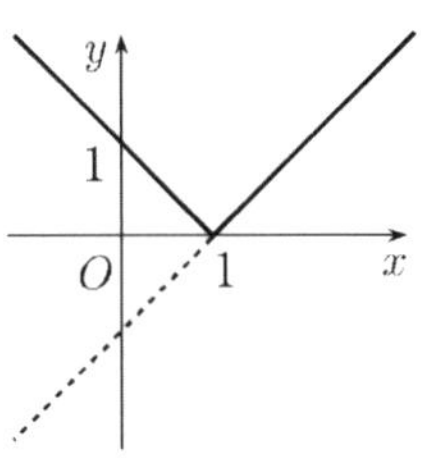

(3)

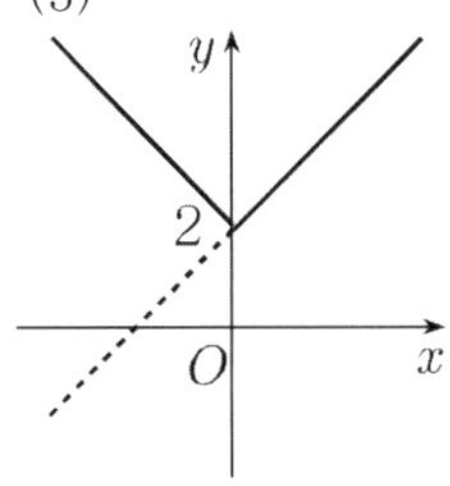

■

예제 6.2.4 다음 중 다항함수가 아닌 것을 말하여라.

(1) $y=2x+5$ (2) $y=x^2+x+3$

(3) $y=-1$ (4) $y=\dfrac{1}{x+2}$

풀이 (4)번은 다항함수가 아니다. ■

이차함수의 그래프와 직선의 위치 관계

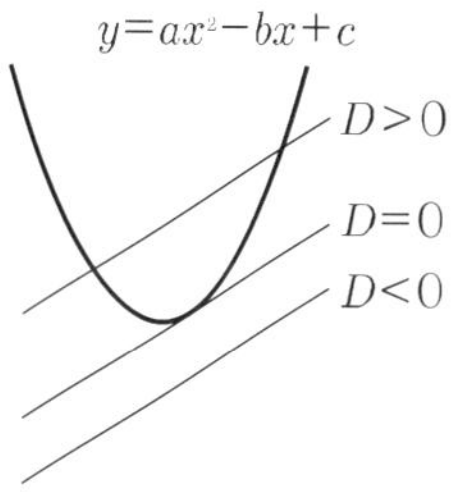

이차함수 $y=ax^2+bx+c$의 그래프와 직선 $y=mx+n$의 위치 관계는 이차방정식

$ax^2+bx+c=mx+n$, 즉

$ax^2+(b-m)x+c-n=0$의 판별식

$D=(b-m)^2-4a(c-n)$의 부호에 따라 다음과 같이 결정된다.

(1) $D>0 \Leftrightarrow$ 서로 다른 두 점에서 만난다.

(2) $D=0 \Leftrightarrow$ 한 점에서 만난다. (접한다.)

(3) $D<0 \Leftrightarrow$ 만나지 않는다.

예제 6.2.5 이차함수 $y=x^2-3x+a$의 그래프가 직선 $y=2x+1$과 서로 다른 두 점에서 만나고, 직선 $y=-x+2$와 만나지 않도록 하는 실수 a의 값의 범위를 구하여라.

풀이 이차함수 $y=x^2-3x+a$의 그래프가 직선 $y=2x+1$과 서로 다른 두 점에서 만나려면 이차방정식 $x^2-3x+a=2x+1$, 즉 $x^2-5x+a-1=0$의 판별식 D_1이 $D_1>0$이어야 하므로

$$D_1=(-5)^2-4\cdot1\cdot(a-1)>0$$

$$\therefore\ a<\frac{29}{4}$$

이차함수 $y=x^2-3x+a$의 그래프가 직선 $y=-x+2$와 서로 만나지 않으려면 이차방정식 $x^2-3x+a=-x+2$, 즉 $x^2-2x+a-2=0$의 판별식 D_2이 $D_2<0$이어야 하므로

$$D_2=(-1)^2-1\cdot(a-2)<0$$

따라서 구하는 a값의 범위는 공통 부분이므로

$$3 < a < \frac{29}{4} \text{이다.}$$ ■

이차함수의 그래프와 이차방정식의 해

이차함수 $y = ax^2 + bx + c\ (a > 0)$에서 이차방정식 $ax^2 + bx + c = 0$의 판별식을 $D = b^2 - 4ac$라 하면 다음과 같다.

	$D>0$	$D=0$	$D<0$
$y = ax^2 + bx + c$의 그래프	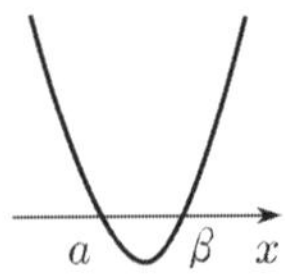	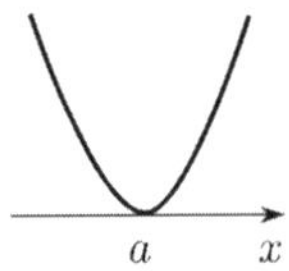	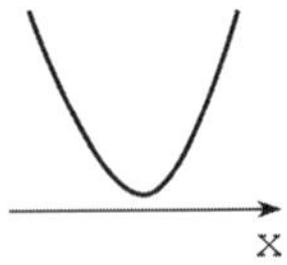
x축과의 위치 관계	서로 다른 두 점에서 만난다.	한 점에서 만난다. (접한다.)	만나지 않는다.
$ax^2 + bx + c = 0$의 해	$x = \alpha$ 또는 $x = \beta$	$x = \alpha$(중근)	허근

예제 6.2.6 방정식 $y = x^2 - 4x$와 $y = k$의 위치 관계가 다음과 같도록 실수 k의 값 또는 범위를 정하여라.

(1) 서로 다른 두점에서 만난다. (2) 접한다.

(3) 만나지 않는다.

풀이 $x^2 - 4x - k = 0$의 판별식을 D라 하면

$$\frac{D}{4} = (-2)^2 - 1 \cdot (-k) = k + 4$$

따라서 방정식 $x^2 - 4x = k$의 실근의 개수는

(1) $\frac{D}{4} > 0$에서 $k > -4$일 때, 2개

(2) $\frac{D}{4} = 0$에서 $k = -4$일 때, 1개

(3) $\frac{D}{4} < 0$에서 $k < -4$일 때, 0개 ■

이차함수의 그래프와 이차부등식의 해

이차함수 $y = ax^2 + bx + c\ (a > 0)$에서 이차방정식 $ax^2 + bx + c = 0$의 판별식을 $D = b^2 - 4ac$ 라 하면 다음과 같다.

	$D > 0$	$D = 0$	$D < 0$
$y = ax^2 + bx + c$의 그래프	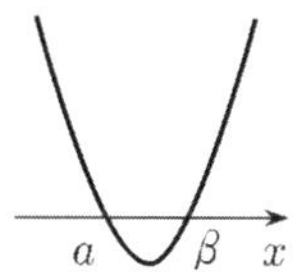	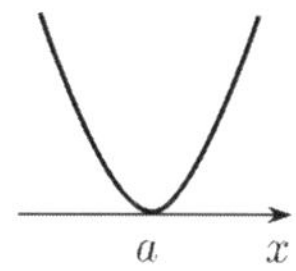	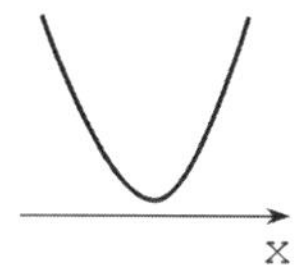
$ax^2 + bx + c > 0$의 해	$x < \alpha$ 또는 $x > \beta$	$x \neq a$인 모든 실수	모든 실수
$ax^2 + bx + c \geq 0$의 해	$x \leq \alpha$ 또는 $x \geq \beta$	모든 실수	모든 실수
$ax^2 + bx + c < 0$의 해	$a < x < \beta$	해가 없다	해가 없다
$ax^2 + bx + c \leq 0$의 해	$a \leq x \leq \beta$	$x = a$	해가 없다

예제 6.2.7 모든 실수 x에 대하여 부등식 $(a-1)x^2 + 2(a-1)x + 1 > 0$이 항상 성립하도록 하는 a의 값의 범위를 구하여라.

풀이 $a = 1$일 때, $1 > 0$이므로 주어진 부등식은 항상 성립한다.

$a \neq 1$일 때, 주어진 부등식이 항상 성립하는 조건을 찾는다.

$a - 1 \neq 0$ 즉, $a \neq 1$일 때, 주어진 부등식이 항상 성립하려면 $a - 1 > 0$이다.

$\therefore\ a > 1 \qquad \cdots$ ㉠

이차방정식 $(a-1)x^2 + 2(a-1)x + 1 = 0$의 판별식을 D라 하면

$$\frac{D}{4} = (a-1)^2 - (a-1) < 0, \quad a^2 - 3a + 2 < 0$$

$$(a-1)(a-2) < 0$$

$\therefore\ 1 < a < 2 \qquad \cdots$ ㉡

㉠, ㉡의 공통 범위를 구하면 $1 < a < 2$ ■

함수 $y = f(x)$에서 $f(x)$가 x에 대한 분수식일 때, 이 함수를 **분수함수**라고 한다. 또한, 다항함수와 분수함수를 통틀어 **유리함수**(rational function)라고 한다. 즉, 유리함수(rational function)는 다항식을 다항식으로 나눈 꼴의 함수를 말한다. 예를 들어, $f(x) = \dfrac{x^3 + 3x + 1}{x + 2}$과 같은 함수를 말하며, 이 함수의 정의역은 $\mathbb{R} - \{-2\}$이다.

분수함수 $y=\frac{k}{x}\ (k\neq 0)$의 그래프

(1) 정의역과 치역은 모두 0을 제외한 실수 전체의 집합이다.

(2) 원점에 대하여 대칭인 직각쌍곡선이다.

(3) 점근선은 x축, y축이다. (곡선 위의 점이 어떤 직선에 한없이 가까워질 때, 이 직선을 그 곡선의 점근선이라고 한다.)

(4) $k>0$이면 그래프가 제 1, 3사분면에 있고, $k<0$이면 그래프가 제 2,4분면에 있다.

(5) k의 절댓값이 클수록 곡선은 원점에서 멀어진다.

분수함수 $y=\frac{k}{x-m}+n\,(k\neq 0)$의 그래프

(1) 분수함수 $y=\frac{k}{x}$의 그래프를 x축의 방향으로 m만큼, y축의 방향으로 n만큼 평행이동한 것이다.

(2) 정의역은 $\{x\,|\,x\neq m$인 실수$\}$, 치역은 $\{y\,|\,y\neq n$인 실수$\}$이다.

(3) 점 (m,n)에 대하여 대칭인 직각쌍곡선이다.

(4) 점근선은 $x=m$, $y=n$이다.

분수함수 $y=\frac{ax+b}{cx+d}\,(c\neq 0,\ ad-bc\neq 0)$의 그래프

분수함수 $y=\frac{ax+b}{cx+d}$의 그래프는 $y=\frac{k}{x-m}+n\,(k\neq 0)$의 꼴로 변형하여 그린다.

예제 6.2.8 $y=\frac{2x-1}{x+1}$의 그래프를 그려라.

풀이

$y=\frac{a}{x-p}+q$의 꼴로 변형하면

$$y=\frac{2x-1}{x+1}=\frac{2(x+1)-3}{x+1}=-\frac{3}{x+1}+2$$

이다. 그러므로 $y=-\frac{3}{x}$의 그래프를 x축의 방향으로 -1, y축의 방향으로 2만큼 평행이동한 것이다. 또한, 점근선은 $x=-1, y=2$이며, 정의역은 $\{x\mid x\neq -1$인 모든 실수$\}$이고 치역은 $\{y\mid y\neq 2$인 모든 실수$\}$이다.

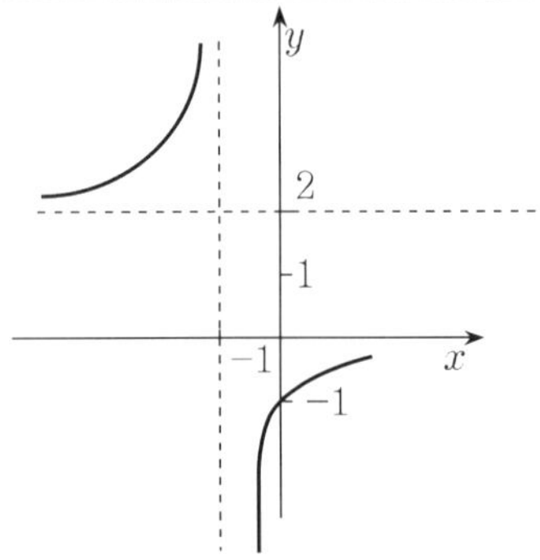

■

무리함수(irrational function)는 함수 $y=f(x)$에서 $f(x)$가 x에 대한 무리식으로 표현되는 함수를 말한다. 무리함수의 정의역이 주어져 있지 않은 경우에는 근호 안의 값을 0 또는 양이 되게 하는 실수 x의 값의 범위를 정의역으로 한다. 예를 들어, $f(x)=\sqrt{x}$, $f(x)=2+\sqrt{x-3}$ 등은 무리함수이다.

$y=\sqrt{ax}\ (a \neq 0)$의 그래프

(1) $a>0$이면 그래프는 원점 및 제1사분면에 있고 정의역은 $\{x \mid x \geq 0\}$, 치역은 $\{y \mid y \geq 0\}$이다.

(2) $a<0$이면 그래프는 원점 및 제2사분면에 있고 정의역은 $\{x \mid x \leq 0\}$, 치역은 $\{y \mid y \geq 0\}$이다.

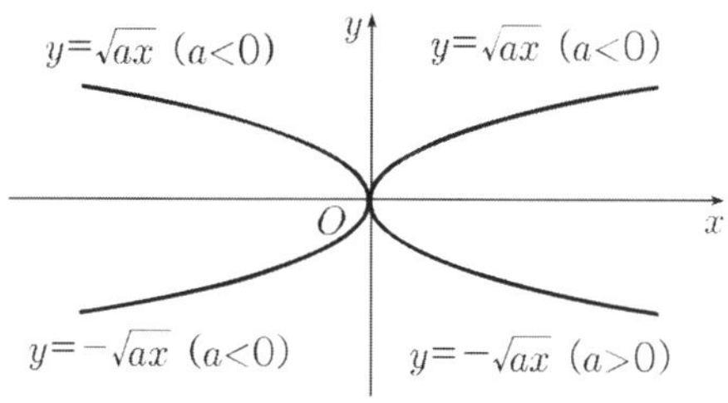

$y=\sqrt{a(x-m)}+n\ (a \neq 0)$의 그래프

(1) 무리함수 $y=\sqrt{ax}$ 의 그래프를 x축의 방향으로 m만큼, y축의 방향으로 n만큼 평행이동한 것이다.

(2) $a>0$이면 정의역은 $\{x \mid x \geq m\}$, 치역은 $\{y \mid y \geq n\}$이고, $a<0$이면 정의역은 $\{x \mid x \leq m\}$, $\{y \mid y \geq 0\}$이다.

예제 6.2.9 다음 함수의 정의역과 치역을 구하여라.

(1) $f(x)=x^3-1$ (2) $g(x)=\dfrac{1}{x-2}$ (3) $h(x)=\sqrt{x-3}$

풀이

(1) 정의역 $\mathbb{R}$, 치역 $\mathbb{R}$

(2) 정의역 $\mathbb{R}-\{2\}$, 치역 $\mathbb{R}-\{0\}$

(3) 정의역 $[3, \infty)$, 치역 $[0, \infty)$ ■

예제 6.2.10 무리함수 $y=\sqrt{3x+6}+1$의 그래프를 그리고, 정의역과 치역을 구하여라.

풀이 $y = \sqrt{3x+6}+1 = \sqrt{3(x+2)}+1$

이므로 이 함수의 그래프는 $y=\sqrt{3x}$ 의 그래프를 x축 방향으로 -2, y축 방향으로 1만큼 평행이동한 것이다. 또한 정의역은 $\{x \mid x \geq -2$인 실수$\}$이며 치역은 $\{y \mid y \geq 1$인 실수$\}$이다. ■

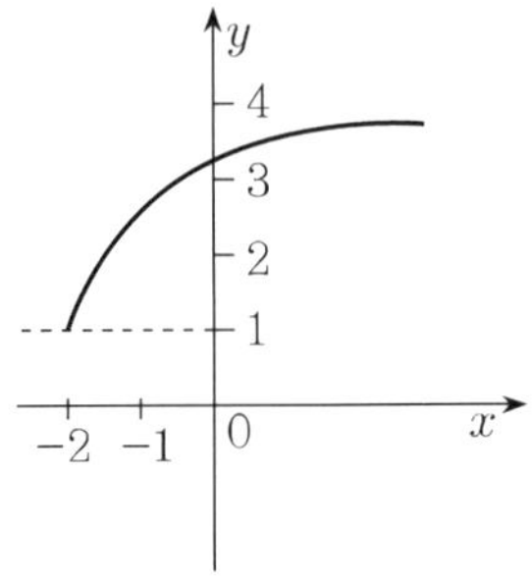

예제 6.2.11 두 함수 $f(x) = \dfrac{x^2-4}{x-2}$와 $g(x) = x+2$가 같은 함수인지 말하여라.

풀이 두 함수가 $\mathbb{R}-\{2\}$에서 같은 함수값을 갖지만 정의역이 서로 다르다. 따라서 이 두 함수는 서로 다른 함수이다. ■

예제 6.2.12 $-6 \leq x \leq 0$에서 무리함수 $f(x) = \sqrt{a-2x}+b$의 최댓값이 5, 최솟값이 3일 때, a, b의 값을 구하여라. (단, $a > 0$)

풀이 $f(x) = \sqrt{a-2x}+b = \sqrt{-2\left(x-\dfrac{a}{2}\right)}+b$이므로

$-6 \leq x \leq 0$에서 주어진 무리함수의 그래프는 오른쪽 그림과 같다.

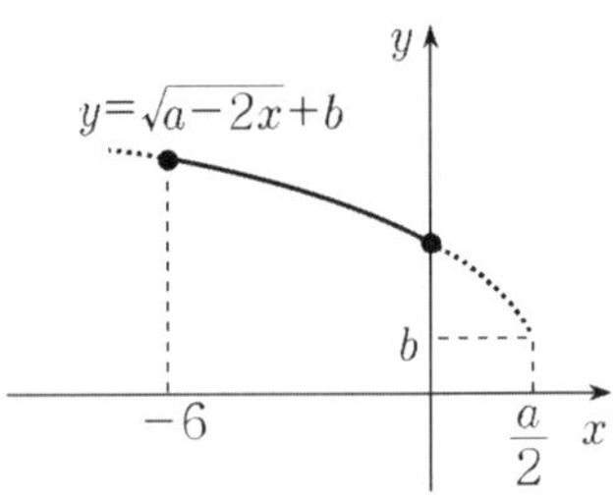

즉, $x=-6$일 때 최댓값 5를 가지고, $x=0$일 때 최솟값 3을 가지므로

$$f(-6) = \sqrt{a+12}+b = 5$$

$$f(0) = \sqrt{a}+b = 3$$

두 식을 연립하여 풀면 $a=4, b=1$

이다. ■

예제 6.2.13 함수 $f(x) = -\sqrt{2x+3}+1$의 역함수를 구하여라.

풀이 먼저 x를 y에 대한 식으로 나타낸다.

$y = -\sqrt{2x+3}+1$로 놓으면 치역이 $\{y | y \leq 1\}$이므로 역함수의 정의역은 $\{x | x \leq 1\}$이다.

$y = -\sqrt{2x+3}+1$에서 $\sqrt{2x+3} = -y+1$이고 이 식을 양변에 제곱하면

$2x+3=y^2-2y+1$를 얻는다.

따라서 $x=\frac{1}{2}y^2-y-1$이다.

마지막으로 x와 y를 서로 바꾸면 역함수는

$y=\frac{1}{2}x^2-x-1\ (x\le 1)$이다. ■

연습문제 2. | 다항함수와 유리함수, 무리함수

1. $y=-2x^2+4x-7$의 그래프를 그리고, 꼭짓점의 좌표와 축의 방정식을 구하여라.

2. 모든 실수 x에 대하여 $(k+3)x^2+2(k+3)x+2>0$이 성립할 k의 값의 범위를 구하여라.

3. $y=x^2+ax+b$와 직선 $y=x$가 점$(1,\ 1)$에서 접할 때, 상수 $a,\ b$의 값을 구하여라.

4. $y=\dfrac{3x-1}{x-1}$의 그래프를 그리고 점근선의 방정식을 구하여라.

5. $f(x)=\dfrac{ax+b}{x+c}$의 역함수가 $f^{-1}(x)=\dfrac{4x-3}{-x+2}$일 때, 상수 a,b,c의 값을 구하여라.

6. 이차함수 $y=ax^2+bx+c$의 그래프는 두 점 $(-5,\ 0),\ (1,\ 0)$을 지나고 그 꼭짓점은 직선 $y=x+3$ 위에 있을 때, 실수 $a,\ b,\ c$에 대하여 $81abc$의 값을 구하여라.

7. 다음 식의 그래프를 그려라.

(1) $y=-2|x+1|+x$

(2) $|y-1|=x+2$

07 장

삼각함수

삼각비를 이용하여 삼각형의 변의 길이, 각의 크기 등을 계산하는 삼각법은 천문학, 점성술, 토지 측량과 같은 실생활에 널리 사용되어 그 역사가 대단히 오래되었다.

1. 호도법

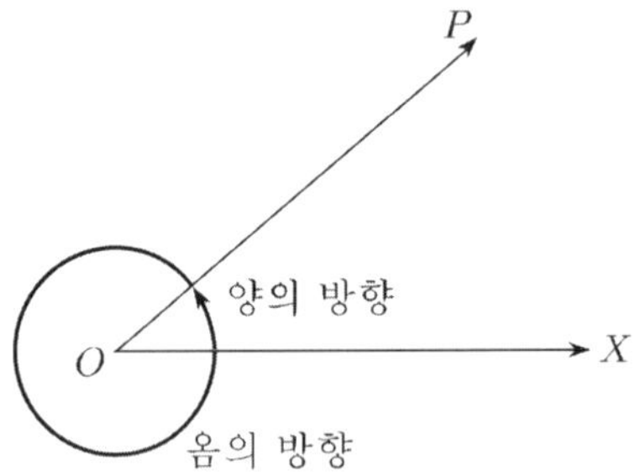

평면 위의 반직선 OP가 점 O를 중심으로 고정된 반직선 OX에서부터 회전한다고 하자. 이때 반직선 OX를 시초선(initial ray), 회전하는 반직선 OP를 동경(radius vector)이라 한다. 동경 OP가 회전하는 방향은 시계 바늘 회전 방향과 반대 방향을 **양의 방향**(positive direction), 같은 방향을 **음의 방향**(negative direction)이라 하고, 각으로 나타낼 때 음의 방향의 각에 − 부호를 붙이고 양의 방향의 각은 + 부호를 생략한다. 이때의 각을 **음의 각**(negative angle), **양의 각**(positive angle)이라고 한다.

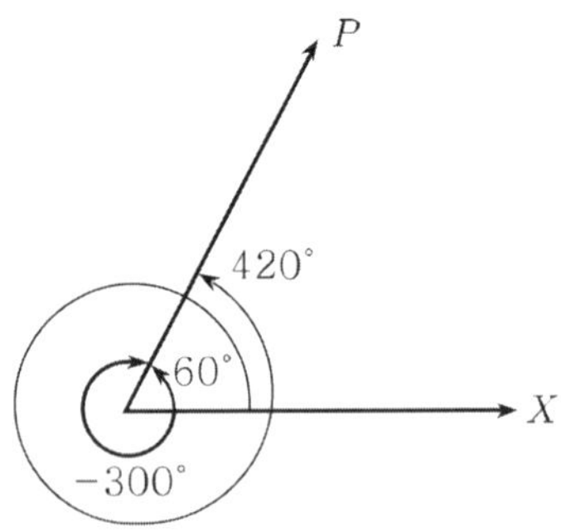

$\angle XOP = 60^\circ$라 할 때, 이 각 XOP의 크기는 60° 이외에도 -660°, -300°, 420°, 780°, … 등 여러 가지로 나타낼 수 있다. 일반적으로 $\angle XOP$의 크기의 하나가 α° 이면 $\alpha^\circ + 360^\circ \times n$ (n은 정수)와 같이 나타내는 각을 동경 OP가 나타내는 **일반각**(general angle)이라고 한다.

두 동경의 위치 관계는 다음과 같다. (단, n은 정수)

일치	원점 대칭	x축 대칭
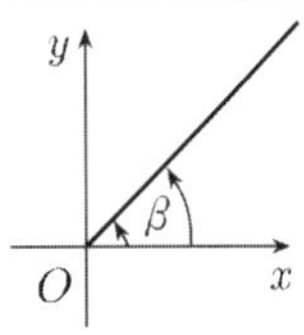	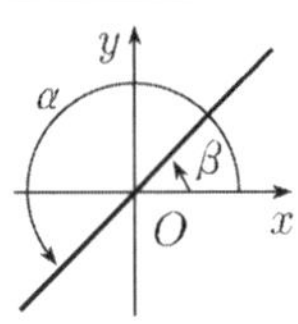	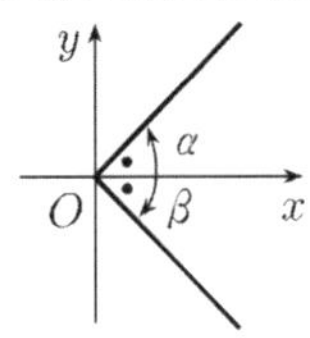
$\alpha - \beta = 360^\circ \times n + 0^\circ$	$\alpha - \beta = 360^\circ \times n + 180^\circ$	$\alpha - \beta = 360^\circ \times n + 0^\circ$

y축 대칭	$y=x$ 대칭	$y=-x$ 대칭
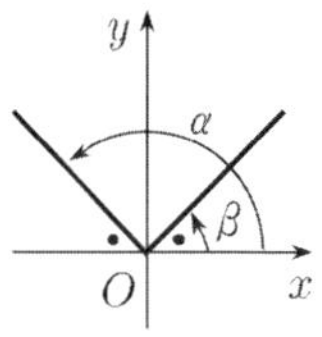	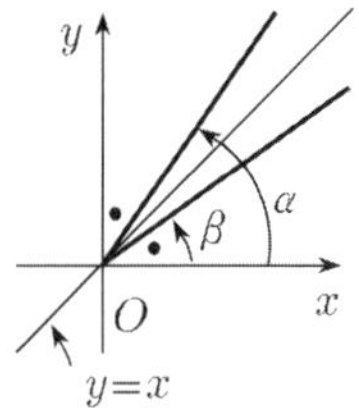	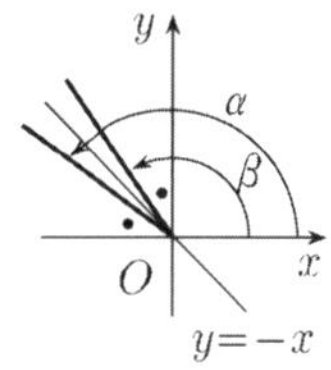
$\alpha-\beta=360^\circ\times n+180^\circ$	$\alpha-\beta=360^\circ\times n+90^\circ$	$\alpha-\beta=360^\circ\times n+270^\circ$

반지름의 길이가 r인 원 O의 호 AB의 길이가 r일 때, 호의 길이는 중심각의 크기에 비례하므로

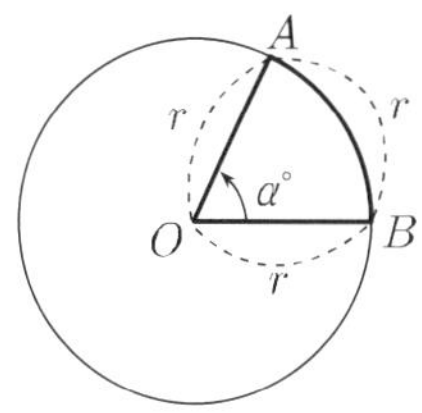

$$\alpha^\circ : 360^\circ = r : 2\pi r,\ \text{즉}\ \alpha^\circ = \frac{180^\circ}{\pi}$$

이다. 이 $\frac{180^\circ}{\pi}$를 1**라디안**(radian)이라 하고, 이를 단위로 각의 크기를 나타내는 방법을 **호도법**(circular measure)이라고 한다.

육십분법과 호도법 사이의 관계는 다음과 같다.

(1) 육십분법 $\Rightarrow$ 호도법 : (육십분법의 각)$\times\frac{\pi}{180}$=(호도법의 각)

(2) 호도법 $\Rightarrow$ 육십분법 : (호도법의 각)$\times\frac{180^\circ}{\pi}$=(육십분법의 각)

육십분법과 호도법으로 몇 개의 각을 나타내어 보자.

육십분법	45°	60°	120°	150°	180°	240°	270°	360°	-135°	-300°
호도법	$\frac{1}{4}\pi$	$\frac{1}{3}\pi$	$\frac{2}{3}\pi$	$\frac{5}{6}\pi$	π	$\frac{4}{3}\pi$	$\frac{3}{2}\pi$	2π	$-\frac{3}{4}\pi$	$-\frac{5}{3}\pi$

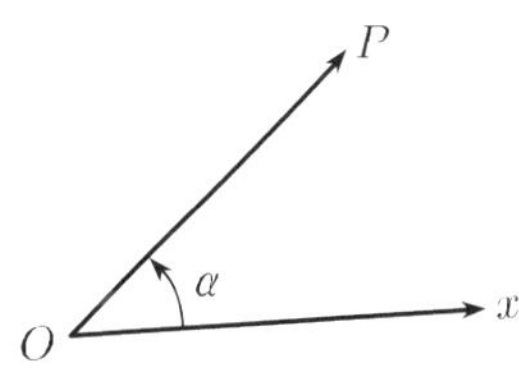

$\angle XOP$의 크기의 하나가 α(라디안)일 때 동경 OP가 나타내는 일반각의 크기를 θ(θ는 실수)라 하면 $\theta=2n\pi$(n은 정수)이고, α는 보통 $0\le\alpha\le 2\pi$또는 $-\pi<\alpha\le\pi$이다.

반지름의 길이가 r인 원 O에서 중심각의 크기가 θ(라디안)인 부채꼴

의 호의 길이를 l, 넓이를 S라 하면 호의 길이 l도, 넓이 S도 중심각의 크기 θ에 비례하므로 $\dfrac{l}{2\pi r}=\dfrac{\theta}{2\pi}$이므로 $l=r\theta$이다.

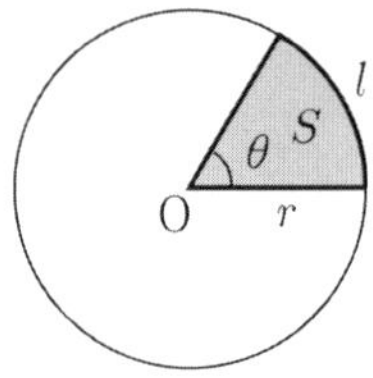

또한 $\dfrac{S}{\pi r^2}=\dfrac{\theta}{2\pi}$이므로 $S=\dfrac{1}{2}r^2\theta=\dfrac{1}{2}rl$이다.

부채꼴의 호의 길이와 넓이

반지름의 길이가 r, 중심각의 크기가 θ(라디안)인 부채꼴의 호의 길이를 l, 넓이를 S라 하면 $l=r\theta$, $S=\dfrac{1}{2}rl=\dfrac{1}{2}r^2\theta$이다.

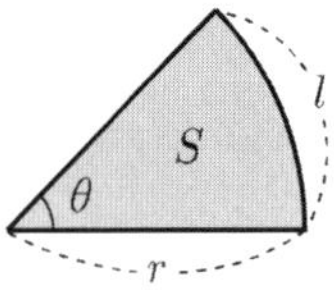

연습문제 1. | 호도법

1. 다음 육십분법으로 나타내어진 각을 호도법으로 나타내고, 호도법으로 나타내어진 각은 육신분법으로 나타내어라.

(1) $30°$　　(2) $135°$　　(3) $\dfrac{\pi}{2}$　　(4) $\dfrac{5\pi}{6}$

2. 반지름이 4cm이고, 중심각이 $\dfrac{\pi}{4}$인 부채꼴의 호의 길이 l과 넓이 S를 구하여라.

2. 삼각함수의 정의와 성질

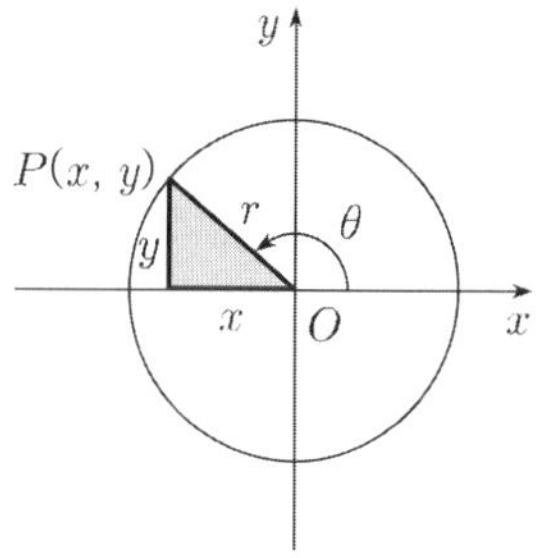

원점 O가 중심, 반지름의 길이가 r, 동경 OP가 나타내는 일반각은 θ라디안, 점 P의 좌표가 $P(x,\ y)$일 때 r의 값에 관계없이 θ의 값에 따라 $\frac{y}{r}$, $\frac{x}{r}$, $\frac{y}{x}(x \neq 0)$의 값이 오직 하나씩 정해진다.

즉, $\theta \to \frac{y}{r}$, $\theta \to \frac{x}{r}$, $\theta \to \frac{y}{x}(x \neq 0)$와 같은 대응은 θ에 대한 함수이고, 이 함수를 차례로 θ의 사인(sine)함수, 코사인(cosine)함수, 탄젠트(tangent)함수라고 한다.

또 $\theta \to \frac{r}{y}(y \neq 0)$, $\theta \to \frac{r}{x}(x \neq 0)$, $\theta \to \frac{x}{y}(y \neq 0)$인 대응도 함수이고 차례로 θ의 코시컨트(cosecant)함수, 시컨트(secant)함수, 코탄젠트(cotangent)함수라고 한다.

이들을 차례로 나타내면 다음과 같고, 이렇게 정의한 여섯 가지 함수를 통틀어 삼각함수(trigonometric functions)라고 한다.

$$\sin\theta = \frac{y}{r},\ \cos\theta = \frac{x}{r},\ \tan\theta = \frac{y}{x}(x \neq 0)$$
$$\operatorname{cosec}\theta = \frac{r}{y}(y \neq 0),\ \sec\theta = \frac{r}{x}(x \neq 0),\ \cot\theta = \frac{x}{y}(y \neq 0)$$

삼각함수 값의 부호는 각 θ를 나타내는 동경 OP가 제 몇 사분면에 위치하는지, 즉 각 θ가 제 몇 사분면의 각인지에 따라 삼각함수의 값의 부호가 다음과 같이 결정된다(단, $r = \sqrt{x^2 + y^2}$).

사분면	1	2	3	4
$\sin\theta = \frac{y}{r}$	+	+	−	−
$\cos\theta = \frac{x}{r}$	+	−	−	+
$\tan\theta = \frac{y}{x}$	+	−	+	−

꼭 알아두어야 할 특수각의 삼각비의 값은 다음과 같다.

θ	30°	45°	60°
$\sin\theta$	$\frac{1}{2}$	$\frac{\sqrt{2}}{2}$	$\frac{\sqrt{3}}{2}$
$\cos\theta$	$\frac{\sqrt{3}}{2}$	$\frac{\sqrt{2}}{2}$	$\frac{1}{2}$
$\tan\theta$	$\frac{1}{\sqrt{3}}$	1	$\sqrt{3}$

예제 7.2.1 원점 O와 점 $P(3, 4)$를 지나는 동경이 나타내는 각을 θ라 할 때 $\sin\theta$, $\cos\theta$, $\tan\theta$, $\mathrm{cosec}\theta$, $\sec\theta$, $\cot\theta$의 값을 각각 구하여라.

풀이

$\overline{OP} = \sqrt{3^2 + 4^2} = 5$

$\sin\theta = \frac{4}{5}$, $\cos\theta = \frac{3}{5}$, $\tan\theta = \frac{4}{3}$, $\mathrm{cosec}\theta = \frac{5}{4}$, $\sec\theta = \frac{5}{3}$, $\cot\theta = \frac{3}{4}$ ■

이제 삼각함수의 몇 가지 기본 성질에 대하여 알아보자.

중심이 원점이고 반지름의 길이가 r인 원 위의 점 $P(x, y)$에 대하여 동경 OP를 나타내는 각이 θ라 하자.

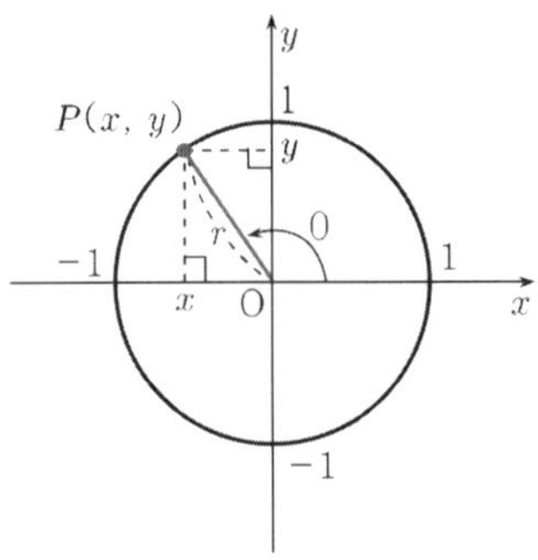

이때 $\sin\theta = \frac{y}{r}$, $\cos\theta = \frac{x}{r}$, $\tan\theta = \frac{\sin\theta}{\cos\theta}$, $\cot\theta = \frac{\cos\theta}{\sin\theta}$이며, $x^2 + y^2 = r^2$이므로 $\cos^2\theta + \sin^2\theta = 1$이다.

따라서 다음을 얻을 수 있다.

$$1 + \tan^2\theta = \sec^2\theta$$
$$1 + \cot^2\theta = \mathrm{cosec}^2\theta$$

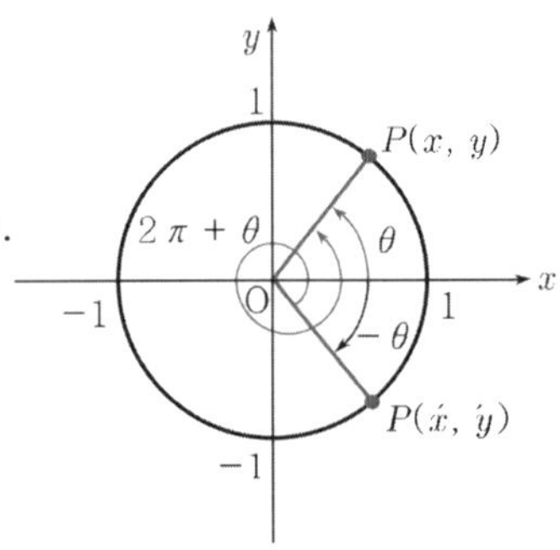

오른쪽 그림의 원에서, 다음의 성질들을 얻을 수 있다(n은 정수).

$$\sin(2n\pi + \theta) = \sin\theta$$
$$\cos(2n\pi + \theta) = \cos\theta$$
$$\tan(2n\pi + \theta) = \tan\theta$$

예제 7.2.2 $\sin\frac{25}{3}\pi$, $\cos\left(-\frac{15}{4}\pi\right)$의 값을 구하여라.

풀이

$$\sin\frac{25}{3}\pi=\sin\left(2\pi\times 4+\frac{\pi}{3}\right)=\sin\frac{\pi}{3}=\frac{\sqrt{3}}{2}$$

$$\cos\left(-\frac{15}{4}\pi\right)=\cos\left(2\pi\times(-2)+\frac{\pi}{4}\right)=\cos\frac{\pi}{4}=\frac{1}{\sqrt{2}}$$ ■

오른쪽 원에서 다음의 성질들을 얻을 수 있다.

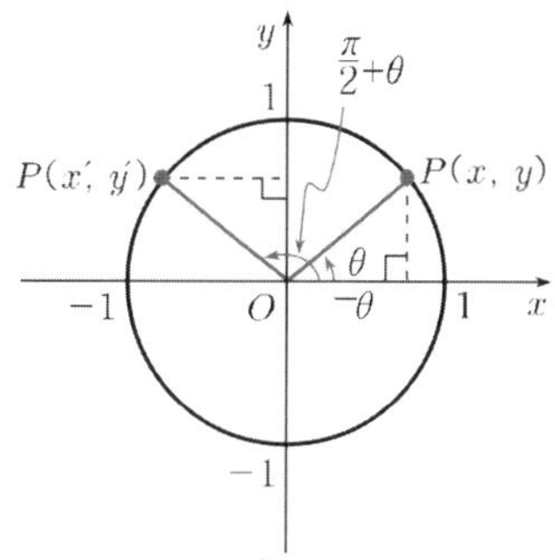

$$\sin\left(\frac{\pi}{2}+\theta\right)=\frac{y'}{r}=\frac{x}{r}=\cos\theta$$
$$\cos\left(\frac{\pi}{2}+\theta\right)=\frac{x'}{r}=-\frac{y}{r}=-\sin\theta$$
$$\tan\left(\frac{\pi}{2}+\theta\right)=\frac{y'}{x'}=\frac{x}{-y}=-\cot\theta$$

$$\sin(-\theta)=\frac{y'}{r}=-\frac{y}{r}=-\sin\theta$$
$$\cos(-\theta)=\frac{x'}{r}=\frac{x}{r}=\cos\theta$$
$$\tan(-\theta)=\frac{y'}{x'}=\frac{-y}{x}=-\tan\theta$$

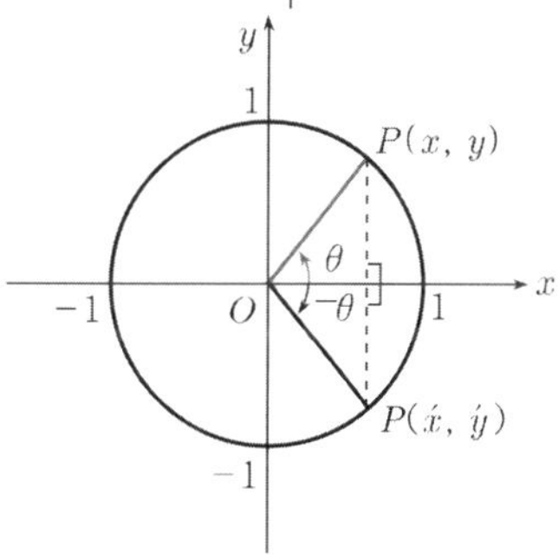

예제 7.2.3 $\sin\left(-\frac{\pi}{3}\right)$, $\cos\left(-\frac{\pi}{3}\right)$의 값을 구하여라.

풀이

$$\sin\left(-\frac{\pi}{3}\right)=-\sin\frac{\pi}{3}=-\frac{\sqrt{3}}{2}$$

$$\cos\left(-\frac{\pi}{3}\right)=\cos\frac{\pi}{3}=\frac{1}{2}$$ ■

또 $\frac{\pi}{2}-\theta$의 삼각함수는 $\frac{\pi}{2}+\theta$의 삼각함수 식에 θ대신 $-\theta$를 대입하여 정리하면 다음과 같다.

$$\sin\left(\frac{\pi}{2}-\theta\right)=\cos\theta$$

$$\cos\left(\frac{\pi}{2}-\theta\right)=\sin\theta$$

$$\tan\left(\frac{\pi}{2}-\theta\right)=\cot\theta$$

오른쪽 단위원에서

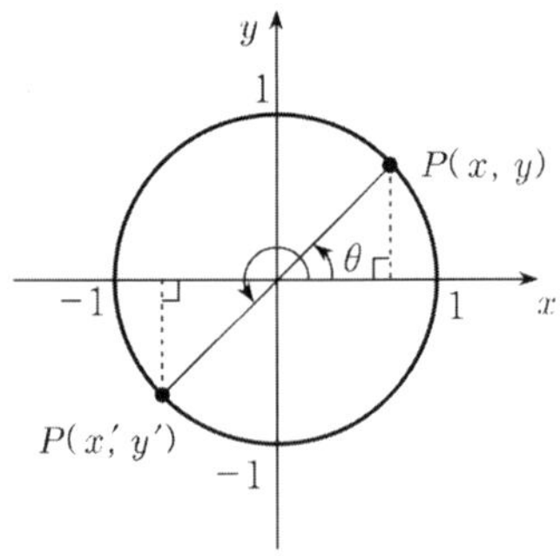

$$\sin(\pi+\theta)=\frac{y'}{r}=-\frac{y}{r}=-\sin\theta$$
$$\cos(\pi+\theta)=\frac{x'}{r}=-\frac{x}{r}=-\cos\theta$$
$$\tan(\pi+\theta)=\frac{y'}{x'}=\frac{-y}{-x}=\tan\theta$$

이다.

또 $\pi-\theta$의 삼각함수는 $\pi+\theta$의 삼각함수 식에 θ대신 $-\theta$를 대입하여 정리하면 다음과 같다.

$$\sin(\pi-\theta)=\sin\theta$$
$$\cos(\pi-\theta)=-\cos\theta$$
$$\tan(\pi-\theta)=-\tan\theta$$

삼각함수의 각의 변환

$\frac{n}{2}\pi\pm\theta$ (n은 정수)의 삼각함수에서 θ는 어떤 각이든지 예각으로 간주하고

n이 짝수이면 sin→sin, cos→cos, tan→tan

n이 홀수이면 sin→cos, cos→sin, tan→$\frac{1}{\tan}$

로 바꾼 후 부호는 동경이 $\frac{n}{2}\pi\pm\theta$일 때의 삼각함수의 부호로 결정한다.

예제 7.2.4 $\sin\frac{4}{3}\pi$를 $0\le\theta\le\frac{\pi}{2}$인 θ의 삼각함수로 나타내어라.

풀이 $\sin\frac{4}{3}\pi=\sin\left(\pi+\frac{\pi}{3}\right)$에서 n은 짝수이고, $\frac{4}{3}\pi$에서 그 부호는 $-$이다. 따라서

$\sin\frac{4}{3}\pi=-\sin\frac{\pi}{3}=-\frac{\sqrt{3}}{2}$이다. ■

삼각함수의 각의 변환(단, n은 정수, θ는 예각)

α	θ	$-\theta$	$\frac{\pi}{2}-\theta$	$\frac{\pi}{2}+\theta$	$\pi-\theta$	$\pi+\theta$	$\frac{3}{2}\pi-\theta$	$\frac{3}{2}\pi+\theta$
$\sin\alpha$	$\sin\theta$	$-\sin\theta$	$\cos\theta$	$\cos\theta$	$\sin\theta$	$-\sin\theta$	$-\cos\theta$	$-\cos\theta$
$\cos\alpha$	$\cos\theta$	$\cos\theta$	$\sin\theta$	$-\sin\theta$	$-\cos\theta$	$-\cos\theta$	$-\sin\theta$	$\sin\theta$
$\tan\alpha$	$\tan\theta$	$-\tan\theta$	$\frac{1}{\tan\theta}$	$-\frac{1}{\tan\theta}$	$-\tan\theta$	$\tan\theta$	$\frac{1}{\tan\theta}$	$-\frac{1}{\tan\theta}$

연습문제 2. 삼각함수의 정의와 성질

1. 다음 각 값을 구하여라.

(1) $\sin(210°)$ (2) $\cos(510°)$ (3) $\tan(-405°)$ (4) $\cot(-315°)$

2. $\theta=\frac{4}{3}\pi$에 값에 대한 $\sin\theta$, $\cos\theta$, $\tan\theta$의 값을 구하여라.

3. 각 θ가 예각이고, $\sin\theta=\frac{3}{5}$일 때 $\cos\theta$, $\tan\theta$, $\sec\theta$, $\mathrm{cosec}\theta$, $\cot\theta$의 값을 구하여라.

4. $\sin\theta+\cos\theta=\frac{1}{2}$일 때, 다음 값을 구하여라.

(1) $\sin\theta\cos\theta$ (2) $\tan\theta+\cot\theta$ (3) $\sin\theta-\cos\theta$

5. 다음 등식이 성립함을 증명하여라.

(1) $\frac{\cos\theta}{1-\sin\theta}+\frac{1-\sin\theta}{\cos\theta}=2\sec\theta$ (2) $(\sin\theta+\cos\theta)^2+(\cos\theta-\sin\theta)^2=2$

(3) $\frac{\cot A+\tan B}{\tan A+\cot B}=\cot A\tan B$ (4) $\frac{\sin^2\theta}{1-\cos\theta}=1+\cos\theta$

(5) $\frac{1}{1+\sin\theta}+\frac{1}{1-\sin\theta}=2\sec^2\theta$

6. 다음 값을 구하여라.

(1) $\sin\frac{7}{6}\pi+\tan\left(-\frac{19}{4}\pi\right)$

(2) $\sin(90°+\theta)+\cos(180°+\theta)+\cos(90°+\theta)+\cos(-270°-\theta)$

3. 삼각함수의 그래프

함수 $y=f(x)$에서 정의역의 임의의 원소 x에 대하여 $f(x+p)=f(x)$를 만족하는 상수 $p(p \neq 0)$가 존재할 때, 이 $f(x)$를 p를 주기(period)로 하는 **주기함수**(periodic function)라 한다. 보통 주기는 주기 p 중 최소의 양수를 택한다.

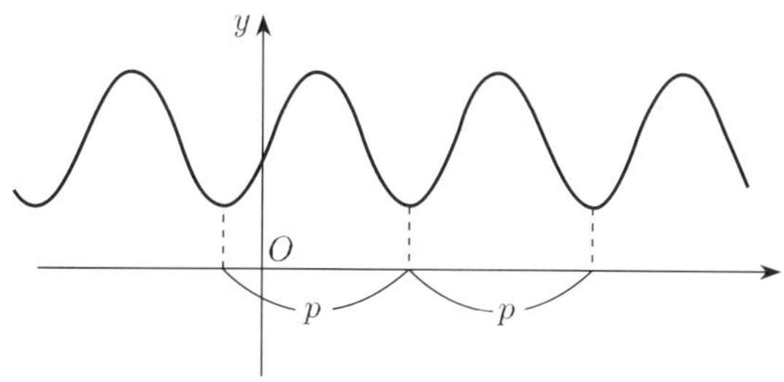

함수 $y=\sin x$, $y=\cos x$, $y=\tan x$에서 정수 n에 대하여 $\sin(x+2n\pi)=\sin x$, $\cos(x+2n\pi)=\cos x$, $\tan(x+n\pi)=\tan x$이고 $2n\pi$ 중에서 최소의 양수는 2π, $n\pi$ 중에서 최소의 양수는 π이다. 그러므로 이 삼각함수는 다음과 같이 정리할 수 있다.

$y=\sin x$, $y=\cos x$는 주기가 2π인 주기함수이고 $y=\tan x$는 주기가 π인 주기함수이다.

예제 7.3.1 $y=\cos 4x$의 주기를 구하여라.

풀이 $f(x)=\cos 4x$, 주기를 p라 하면 $f(x+p)=f(x)$이므로 $\cos 4(x+p)=\cos 4x$, 즉 $\cos(4x+4p)=\cos 4x$이다.

따라서 주기가 2π이므로 $4p=2\pi$이고 $p=\frac{2\pi}{4}=\frac{\pi}{2}$이다.

일반적으로 $y=\sin wx$, $y=\cos wx$이면 $\sin(wx+wp)=\sin wx$,

$\cos(wx+wp)=\cos wx$를 만족하는 p는 $\frac{2\pi}{|w|}$이므로 주기는 $\frac{2\pi}{|w|}$이다.

마찬가지로 $y=\tan wx$는 주기가 $\frac{\pi}{|w|}$임을 알 수 있다. ■

$y=\sin x$ 의 그래프

좌표평면 위에 원점 O가 중심인 단위원이 있다.

각 θ를 나타내는 동경과 원점을 중심으로 하는 단위원의 교점을 $\mathrm{P}(x,y)$라고 하면, 점 P 의 y좌표가 $\sin\theta$이다. 따라서 각 θ의 값을 가로축으로 잡고, 이에 대응하는 $\sin\theta$의 값을 세로축에 잡아 $y=\sin\theta$ 의 그래프를 그리면 다음과 같다.

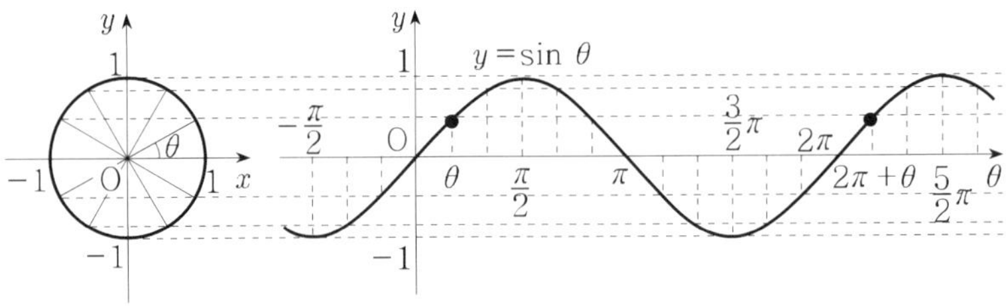

사인함수 $y=\sin\theta$ 에서 θ 를 x 로 바꾸어 $y=\sin x$ 로 쓴다.

함수 $y=\sin x$ 의 그래프에서 다음의 성질을 가짐을 알 수 있다.

(1) 정의역은 실수 전체의 집합니다.

(2) 치역은 $\{y \mid -1 \le y \le 1\}$

(3) 그래프는 원점에 대하여 대칭이다. 즉, $\sin(-x)=-\sin x$

(4) 주기가 2π 인 주기함수이다. 즉, $\sin(x+2n\pi)=\sin x$ (단, n 은 정수)

$y=\sin x$ 과 $y=2\sin x$ 의 특수각에서 함수의 값은 다음과 같다.

x \ 삼각함수	$\sin x$	$2\sin x$
30°	$\frac{1}{2}$	1
45°	$\frac{\sqrt{3}}{2}$	$\sqrt{3}$
60°	1	2
90°	0	0

주기의 변화없이 함숫값이 2 배씩 커지고 있다. 즉 함수 $y=a\sin x$ 의 그래프는 함수 $y=\sin x$ 의 그래프를 $|a|$ 배 확장(축소)한 그래프이다.

또한 $y=\sin x$ 과 $y=\sin 2x$ 의 특수각에서 함수의 값은 다음과 같다.

x \ 삼각함수	$\sin x$	$\sin 2x$
30°	$\frac{1}{2}$	$\frac{\sqrt{3}}{2}$
45°	$\frac{\sqrt{2}}{2}$	1
60°	$\frac{\sqrt{3}}{2}$	$\frac{\sqrt{3}}{2}$
90°	1	0
180°	0	0

따라서 최댓값, 최솟값의 변화없이 주기가 $\frac{1}{2}$ 배 축소되었다. 즉, 함수 $y=\sin ax$ 의 그래프는 함수 $y=\sin x$ 의 그래프의 주기가 $\frac{1}{|a|}$ 배 증가(감소)한 그래프이다.

$y=\cos x$ **의 그래프**

사인함수와 코사인함수 사이에는 $\sin\left(x+\frac{\pi}{2}\right)=\cos x$ 인 관계가 있다.

따라서 $y=\cos x$ 의 그래프는 $y=\sin x$ 의 그래프를 x 축의 방향으로 $-\frac{\pi}{2}$ 만큼 평행이동한 것과 같으므로 다음과 같다.

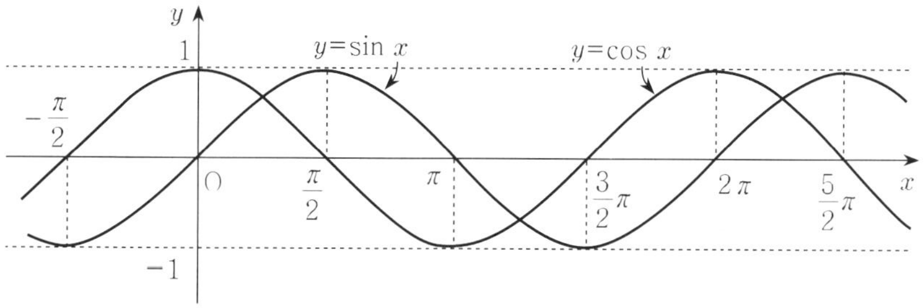

함수 $y=\cos x$ 의 그래프에서 다음의 성질을 가짐을 알 수 있다.

(1) 정의역은 실수 전체의 집합니다.

(2) 치역은 $\{y \mid -1\leq y\leq 1\}$

(3) 그래프는 y 축에 대하여 대칭이다. 즉, $\cos(-x)=\cos x$

(4) 주기가 2π 인 주기함수이다. 즉, $\cos(x+2n\pi)=\cos x$ (단, n 은 정수)

(5) $y=\cos\theta$ 의 그래프는 $y=\sin\theta$ 의 그래프를 x 축의 방향으로 $-\frac{\pi}{2}$ 만큼 평행이동한 것과 같다.

예제 7.3.2 $y=4\sin x$ 의 최댓값, 최솟값을 구하고 그 그래프를 그려라.

풀이 $y=4\sin x$ 의 그래프는 $4\sin x$ 가 임의의 x 에 대하여 $\sin x$ 의 4배이므로 $y=\sin x$ 의 그래프를 y 축 방향으로 4배 확대한 것이다. 또 $-1\le\sin x\le 1$ 이므로 $-4\le\sin x\le 4$ 이다. 따라서 최댓값은 4, 최솟값은 -4 이다.

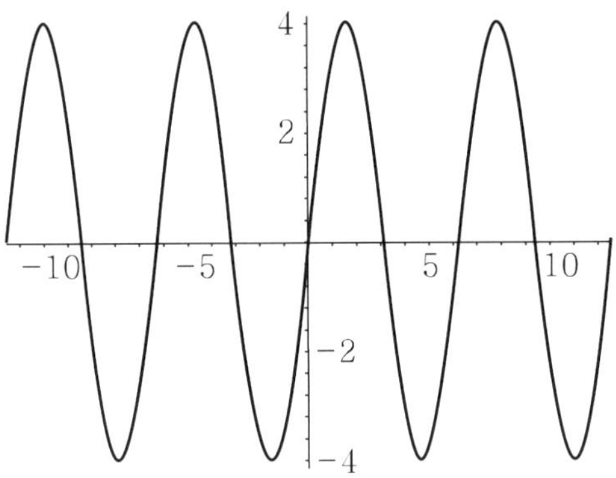

■

일반적으로 $y=r\sin(wx+\alpha)$, $y=r\cos(wx+\alpha)$ 의 최댓값, 최솟값은 r 의 값에 따라 변한다. $y=r\sin(wx+\alpha)$, $y=r\cos(wx+\alpha)$ 의 최댓값은 $|r|$ 이고 최솟값은 $-|r|$ 이다.

$y=\tan x$ 의 그래프

좌표평면 위에 원점 O 가 중심인 단위원이 있다. 각 θ 를 나타내는 동경과 원점을 중심으로 하는 단위원의 점 $(1,\ 0)$ 에서의 단위원의 접선 $x=1$ 과의 교점을 $T(1,\ t)$ 라 하면, 점 T 의 y 좌표가 $\tan\theta$ 이다. 따라서 각 θ 의 값을 가로축으로 잡고, 이에 대응하는 $\tan\theta$ 의 값을 세로축에 잡아 $y=\tan\theta$ 의 그래프를 그리면 다음과 같다.

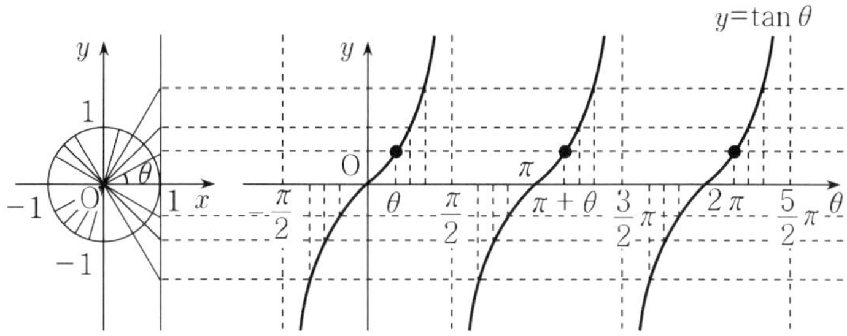

탄젠트함수 $y=\tan\theta$ 에서 θ 를 x 로 바꾸어 $y=\tan x$ 로 쓴다. 함수 $y=\tan x$ 의 그래프에서 다음의 성질을 가짐을 알 수 있다.

(1) 정의역은 $\left\{x \middle| x \neq \dfrac{\pi}{2}+n\pi,\ n\right\}$ (단, n 은 정수)를 제외한 실수 전체의 집합이다.

(2) 치역은 실수 전체의 집합이다.

(3) 그래프는 원점에 대하여 대칭이다. 즉, $\tan(-x)=-\tan x$

(4) 주기가 π 인 주기함수이다. 즉, $\tan(x+n\pi)=\tan x$ (단, n 은 정수)

(5) 그래프의 점근선은 직선 $x=n\pi+\dfrac{\pi}{2}$ (n 은 정수)이다.

예제 7.3.3 $y=\tan\dfrac{1}{2}x$ 의 최댓값, 최솟값을 구하고 그 그래프를 그려라.

풀이 함수 $y=\tan\dfrac{1}{2}x$ 는 최댓값, 최솟값은 없다. 그리고 점근선의 방정식 $\dfrac{1}{2}x=\dfrac{1}{2}\pi+n\pi$ 에서 $x=\pi+2n\pi$ 이다.

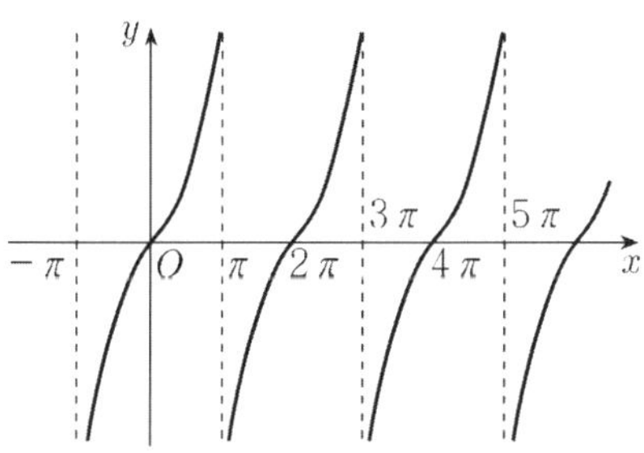

■

삼각함수의 그래프와 정의역, 주기, 치역, 대칭성은 다음과 같다.

	$y=\sin x$	$y=\cos x$	$y=\tan x$
그래프의 개형	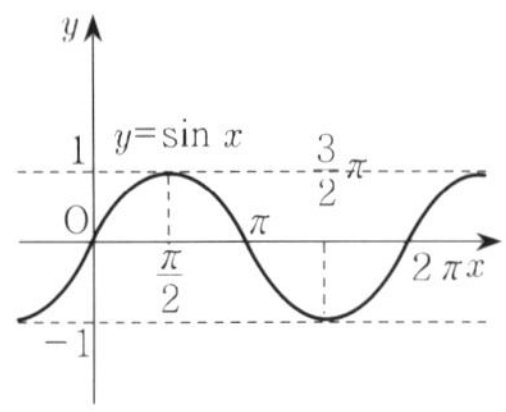	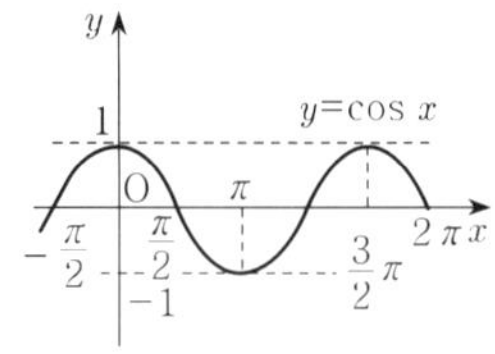	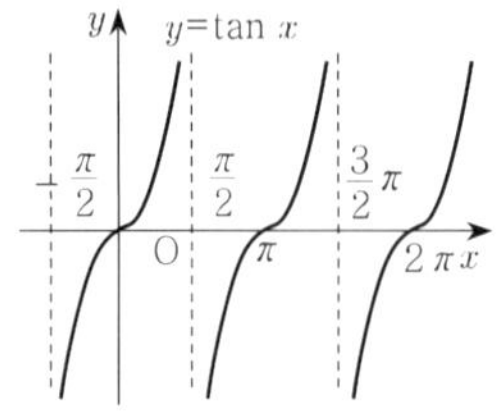
정의역	실수 전체의 집합	실수 전체의 집합	$\left\{x \middle\vert x \neq n\pi + \frac{\pi}{2}\right.$인 실수, n은정수$\Big\}$
주기	2π	2π	π
치역	$\{y \vert -1 \le y \le 1\}$	$\{y \vert -1 \le y \le 1\}$	실수 전체의 집합
대칭성	$\sin(-x)=-\sin x$ 즉, 원점에 대하여 대칭 (기함수)	$\cos(-x)=-\cos x$ 즉, 원점에 대하여 대칭 (기함수)	$\tan(-x)=-\tan x$ 즉, 원점에 대하여 대칭 (기함수)

삼각함수의 최댓값, 최솟값과 주기는 다음과 같다.

함수 $y=a\sin(bx+c)+d$의 그래프는 $y=\sin x$의 그래프를 x축으로 $\frac{1}{|b|}$배, y축으로 $|a|$배한 다음 다시 x축의 방향으로 $-\frac{a}{b}$ 만큼, y축의 방향으로 d만큼 평행이동한 것이다.

삼각함수	최댓값	최솟값	주기
$y=a\sin(bx+c)+d$	$\vert a\vert+d$	$-\vert a\vert+d$	$\frac{2\pi}{\vert b\vert}$
$y=a\cos(bx+c)+d$	$\vert a\vert+d$	$-\vert a\vert+d$	$\frac{2\pi}{\vert b\vert}$
$y=a\tan(bx+c)+d$	없다.	없다.	$\frac{\pi}{\vert b\vert}$

예제 7.3.4 함수 $y=a\cos\left(bx-\frac{2\pi}{3}\right)+c$의 그래프가 오른쪽 그림과 같을 때, 실수 a, b, c의 값을 구하여라. (단, $a>0, b>0$)

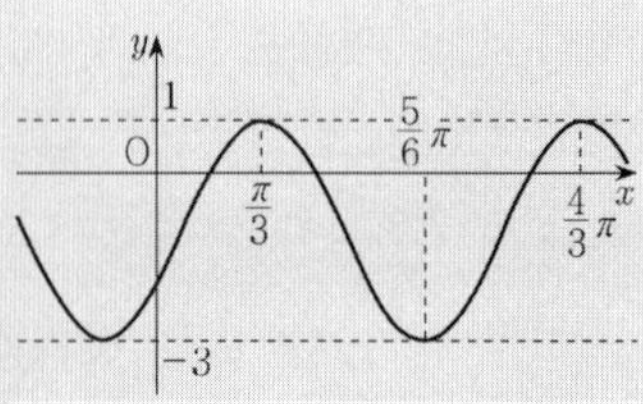

풀이 최댓값과 최솟값을 이용하여 미지수 a, d의 값을 구한다.

주어진 함수의 최댓값이 1, 최솟값이 -3이고 $a>0$이므로

$$a+c=1,\ -a+c=-3$$

두 식을 연립하여 풀면 $a=2,\ c=-1$

주기를 이용하여 b의 값을 구한다.

주기가 $\frac{4}{3}\pi-\frac{\pi}{3}=\pi$이고 $b>0$이므로

$\frac{2\pi}{b}=\pi$이다. 따라서 $b=2$이다. ■

예제 7.3.5 함수 $y=3|\cos x-1|+2$의 최댓값과 최솟값을 구하여라.

풀이 $\cos x=t$로 놓으면 $-1\le t\le 1$이고 주어진 함수는

$$y=3|t-1|+2$$

따라서 이 함수는 $t=-1$일 때 최댓값 8, $t=1$일 때 최솟값 2를 갖는다. ■

연습문제 3. 삼각함수의 그래프

1. 다음 함수의 그래프를 그리고, 최댓값, 최솟값 및 주기를 구하여라.

(1) $y=\frac{1}{2}\sin\frac{1}{2}x$ (2) $y=3\cos 2x$ (3) $y=\tan 2x+1$

2. 다음 함수의 그래프를 그리고, 최댓값, 최솟값 및 주기를 구하여라.

(1) $y=\frac{1}{4}\sin(2x-60^\circ)$ (2) $y=\frac{1}{2}\sin 3(x-\frac{\pi}{2})$

3. 다음 함수의 그래프를 그리고, 최댓값, 최솟값 및 주기를 구하여라.

(1) $y=\sin|x|$ (2) $y=|\sin x|$ (3) $y=\cos|x|$

4. 다음 방정식을 풀어라. (단 $0\le x\le 2\pi$)

(1) $\sin x=\frac{1}{2}$ (2) $\cos x=-\frac{1}{2}$

5. 다음 삼각함수의 그래프를 그려라.

(1) $y=\sec x$ (2) $y=\mathrm{cosec}\,x$ (3) $y=\cot x$

4. 사인법칙과 코사인법칙

$\triangle ABC$의 세 각의 크기를 $A, B, C,$ 이 세 각의 대변의 길이를 a, b, c라고 할 때 세 각과 그 대변의 길이를 삼각형의 6요소라고 한다.

$\triangle ABC$의 세 각의 크기, 세 변의 길이, 또 $\triangle ABC$의 외접원의 반지름의 길이 R 사이에 다음 관계가 성립한다.

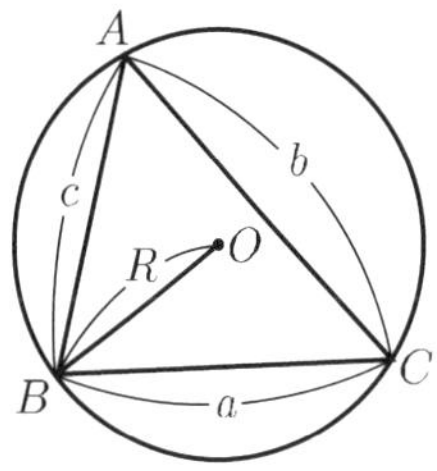

사인법칙

$$\frac{a}{\sin A} = \frac{b}{\sin B} = \frac{c}{\sin C} = 2R$$

사인법칙의 변형된 형태를 살펴보자.

(1) $a : b : c = \sin A : \sin B : \sin C$

(2) $\sin A = \frac{a}{2R}$, $\sin B = \frac{b}{2R}$, $\sin C = \frac{c}{2R}$는 각의 관계를 변의 관계로 고칠 때 이용한다.

(3) $a = 2R\sin A$, $b = 2R\sin B$, $c = 2R\sin C$는 변의 관계를 각의 관계로 고칠 때 이용한다.

예제 7.4.1 $\angle B = 60^\circ$, $\angle C = 45^\circ$, $b = 6$인 $\triangle ABC$의 외접원의 반지름의 길이 R과 변 c의 값을 구하여라.

풀이 사인법칙에서 $\frac{b}{\sin B} = \frac{c}{\sin C} = 2R$, $\frac{6}{\sin 60^\circ} = \frac{c}{\sin 45^\circ} = 2R$이므로 $R = \frac{6}{\sqrt{3}}$이다.

$\frac{c}{\sin 45^\circ} = 2R$에서 $c = 2R\sin 45^\circ$이므로 $c = \frac{12}{\sqrt{6}}$이다. ■

$\triangle ABC$의 세 각의 크기를 A, B, C이 세 각의 대변의 길이를 a, b, c라 하면 다음 제일 코사인법칙을 얻는다. 두 각의 크기와 그 대변의 길이가 주어질 때 이용한다.

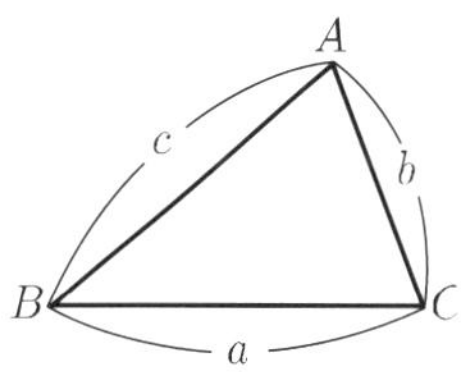

제일 코사인법칙

$$a = b\cos C + c\cos B$$
$$b = c\cos A + a\cos C$$
$$c = a\cos B + b\cos A$$

예제 7.4.2 $\angle B = 60°$, $\angle C = 45°$, $b = 3$, $c = 5$일 때 나머지 a의 값을 구하여라.

풀이 제일 코사인법칙 $a = b\cos C + c\cos B$에 주어진 값을 대입하면

$a = 3\cos 45° + 5\cos 60° = \dfrac{3\sqrt{2}}{2} + \dfrac{5\sqrt{3}}{2}$이다. ■

제일 코사인법칙에서 다음 제이 코사인법칙을 얻는다.

$$a^2 = b^2 + c^2 - 2bc\cos A$$
$$b^2 = c^2 + a^2 - 2ca\cos B$$
$$c^2 = a^2 + b^2 - 2ab\cos C$$

다음은 제이 코사인법칙의 변형된 공식이다.

$$\cos A = \frac{b^2 + c^2 - a^2}{2bc},\quad \cos B = \frac{c^2 + a^2 - b^2}{2ca},\quad \cos C = \frac{a^2 + b^2 - c^2}{2ab}$$

예제 7.4.3 삼각형 $\triangle ABC$에서 $\angle A = 60°$, $b = 3$, $c = 2$일 때 나머지 a의 값을 구하여라.

풀이 제이 코사인법칙에서 $a^2 = b^2 + c^2 - 2bc\cos A$에 주어진 값을 대입하면

$a^2 = 9^2 + 2^2 - 2 \cdot 9 \cdot 2 \cdot \cos 60° = 81 - 18 = 63$이다. 따라서 $a = 3\sqrt{7}$이다. ■

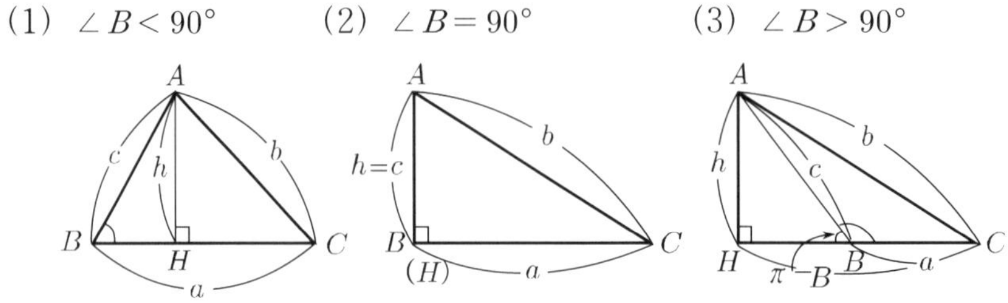

위 그림에서 $\angle B$의 크기가 세 가지 경우 모두 $h = c\cos B$이므로 삼각형 $\triangle ABC$의 넓이 S $S = \frac{1}{2}ah = \frac{1}{2}ac\sin B$를 얻는다. 같은 방법으로 다음과 같이 삼각형 $\triangle ABC$의 넓이를 얻을 수 있다.

$$S = \frac{1}{2}bc\sin A = \frac{1}{2}ca\sin B = \frac{1}{2}ab\sin C$$

예제 7.4.4 삼각형 $\triangle ABC$에서 $b=4,\ c=2,\ \angle A = 60^\circ$ 일 때, 이 삼각형의 널이 S를 구하여라.

풀이 넓이S의 공식을 이용하면 $S = \frac{1}{2}bc\sin A = \frac{1}{2} \cdot 4 \cdot 4 \cdot \sin 60^\circ = 4\sqrt{3}$ ■

사각형의 넓이는 다음과 같다.

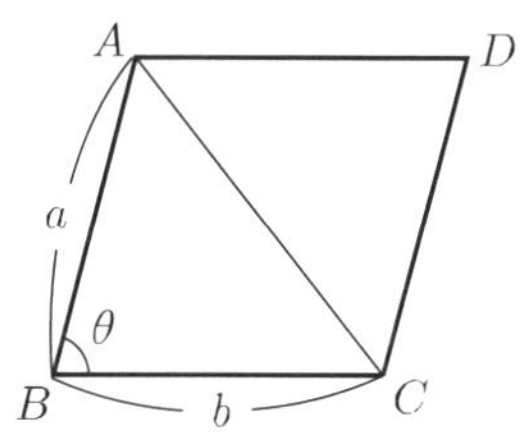

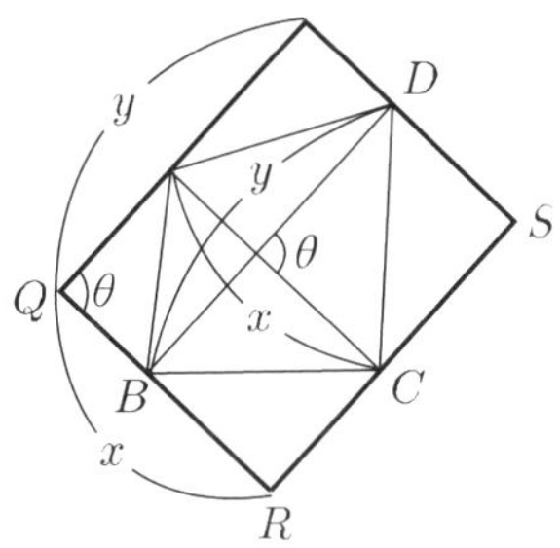

(1) 이웃하는 두 변의 길이가 a, b이고, 그 끼인각의 크기가 θ인 평행사변형 $ABCD$의 넓이 S는

$$S = ab\sin\theta$$

(2) 두 대각선의 길이가 x, y이고, 그 끼인각의 크기가 θ인 사각형 $ABCD$의 넓이 S는

$$S = \frac{1}{2}xy\sin\theta$$

예제 7.4.5 외접원과 내접원을 이용한 삼각형의 넓이는 다음과 같음을 보여라.

(1) 외접원의 반지름의 길이가 R일 때, $S = \frac{abc}{4R} = 2R^2\sin A\sin B\sin C$

(2) 내접원의 반지름의 길이가 r일 때, $S = \frac{1}{2}r(a+b+c)$

증명 (1) 사인법칙에 의하여 $\sin A = \dfrac{a}{2R}$ 이므로

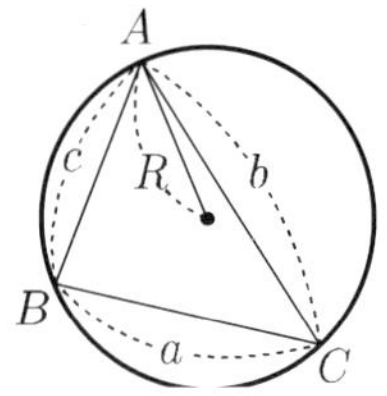

$$S = \frac{1}{2}bc\sin A = \frac{1}{2}bc \cdot \frac{a}{2R} = \frac{abc}{4R} \text{ 이다.}$$

또한, 사인법칙에 의하여 $b = 2R\sin B$, $c = 2R\sin C$이므로

$$S = \frac{1}{2}bc\sin A = \frac{1}{2} \cdot 2R\sin B \cdot 2R\sin C \cdot \sin A$$

$$= 2R^2 \sin A \sin B \sin C \text{이다.}$$

(2) $\triangle ABC$의 내심을 I라 하면

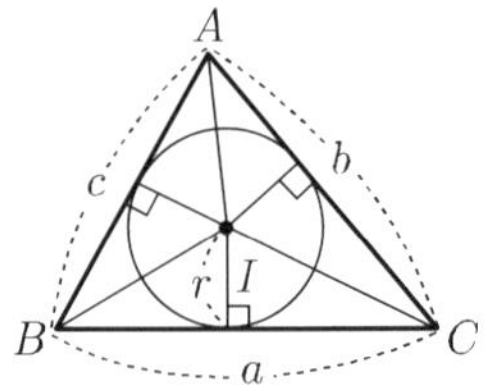

$$\triangle ABC = \triangle IBC + \triangle ICA + \triangle IAB$$

$$= \frac{1}{2}ar + \frac{1}{2}br + \frac{1}{2}cr$$

$$= \frac{1}{2}r(a+b+c) \text{이다.}$$

■

연습문제 4. 사인법칙과 코사인법칙

1. 삼각형 $\triangle ABC$에서 $\sin A + \sin B - \sin C > 0$임을 보여라.

2. 삼각형 $\triangle ABC$에서 $A = 30°$, $a = 3$, $c = 6$일 때 B, C, b를 구하여라.

3. 삼각형 $\triangle ABC$에서 $B = 45°$, $C = 60°$, $b = 2$일 때 A, a, c를 구하여라.

4. 삼각형 $\triangle ABC$에서 $a = 2$, $b = \sqrt{6}$, $c = \sqrt{3} + 1$일 때 A, B, C를 구하여라.

5. 다음 등식을 만족시키는 삼각형 $\triangle ABC$는 어떤 삼각형인가?

$$2\sin A \cdot \cos B = \sin C$$

5. 가법정리

오른쪽 그림과 같이 원점 O를 중심으로 하는 단위원이 x축과 점 A에서 만난다. 그리고 $\angle ABO=\alpha$, $\angle BOC=\beta$, $\angle AOD=-\beta$가 되게 차례로 단위원 위의 점 B, C, D를 정한다. 이때 점 A, B, C, D의 좌표를 찾으면

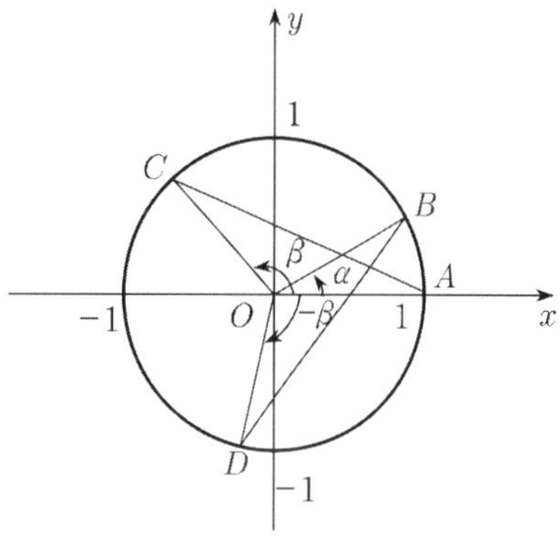

$A(1,0)$

$B(\cos\alpha, \sin\alpha)$

$C(\cos(\alpha+\beta), \sin(\alpha+\beta))$

$D(\cos(-\beta), \sin(-\beta))=(\cos\beta, -\sin\beta)$

이다.

여기서 $\triangle AOC$와 $\triangle BOD$의 두 변의 길이는 반지름 1로 같고, 그 끼인 각의 크기는 $\alpha+\beta=\alpha+|-\beta|$로 같은 합동이다. 그러므로 $\overline{AC}=\overline{BD}$, 즉

$$\sqrt{\{1-\cos(\alpha+\beta)\}^2+\{0-\sin(\alpha+\beta)\}^2}=\sqrt{(\cos\alpha-\cos\beta)^2+(\sin\alpha+\sin\beta)^2}$$

이다. 양변에 제곱하면

$$\{1-\cos(\alpha+\beta)\}^2+\{0-\sin(\alpha+\beta)\}^2=(\cos\alpha-\cos\beta)^2+(\sin\alpha+\sin\beta)^2$$

이고 다시 정리를 하면 $1-2\cos(\alpha+\beta)+\cos^2(\alpha+\beta)+\sin^2(\alpha+\beta)$

$=\cos^2\alpha-2\cos\alpha\cos\beta+\cos^2\beta+\sin^2\alpha+2\sin\alpha\sin\beta+\sin^2\beta$이다.

따라서 $2-2\cos(\alpha+\beta)=2-2(\cos\alpha\cos\beta-\sin\alpha\sin\beta)$를 얻는다.

이 식을 정리하면 $\cos(\alpha+\beta)=\cos\alpha\cos\beta-\sin\alpha\sin\beta$이다.

그리고 이 식의 α 대신 $\frac{\pi}{2}+\alpha$를 대입하면

$$\cos\left(\frac{\pi}{2}+\alpha+\beta\right)=\cos\left(\frac{\pi}{2}+\alpha\right)\cos\beta-\sin\left(\frac{\pi}{2}+\alpha\right)\sin\beta$$

여기서 $\sin(\alpha+\beta)=\sin\alpha\cos\beta+\cos\alpha\sin\beta$를 얻을 수 있다.

또 $\tan(\alpha+\beta)=\frac{\sin(\alpha+\beta)}{\cos(\alpha+\beta)}=\frac{\sin\alpha\cos\beta+\cos\alpha\sin\beta}{\cos\alpha\cos\beta-\sin\alpha\sin\beta}$이므로 분모와 분자를 $\cos\alpha\cos\beta$로 나

누면 $\tan(\alpha+\beta)=\dfrac{\tan\alpha+\tan\beta}{1-\tan\alpha\tan\beta}$ 를 얻는다.

또 위 식 $\sin(\alpha+\beta)$, $\cos(\alpha+\beta)$, $\tan(\alpha+\beta)$의 β에 대신 $-\beta$를 대입하면 $\sin(\alpha-\beta)$, $\cos(\alpha-\beta)$, $\tan(\alpha-\beta)$를 얻을 수 있다.

이들을 삼각함수의 가법정리, 또는 덧셈정리라고 한다.

덧셈정리

$$\sin(\alpha+\beta)=\sin\alpha\cos\beta+\cos\alpha\sin\beta \qquad \cdots\cdots(1)$$

$$\sin(\alpha-\beta)=\sin\alpha\cos\beta-\cos\alpha\sin\beta \qquad \cdots\cdots(2)$$

$$\cos(\alpha+\beta)=\cos\alpha\cos\beta-\sin\alpha\sin\beta \qquad \cdots\cdots(3)$$

$$\cos(\alpha-\beta)=\cos\alpha\cos\beta+\sin\alpha\sin\beta \qquad \cdots\cdots(4)$$

$$\tan(\alpha+\beta)=\frac{\tan\alpha+\tan\beta}{1-\tan\alpha\tan\beta} \qquad \cdots\cdots(5)$$

$$\tan(\alpha-\beta)=\frac{\tan\alpha-\tan\beta}{1+\tan\alpha\tan\beta} \qquad \cdots\cdots(6)$$

예제 7.5.1 $\sin 75°$, $\cos 75°$, $\tan 75°$의 값을 구하여라.

풀이 $\sin(30°+45°)=\sin 30°\cos 45°+\cos 30°\sin 45°$이므로 특수각 값을 이용하여 계산하면 $\sin 75°=\dfrac{\sqrt{6}+\sqrt{2}}{4}$이다.

같은 방법으로 하면 $\cos 75°=\dfrac{\sqrt{6}-\sqrt{2}}{4}$이고, $\tan 75°=2+\sqrt{3}$이다. ■

위의 가법정리의 공식을 이용하여 몇 가지 공식을 유도하여 보자.

(1), (3), (5)의 β 대신 α를 대입하면 다음과 같은 배각공식을 얻는다.

$\sin(\alpha+\alpha)=\sin\alpha\cos\alpha+\cos\alpha\sin\alpha$이므로 $\sin(2\alpha)=2\sin\alpha\cos\alpha$

$\cos(\alpha+\alpha)=\cos\alpha\cos\alpha-\sin\alpha\sin\alpha$이므로

$$\cos(2\alpha)=\cos^2\alpha-\sin^2\alpha=(1-\sin^2\alpha)-\sin^2\alpha=1-2\sin^2\alpha$$ 를 얻는다.

또는 $\cos(2\alpha)=\cos^2\alpha-\sin^2\alpha=\cos^2\alpha-(1-\cos^2\alpha)=2\cos^2\alpha-1$

$$\tan(\alpha+\alpha)=\frac{\tan\alpha+\tan\alpha}{1-\tan\alpha\tan\alpha} \text{이므로 } \tan(2\alpha)=\frac{2\tan\alpha}{1-\tan^2\alpha}$$

이를 정리하면 다음과 같다.

배각공식

$$\sin(2\alpha) = 2\sin\alpha\cos\alpha$$
$$\cos(2\alpha) = 1 - 2\sin^2\alpha$$
$$\cos(2\alpha) = 2\cos^2\alpha - 1$$
$$\tan(2\alpha) = \frac{2\tan\alpha}{1-\tan^2\alpha}$$

예제 7.5.2 $\sin x = \frac{3}{5}\left(0 < x < \frac{\pi}{2}\right)$일 때 $\sin 2x, \cos 2x, \tan 2x$의 값을 구하여라.

풀이

$\sin x = \frac{3}{5}$이면 $\cos x = \frac{4}{5}$, $\tan x = \frac{3}{4}$이므로 $\sin 2x = 2\sin x\cos x$을 이용하여 계산하면 $\sin 2x = \frac{24}{25}$이다.

$\cos 2x = \frac{7}{25}$이고 $\tan 2x = \frac{24}{7}$이다. ■

배각공식 $\cos(2\alpha) = 1 - 2\sin^2\alpha$, $\cos(2\alpha) = 2\cos^2\alpha - 1$의 α 대신 $\frac{\alpha}{2}$를 대입하고 $\tan\alpha = \frac{\sin\alpha}{\cos\alpha}$를 이용하여 정리하면 다음과 같은 반각공식을 얻는다.

반각공식

$$\sin^2\frac{\alpha}{2} = \frac{1-\cos\alpha}{2}$$
$$\cos^2\frac{\alpha}{2} = \frac{1+\cos\alpha}{2}$$
$$\tan^2\frac{\alpha}{2} = \frac{1-\cos\alpha}{1+\cos\alpha}$$

앞의 공식 (1), (3)의 β 대신 2α를 대입하고, $\sin^2\alpha + \cos^2\alpha = 1$을 이용하여 정리하면 다음과 같은 3배각공식을 얻는다.

3배각공식

$$\sin(3\alpha) = 3\sin\alpha - 4\sin^3\alpha$$
$$\cos(3\alpha) = 4\cos^3\alpha - 3\cos\alpha$$

앞의 공식 (1)±(2), (3)±(4)를 각각 계산하여 정리하면 다음과 같은 곱을 합으로 고치는 공식을 얻을 수 있다.

곱을 합으로 고치는 공식

$$\sin\alpha\cos\beta = \frac{1}{2}\{\sin(\alpha+\beta) + \sin(\alpha-\beta)\}$$
$$\cos\alpha\ \sin\beta = \frac{1}{2}\{\sin(\alpha+\beta) - \sin(\alpha-\beta)\}$$
$$\cos\alpha\ \cos\beta = \frac{1}{2}\{\cos(\alpha+\beta) + \cos(\alpha-\beta)\}$$
$$\sin\alpha\ \sin\beta = -\frac{1}{2}\{\cos(\alpha+\beta) - \cos(\alpha-\beta)\}$$

그리고 $\alpha+\beta = A$, $\alpha-\beta = B$라 놓으면 $\alpha = \frac{A+B}{2}$, $\beta = \frac{A-B}{2}$이고 α, β를 곱을 합으로 고치는 공식에 대입하여 정리하면 다음과 같은 합을 곱으로 고치는 공식을 얻을 수 있다.

합을 곱으로 고치는 공식

$$\sin A + \sin B = 2\sin\frac{A+B}{2}\cos\frac{A-B}{2}$$
$$\cos A - \cos B = 2\cos\frac{A+B}{2}\sin\frac{A-B}{2}$$
$$\sin A + \sin B = 2\cos\frac{A+B}{2}\cos\frac{A-B}{2}$$
$$\cos A - \cos B = -2\sin\frac{A+B}{2}\sin\frac{A-B}{2}$$

두 삼각함수의 합을 하나의 삼각함수로 나타내는 삼각함수의 합성에 대하여 알아보자.

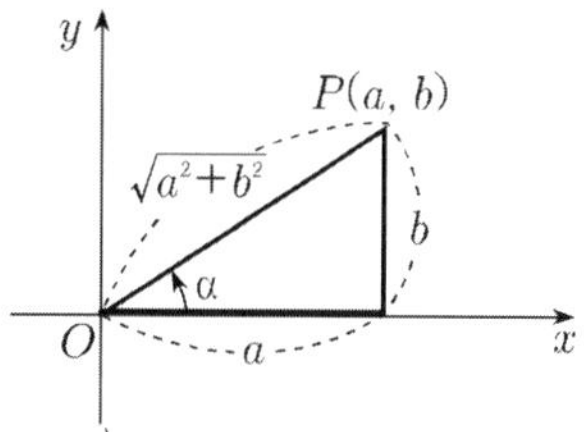

좌표평면 위의 점 $P(a,b)$를 잡고, 선분 OP와 x축의 양의 방향이 이루는 각의 크기를 α라 하면 $\overline{OP}=\sqrt{a^2+b^2}$이고, 이때 $\cos\alpha=\dfrac{a}{\sqrt{a^2+b^2}}$, $\sin\alpha=\dfrac{b}{\sqrt{a^2+b^2}}$이다. 따라서

$$\begin{aligned} a\sin\theta+b\cos\theta &= \sqrt{a^2+b^2}\left(\frac{a}{\sqrt{a^2+b^2}}\sin\theta+\frac{b}{\sqrt{a^2+b^2}}\cos\theta\right) \\ &= \sqrt{a^2+b^2}(\cos\alpha\sin\theta+\sin\alpha\cos\theta) \\ &= \sqrt{a^2+b^2}\sin(\theta+\alpha) \end{aligned}$$

를 얻는다.

마찬가지로 좌표평면 위의 점 $P(b,\ a)$를 잡고, 선분 OP와 x축의 양의 방향이 이루는 각의 크기를 β라 하면 $\overline{OP}=\sqrt{a^2+b^2}$이고, 이때 $\cos\beta=\dfrac{b}{\sqrt{a^2+b^2}}$, $\sin\beta=\dfrac{a}{\sqrt{a^2+b^2}}$이므로

$a\sin\theta+b\cos\theta=\sqrt{a^2+b^2}\cos(\theta-\beta)$를 얻는다.

삼각함수의 합성

$$a\sin\theta+b\cos\theta=\sqrt{a^2+b^2}\sin(\theta+\alpha),\ \cos\alpha=\frac{a}{\sqrt{a^2+b^2}},\sin\alpha=\frac{b}{\sqrt{a^2+b^2}}$$

$$a\sin\theta+b\cos\theta=\sqrt{a^2+b^2}\cos(\theta-\beta),\ \cos\beta=\frac{b}{\sqrt{a^2+b^2}},\sin\beta=\frac{a}{\sqrt{a^2+b^2}}$$

예제 7.5.3 $4\sin\theta+3\cos\theta$를 $\sqrt{a^2+b^2}\sin(\theta+\alpha)$의 꼴로 나타내어라.

풀이 $a=4, b=3$이므로 $\sqrt{a^2+b^2}=5$이다. 따라서

$$4\sin\theta+3\cos\theta=5\left(\frac{4}{5}\sin\theta+\frac{3}{5}\cos\theta\right)=5(\cos\alpha\sin\theta+\sin\alpha\cos\theta)=5\sin(\theta+\alpha)$$

$\left(\text{단 } \sin\alpha=\dfrac{3}{5}\text{이고 } \cos\alpha=\dfrac{4}{5}\right)$ ■

삼각방정식과 삼각부등식

방정식 $\sin x=\frac{1}{2}$과 같이 각의 크기가 미지수인 삼각함수를 포함한 방정식을 **삼각방정식**이라고 한다. 이를테면, 함수 $y=\sin x$의 그래프와 직선 $y=\frac{1}{2}$이 $0 \le x < 2\pi$의 범위에서 만나는 x좌표는 $\frac{\pi}{6}$, $\frac{5\pi}{6}$이다.

따라서 $\sin x=\frac{1}{2}$의 해는 $x=\frac{\pi}{6}$ 또는$x=\frac{5\pi}{6}$이다.

예제 7.5.4 다음 삼각방정식을 풀어라. (단 $0 \le x < 2\pi$)

(1) $\cos x=\frac{\sqrt{3}}{2}$ (2) $\cos x=-\frac{1}{2}$

풀이 (1) $x=\frac{\pi}{6}, \frac{11\pi}{6}$ (2) $x=\frac{2\pi}{3}, \frac{4\pi}{3}$ ■

부등식 $\sin x > \frac{1}{2}$과 같이 크기가 미지수인 삼각함수를 포함한 부등식을 **삼각부등식**이라고 한다.

$0 \le x < 2\pi$의 범위에서 $\sin x > \frac{1}{2}$를 풀어 보자.

$\sin x=\frac{1}{2}$의 해는 $x=\frac{\pi}{6}$ 또는 $x=\frac{5\pi}{6}$이므로 부등식 $\sin x > \frac{1}{2}$의 해는 함수 $y=\sin x$의 그래프가 $y=\frac{1}{2}$보다 위쪽에 있는 x의 값의 범위이다.

따라서, 삼각부등식 $\sin x > \frac{1}{2}\,(0 \le x < 2\pi)$의 해는 $\frac{\pi}{6} < x < \frac{5\pi}{6}$이다.

삼각방정식과 삼각부등식의 풀이

	삼각방정식	삼각부등식
정의	각의 크기가 미지수인 삼각함수를 포함한 방정식	각의 크기가 미지수인 삼각함수를 포함한 부등식
풀이 방법	(1) 주어진 방정식을 $\sin x = a$ (또는 $\cos x = a$, $\tan x = a$의 꼴로 고친다.) (2) $y = \sin x$(또는 $y = \cos x$, $y = \tan x$)의 그래프와 $y = a$의 그래프의 교점의 x좌표를 구한다.	(1) 주어진 부등식을 $\sin x > a$ (또는 $\cos x > a$, $\tan x > a$의 꼴로 고친다.) (2) $y = \sin x$(또는 $y = \cos x$, $y = \tan x$)의 그래프와 $y = a$의 그래프의 교점의 x좌표를 이용하여 x의 값의 범위를 구한다.

예제 7.5.5 삼각부등식 $\cos x > \frac{1}{2}$을 풀어라. (단, $0 \le x < 2\pi$)

풀이 주어진 부등식의 해는 함수 $y = \cos x$의 그래프가 직선 $y = \frac{1}{2}$보다 위쪽에 있는 x의 값의 범위이다.

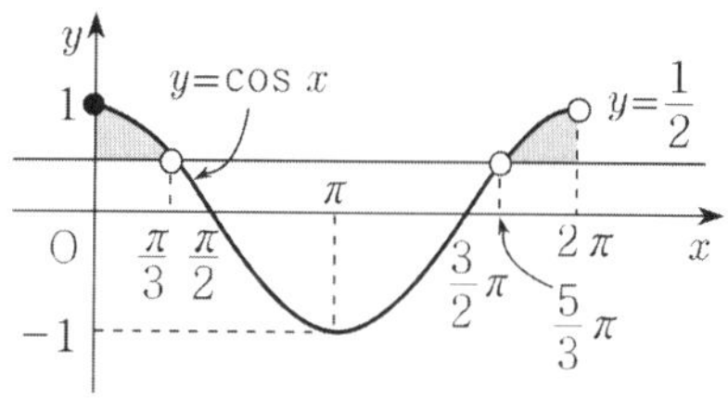

따라서 오른쪽 그림에서 구하는 해는 $0 \le x < \frac{\pi}{3}$ 또는 $\frac{5}{3}\pi < x < 2\pi$ ■

예제 7.5.6 $0 \le x < 2\pi$일 때, 삼각부등식 $2\sin^2 x - 5\cos x - 4 > 0$을 풀어라.

풀이 $\sin^2 x + \cos^2 x = 1$을 이용하여 식을 변형한 후 부등식을 푼다.

$2\sin^2 x - 5\cos x - 4 > 0$에서

$$2(1-\cos^2 x) - 5\cos x - 4 > 0$$

$$2\cos^2 x + 5\cos x + 2 < 0$$

$$\therefore (2\cos x + 1)(\cos x + 2) < 0$$

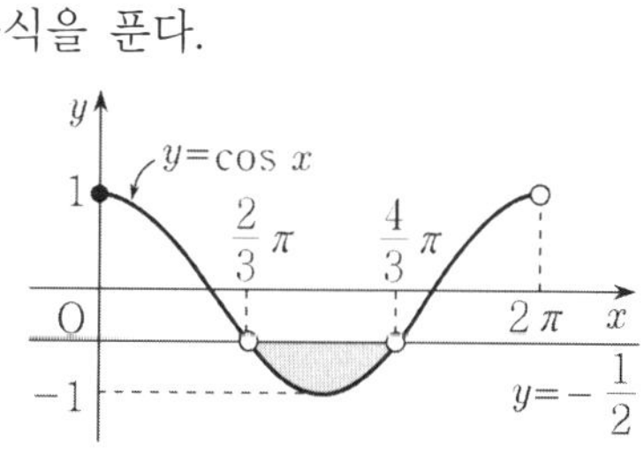

$0 \le x < 2\pi$에서 $\cos x + 2 > 0$이므로

$$2\cos x + 1 < 0$$

$$\therefore \cos x < -\frac{1}{2}$$

오른쪽 그림에서 부등식 $\cos x < -\frac{1}{2}$의 해는 $\frac{2}{3}\pi < x < \frac{4}{3}\pi$이다. ■

연습문제 5. 가법정리

1. $\sin(-15^\circ)$, $\cos(-15^\circ)$, $\tan(-15^\circ)$의 값을 구하여라.

2. $\sin(22^\circ 30')$, $\cos(22^\circ 30')$, $\tan(22^\circ 30')$의 값을 구하여라.

3. $\tan\frac{x}{2}=t$라 할 때, $\sin x, \cos x, \tan x$를 t의 식으로 나타내어라.

4. 다음 두 직선이 이루는 예각을 구하여라.

$$y=-x+4, \quad y=(2+\sqrt{3})x-2$$

5. 다음 함수의 최댓값과 최솟값을 구하여라.

(1) $y=\sin x+\cos x$

(2) $y=\sqrt{2}\cos x-\sqrt{2}\sin x$

6. 다음 삼각방정식을 풀어라.(단 $0 \le x < 2\pi$)

(1) $\sin x=-\frac{\sqrt{3}}{2}$

(2) $\cos x=\frac{1}{2}$

7. 다음 삼각부등식을 풀어라.(단 $0 \le x < 2\pi$)

(1) $\cos x < \frac{\sqrt{3}}{2}$

(2) $\tan x \le 1$

8. 삼각부등식을 $\cos x \le \frac{\sqrt{3}}{2}$을 풀어라.(단 $0 \le x < 2\pi$)

08 장

지수함수와 로그함수

1. 지수와 로그

수 또는 식의 거듭제곱은 지수를 이용하여 간단히 표현할 수 있다. 예를 들어 $3\times3\times3\times3$와 $a\times a\times a$는 3^4과 a^3으로 표현될 수 있다.

n은 자연수이고 a는 수 또는 식이라고 하면, a를 n번 곱한 것 a^n을 **a의 n제곱**이라고, a^n에서 n를 거듭제곱의 **지수**, a를 거듭제곱의 **밑**이라 한다.

이때 a, a^2, a^3, $\cdots$을 통틀어 a의 **거듭제곱**이라고 한다.

예제 8.1.1 다음을 계산하여라.

(1) 2^4 (2) $(-3)^4$ (3) 10^2

풀이 | (1) 16 (2) 81 (3) 100 ■

$a\neq0$이고, n이 자연수일 때

$$a^0=1,\qquad a^{-n}=\frac{1}{a^n}$$

로 정의하면 다음의 지수법칙이 성립한다.

정리 8.1.1

지수법칙

$a>0$, $b>0$이고, m, n이 정수일 때 다음이 성립한다.

(1) $a^m\times a^n=a^{m+n}$ (2) $a^m\div a^n=a^{m-n}$

(3) $(a^m)^n=a^{mn}$ (4) $(ab)^n=a^nb^n$

(5) $\left(\dfrac{a}{b}\right)^n=\dfrac{a^n}{b^n}$

예제 8.1.2 다음을 계산하여라.

(1) $3^5 \times 9^{-3} \div 27$ (2) $\left(\dfrac{9}{4}\right)^{-3} \times 8 \div (3^{-3})^2$

풀이 (1) $\dfrac{1}{9}$ (2) 512 ■

n이 2 이상의 정수일 때 어떤 수 x를 n제곱하여 a가 되는 수 x를 a의 n**제곱근**이라고 한다. 즉, $x^n = a$를 만족하는 x를 a의 n제곱근(nth root)이라고 한다. a의 제곱근, 3제곱근, 4제곱근, …을 a의 **거듭제곱근**이라고 한다.

n이 홀수인 경우에 방정식 $x^n = a$의 근 중 실수인 것은 오직 하나이고 이것을 $\sqrt[n]{a}$로 나타낸다.

n이 짝수인 경우에 방정식 $x^n = a$의 근 중 $a > 0$인 경우 양수, 음수의 두 개가 있으며, 양인 것을 $\sqrt[n]{a}$, 음인 것을 $-\sqrt[n]{a}$로 나타낸다.

$a < 0$인 경우는 $x^n = a$의 근 중 실수인 것은 없다.

거듭제곱근의 뜻

실수 a와 2 이상의 자연수 n에 대하여 $x^n = a$를 만족하는 x를 a의 n제곱근이라고 한다. 실수 a의 n제곱근 중에서 실수인 것은 다음과 같다.

	$a>0$	$a=0$	$a<0$
n이 짝수	$\sqrt[n]{a}$, $-\sqrt[n]{a}$	0	없다
n이 홀수	$\sqrt[n]{a}$	0	$\sqrt[n]{a}$

그래프를 이용하여 거급제곱근을 알아보자.

a의 n제곱근 중 실수인 것을 구하는 것은 방정식 $x^n = a$의 실근을 구하는 것과 같고, 이것은 곡선 $y = x^n$과 직선 $y = a$의 교점의 x좌표를 찾는 것과 같다.

(1) n이 짝수일 때

$y = x^n$은 우함수이므로 그래프는 y축에 대하여 대칭이다.

① $a > 0$이면 교점은 두 개가 생기고, 교점의 x좌표는 $x = -\sqrt[n]{a}$, $x = \sqrt[n]{a}$이다.

② $a = 0$이면 교점은 한 개가 생기고, 교점의 x좌표는 $x = 0$이다.

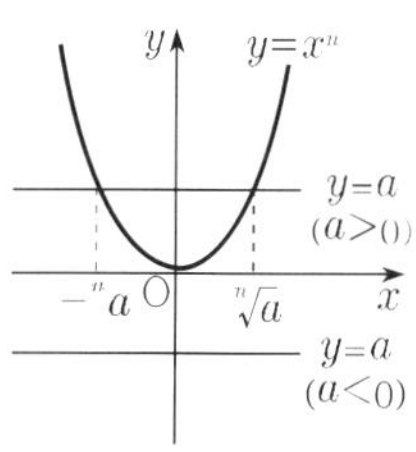

③ $a<0$이면 교점이 없다.

(2) n이 홀수일 때

$y=x^n$은 기함수이므로 그래프는 원점에 대하여 대칭이다.
이때 a의 값에 관계없이 교점은 단 한 개가 생기고, 교점의 x좌표는 $x=\sqrt[n]{a}$이다.

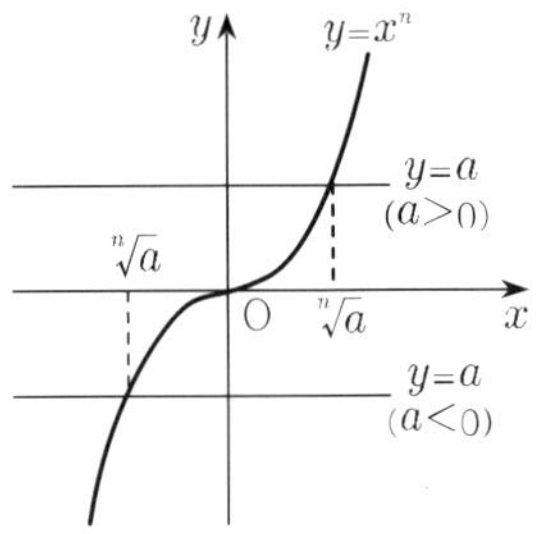

정리 8.1.2

거듭제곱근의 성질

$a>0, b>0$이고 m, n이 양의 정수일 때,

(1) $(\sqrt[n]{a})^n=a$

(2) $\sqrt[n]{a}\sqrt[n]{b}=\sqrt[n]{ab}$

(3) $\dfrac{\sqrt[n]{a}}{\sqrt[n]{b}}=\sqrt[n]{\dfrac{a}{b}}$

(4) $(\sqrt[n]{a})^m=\sqrt[n]{a^m}$

(5) $\sqrt[m]{\sqrt[n]{a}}=\sqrt[mn]{a}=\sqrt[n]{\sqrt[m]{a}}$

(6) $\sqrt[np]{a^{mp}}=\sqrt[n]{a^m}$ (단, p는 양의 정수)

예제 8.1.3 다음을 계산하여라.

(1) $\sqrt[3]{9}\times\sqrt[3]{81}$ (2) $\left(\sqrt{\sqrt[3]{25}}\right)^3$ (3) $\dfrac{\sqrt[5]{64}}{\sqrt[5]{2}}$

풀이 (1) 9 (2) 5 (3) 2 ■

$a>0$이고, m, n이 양의 정수일 때

$$a^{\frac{m}{n}}=\sqrt[n]{a^m}$$

으로 정의한다. 특히, $m=1$일 때, $a^{\frac{1}{n}}=\sqrt[n]{a}$이다.

x가 무리수인 경우에 a^x은 다음과 같이 이해한다. 이를테면 $2^{\sqrt{2}}$의 경우

$$\sqrt{2}=1.414213562373\cdots$$

이므로 1, 1.4, 1.41, 1.414, 1.4142, 1.41423 …과 같이 무리수 $\sqrt{2}$에 무한히 접근하는 유리수로 생각할 수 있다. 이러한 유리수를 지수로 갖는 수

$$2^1, 2^{1.4}, 2^{1.41}, 2^{1.414}, 2^{1.4142}, \cdots$$

은 어떤 일정 수에 한없이 가까워진다. 그 수를 $2^{\sqrt{2}}$라고 정의한다.
이와 같이 생각하면 모든 무리수 x에 대하여도 2^x를 정의할 수 있다.

유리수와 무리수에 대한 지수를 이와 같이 정의하면 다음의 일반화된 지수법칙이 성립한다.

정리 8.1.3

일반화된 지수법칙

$a>0$, $b>0$이고, 임의의 실 수 x, y에 대하여 다음이 성립한다.

(1) $a^x \times a^y = a^{x+y}$ (2) $a^x \div a^y = a^{x-y}$

(3) $(a^x)^y = a^{xy}$ (4) $(ab)^x = a^x b^x$

(5) $\left(\dfrac{a}{b}\right)^x = \dfrac{a^x}{b^x}$

지수의 연산은 일반적으로 매우 큰 수나 매우 작은 수를 만든다. 때로는 매우 큰 수나 매우 작은 수로부터 적당한 수를 만들기 위하여 지수를 이용한 지수의 역연산을 이용하면 된다. 이와 같은 과정을 로그의 연산이라 한다.

지수함수로부터 log를 정의하자.

$a>0$, $a \neq 1$일 때, 임의의 양수 b에대하여 $a^x = b$를 만족시키는 실수 $x(>0)$가 오직하나 존재하고 $x = \log_a b$로 나타낸다. 이 실수 x를 a를 **밑**(base)으로 하는 b의 **로그**(logarithm)라고 한다.

$\log_a b$에서 $a>0$, $a \neq 1$, $b>0$이어야 하는 이유는 다음과 같다.

(1) 밑이 1이 아닌 양수이어야 하는 이유

(밑)<0 : $\log_{-1} 3 = x \Leftrightarrow (-1)^x = 3$

(밑)$=0$: $\log_0 3 = x \Leftrightarrow 0^x = 3$

(밑)$=1$: $\log_1 3 = x \Leftrightarrow 1^x = 3$

위의 세 가지 경우를 만족하는 실수 x는 존재하지 않는다.

(2) 진수가 양수이어야 하는 이유

(진수)$=0$: $\log_2 0 = x \Leftrightarrow 2^x = 0$

(진수)<0 : $\log_2(-4) = x \Leftrightarrow 2^x = -4$

위의 두 가지 경우를 만족하는 실수 x는 존재하지 않는다.

로그는 다음의 성질을 만족한다.

정리 8.1.4

로그의 성질

$a>0,\ a\neq 1,\ b>0,\ b\neq 1,\ c>0,\ c\neq 1,\ x>0,\ y>0$일 때,

(1) $\log_a 1=0,\ \log_a a=1$

(2) $\log_a xy=\log_a x+\log_a y$

(3) $\log_a \dfrac{x}{y}=\log_a x-\log_a y$

(4) $\log_a x^n=n\log_a x$ (단, n은 실수)

(5) $\log_{a^m} b^n=\dfrac{n}{m}\log_a b$ (단, m, n은 실수, $m\neq 0$)

(6) $\log_a b=\dfrac{\log_c b}{\log_c a}$ (밑의 변환 공식)

(7) $\log_a b=\dfrac{1}{\log_b a}$

(8) $a^{\log_a b}=b,\ a^{\log_b c}=c^{\log_b a}$

(9) $\log_a b\cdot\log_b a=1$

정리의 증명은 로그의 정의와 지수법칙으로부터 유도할 수 있다.

이를테면 (8)의 $a^{\log_b c}=c^{\log_b a}$을 증명하여 보자.

$a^{\log_b c}=x$로 놓고 양변에 밑이 $b\,(b>0,\ b\neq 1)$인 로그를 취하면

$\log_b a^{\log_b c}=\log_b x$이다.

좌변을 정리하면

$\log_b a^{\log_b c}=(\log_b c)(\log_b a)=(\log_b a)(\log_b c)=\log_b c^{\log_b a}$이다.

$\log_b c^{\log_b a}=\log_b x$에서 $x=c^{\log_b a}$이므로

$a^{\log_b c}=c^{\log_b a}$를 얻는다.

참고 다음을 주의하자.

(1) $\log_a(x+y)\neq\log_a x+\log_a y$

(2) $\dfrac{\log_a x}{\log_a y}\neq\log_a x-\log_a y$

(3) $\log_a x^n\neq(\log_a x)^n$

예제 8.1.4 다음 값을 구하여라.

(1) $\log_5 5+\log_4 1$　　(2) $\log_4 2+\log_4 128$

(3) $\log_2 12-\log_2 6$　　(4) $\log_5 50+\log_5 \frac{5}{2}$

풀이

(1) $\log_5 5+\log_4 1=1+0=1$

(2) $\log_4 2+\log_4 64=\log_4(2\cdot 128)=\log_4 256=\log_4 4^4=4$

(3) $\log_2 12-\log_2 6=\log_2\frac{12}{6}=\log_2 2=1$

(4) $\log_5 50+\log_5\frac{5}{2}=\log_5 50\cdot\frac{5}{2}=\log_5 125=3$ ■

예제 8.1.5 다음 값을 구하여라.

(1) $\log_5 3\cdot\log_3 5$　　(2) $\log_2 3\cdot\log_3 5\cdot\log_5 2$

(3) $5^{\log_5 3}$　　(4) $4^{\log_2 5}$

풀이

(1) $\log_5 3\cdot\log_3 5=\frac{\log_{10}3}{\log_{10}5}\cdot\frac{\log_{10}5}{\log_{10}3}=1$

(2) $\log_2 3\cdot\log_3 5\cdot\log_5 2=\frac{\log_{10}3}{\log_{10}2}\cdot\frac{\log_{10}5}{\log_{10}3}\cdot\frac{\log_{10}2}{\log_{10}5}=1$

(3) $5^{\log_5 3}=3^{\log_5 5}=3^1=3$

(4) $4^{\log_2 5}=5^{\log_2 2^2}=5^2=25$ ■

길이를 측정하기 위하여 1cm 또는 1m 등의 단위가 있듯이 측정에는 항상 기준이 되는 단위가 있다. 이 단위를 기준으로 길고 짧음, 무겁고 가벼움 등을 비교한다.

마찬가지로 로그의 경우 밑변환공식이 있으므로 밑이 서로 다른 로그의 경우 밑을 같게 만들 때 기준이 되는 수가 있으면 매우 유용할 것이다.

수의 체계가 기본적으로 10진법으로 되어 있으므로 밑이 10인 로그를 기준으로 하는 것이 일반적이다.

이와 같이 밑이 10인 로그를 상용로그라고 한다. 즉, 양수 N에 대하여 $\log_{10}N$과 같이 10을 밑으로 하는 로그를 **상용로그**(common logarithm)라 하고, 보통 밑 10을 생략하여 $\log N$으로 나타낸다.

그러나 과학과 공학이 발달하면서 상용로그는 여러 가지 문제점을 드러내어 수학이나 과학, 공학 등에서는 상용로그를 사용하지 않고 밑이 무리수인 자연로그를 사용한다.

즉, $e = \lim_{n\to\infty}\left(1+\frac{1}{n}\right)^n = 2.718281828\cdots$ 인 무리수이며, e를 밑으로 하는 로그를 자연로그 또는 **자연대수**(natural logarithm)라 하고, $\log_e x$를 $\ln x$로 나타낸다.

정리 8.1.5

자연대수의 성질

x, y는 임의의 양수이고 r는 실수일 때,

(1) $\ln x = y \Leftrightarrow e^y = x$

(2) $\ln e^x = x$, $(x \in R)$

(3) $e^{\ln x} = x$

(4) $\ln xy = \ln x + \ln y$

(5) $\ln \frac{x}{y} = \ln x - \ln y$

(6) $\ln x^r = r \ln x$

연습문제 1. 지수와 로그

1. 다음 식을 간단히 하여라.

(1) $81^{\frac{1}{2}}$ (2) $2^{\frac{1}{2}} \times 2^{\frac{2}{3}} \div 2^{\frac{1}{6}}$ (3) $\left\{(\sqrt{3})^{\sqrt{3}}\right\}^{\sqrt{3}}$

2. 두 수 $\sqrt{2}$ 와 $\sqrt[6]{10}$ 의 대소를 비교하여라.

3. 다음을 간단히 하여라.

(1) $\sqrt[2]{16} \times \sqrt[2]{4}$ (2) $\dfrac{\sqrt[4]{162}}{\sqrt[4]{2}}$ (3) $(\sqrt[3]{2})^6$

(4) $\sqrt[3]{\sqrt{4096}}$ (5) $\sqrt[3]{\left(\dfrac{27}{64}\right)^2}$ (6) $\sqrt[9]{5^6} \times \sqrt[6]{5^2}$

4. 다음을 간단히 하여라.

(1) $2a^3b \times 3ab^3$ (2) $(-2a^2b^3)^2 \div 2ab^4$

(3) $4ab^2 \times \left(\dfrac{b}{a^3}\right)^2 \div (2a^2b)^4$ (4) $-a^3b \div 3a^4b^3 \times \left(\dfrac{b^2}{a}\right)^2$

2. 지수 및 로그함수

$a>0,\ a\neq 1$이고 x가 실수일 때, 정의역이 $(-\infty,\infty)$이며 치역이 $(0,\infty)$인 함수 $y=a^x$을 a를 밑으로 하는 **지수함수**(exponential function)라고 한다.

지수함수의 밑의 조건에서 1이 아닌 양수라는 조건이 있는 이유는 a가 0 또는 1인 경우에는 x의 값에 관계없이 y가 항상 0, 1의 값을 갖기 때문이다. 또한, a가 음수인 경우에는 a^x이 실수가 아닌 값을 갖게 될 수 있다. 예를 들어 $a=-1$인 경우 $y=(-1)^x$은 $x=\frac{1}{2}$일 때 실수가 아닌 값을 갖는다.

지수함수 $y=a^x\,(a>0,\ a\neq 1)$의 그래프는 다음과 같다.

(1) 정의역 : $\{x\,|\,x$는 모든 실수$\}$, 치역 : $\{y\,|\,y$는 $y>0$인 실수$\}$
(2) 점 $(0,\ 1)$, $(1,\ a)$를 지나고 $y=0\,(x$축$)$을 점근선으로 한다.
(3) $a>1$일 때, x의 값이 증가하면 y의 값도 증가한다. (증가함수)
$0<a<1$일 때, x의 값이 증가하면 y의 값은 감소한다. (감소함수)

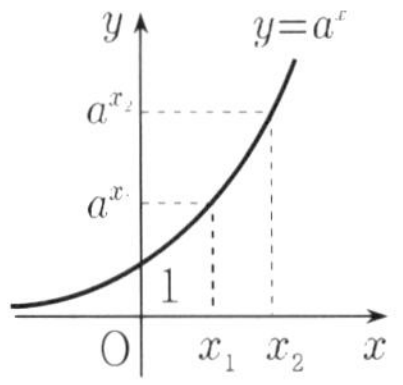

[$a>1$일 때]

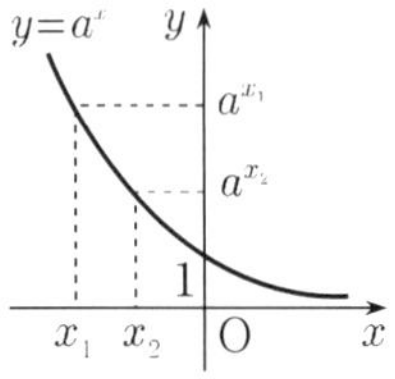

[$0<a<1$일 때]

지수함수의 최댓값, 최솟값에 대해서 알아보자.

정의역이 $\{x\,|\,m\leq x\leq n\}$일 때, 지수함수 $y=a^x$은
(1) $a>1$이면 $x=m$에서 최솟값 a^m, $x=n$에서 최댓값 a^n을 갖는다.
(2) $0<a<1$이면 $x=m$에서 최댓값 a^m, $x=n$에서 최솟값 a^n을 갖는다.

지수함수 $y=a^x\,(a>0,\ a\neq 1)$의 그래프의 평행이동, 대칭이동은 다음과 같이 정리할 수 있다.

x축의 방향으로 m만큼, y축의 방향으로 n만큼 평행이동	$y=a^x \Rightarrow y-n=a^{x-m}$ $\therefore\ y=a^{x-m}+n$
x축에 대하여 대칭이동	$y=a^x \Rightarrow -y=a^x$ $\therefore\ y=-a^x$
y축에 대하여 대칭이동	$y=a^x \Rightarrow y=a^{-x}$ $\therefore\ y=-\left(\frac{1}{a}\right)^x$
원점에 대하여 대칭이동	$y=a^x \Rightarrow -y=a^{-x}$ $\therefore\ y=-\left(\frac{1}{a}\right)^x$
직선 $y=x$에 대하여 대칭이동	$y=a^x \Rightarrow x=a^y$ $\therefore\ y=\log_a x$

예제 8.2.1 다음 함수의 그래프를 그려라.

(1) $y=3^x$ (2) $y=-3^x$ (3) $y=\left(\frac{1}{3}\right)^x$ (4) $y=3^x+1$

풀이 $y=-3^x$은 $-y=3^x$이므로 $y=3^x$과 x축에 대하여 대칭인 그래프이다. $y=\left(\frac{1}{3}\right)^x$는 $y=3^{-x}$이므로 y축에 대하여 대칭인 그래프이다.

$y=3^x+1$는 $y=3^x$을 y축 방향으로 1만큼 평행이동한 그래프이다. ■

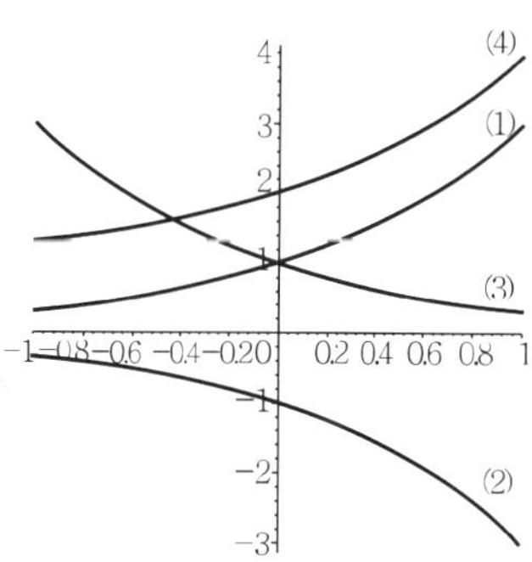

예제 8.2.2 다음 함수의 치역을 구하여라.

(1) $y=\left(\dfrac{1}{3}\right)^x$　　(2) $y=-2^x$

풀이

(1) $y=\left(\dfrac{1}{3}\right)^x$의 그래프는 오른쪽 그림과 같고,

그 치역은 $\{y \mid y>0\}$이다.

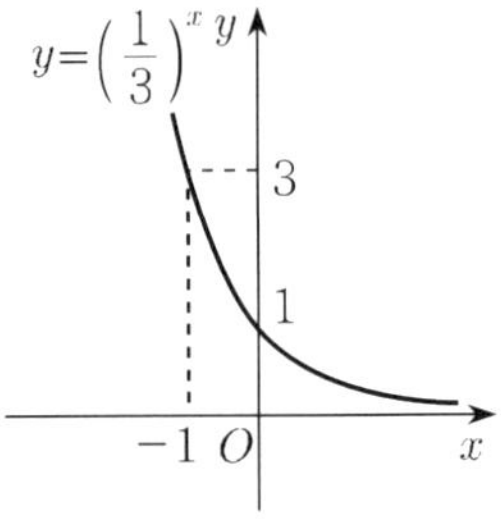

(2) $y=-2^x$의 그래프는 오른쪽 그림과 같고,

그 치역은 $\{y \mid y<0\}$이다.

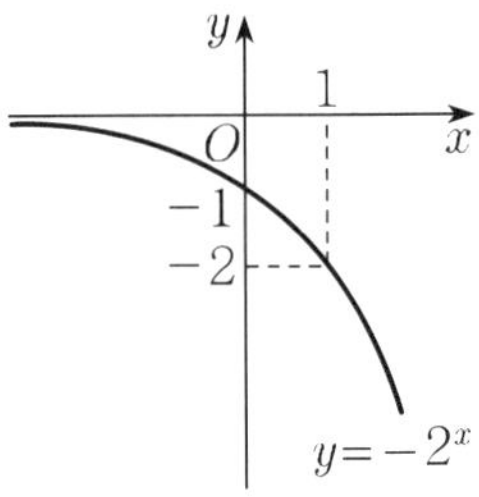

■

지수함수 $y=a^x$ $(a>0, a\neq 0)$의 역함수 $y=\log_a x\,(a>0, a\neq 0)$는 a를 밑으로 하는 **로그함수**이다.

로그함수 $y=\log_a x\,(a>0, a\neq 0)$의 그래프는 다음과 같다.

(1) 정의역 : $\{x \mid x$는 $x>0$인 실수$\}$, 치역 : $\{y \mid y$는 모든 실수$\}$

(2) 점 $(1, 0)$, $(a, 1)$을 지나고, $x=0$ (y축)을 점근선으로 한다.

(3) $a>1$일 때, x의 값이 증가하면 y의 값도 증가한다. (증가함수)

$0<a<1$일 때, x의 값이 증가하면 y의 값은 감소한다. (감소함수)

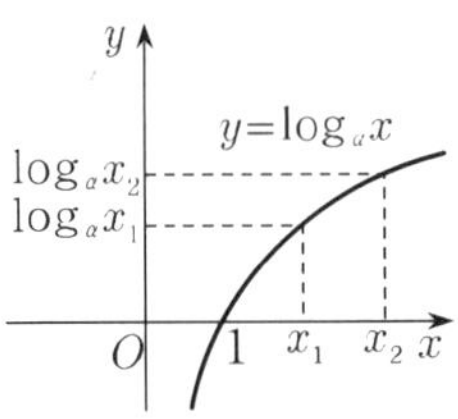

[$a>1$일 때]

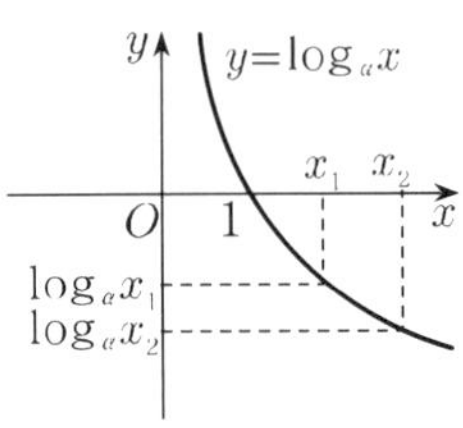

[$0<a<1$일 때]

로그함수 $y=\log_a x\,(a>0,\ a\neq 1)$의 그래프의 평행이동, 대칭이동은 다음과 같이 정리할 수 있다.

x축에 방향으로 m만큼, y축의 방향으로 n만큼 평행이동	$y=\log_\alpha x$ ⇨ $y-n=\log_\alpha(x-m)$ ∴ $y=\log_\alpha(x-m)+m$
x축에 대하여 대칭이동	$y=\log_\alpha x$ ⇨ $-y=\log_\alpha x$ ∴ $y=\log_\alpha x$
x축에 대하여 대칭이동	$y=\log_\alpha x$ ⇨ $y=\log_\alpha(-x)$ ∴ $y=\log_\alpha(-x)$
원점에 대하여 대칭이동	$y=\log_\alpha x$ ⇨ $-y=\log_\alpha(-x)$ ∴ $y=-\log_\alpha(-x)$
직선 $y=x$에 대하여 대칭이동	$y=\log_\alpha x$ ⇨ $x=\log_\alpha x$ ∴ $y=a^x$

예제 8.2.3 함수 $y=\log_2 x$의 그래프를 이용하여 다음 함수의 그래프를 그리고 정의역을 구하여라.

(1) $y=\log_2 2x$　　(2) $y=\log_2(x-3)$

(3) $y=-\log_2 x$　　(4) $y=\log_{\frac{1}{2}}(-x)$

풀이 (1) $y=\log_2 2x=\log_2 2+\log_2 x$

$=\log_2 x+1$

에서 함수 $y=\log_2 2x$의 그래프는 함수 $y=\log_2 x$의 그래프를 y축의 방향으로 1만큼 평행이동한 것이므로 오른쪽 그림과 같다.

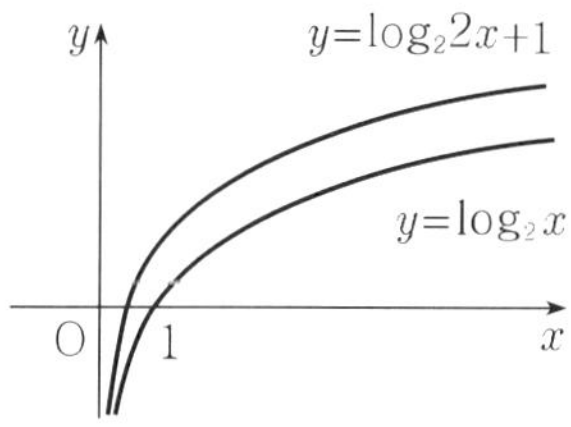

정의역은 $\{x \mid x$는 $x>0$인 실수$\}$

(2) 함수 $y=\log_2(x-3)$의 그래프는 함수 $y=\log_2 x$의 그래프를 x축의 방향으로 3만큼 평행이동 것이므로 오른쪽 그림과 같다.

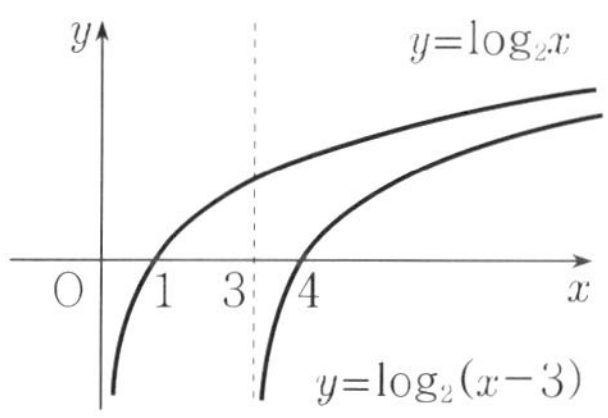

정의역은 $\{x \mid x는\ x > 3인\ 실수\}$

(3) 함수 $y = -\log_2 x$의 그래프는 함수 $y = \log_2 x$의 그래프를 x축에 대하여 대칭이동한 것이므로 오른쪽 그림과 같다.

정의역은 $\{x \mid x는\ x > 0인\ 실수\}$

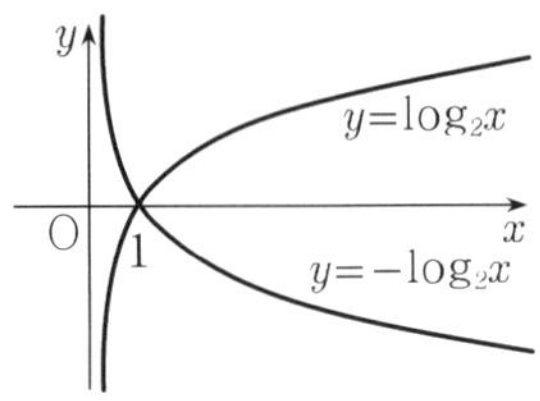

(4) $y = \log_{\frac{1}{2}}(-x)$

$= \log_{2^{-1}}(-x)$

$= -\log_2(-x)$

에서 함수 $y = \log_2 x$의 그래프를 원점에 대하여 대칭이동한 것이므로 오른쪽 그림과 같다.

정의역은 $\{x \mid x는\ x < 0인\ 실수\}$

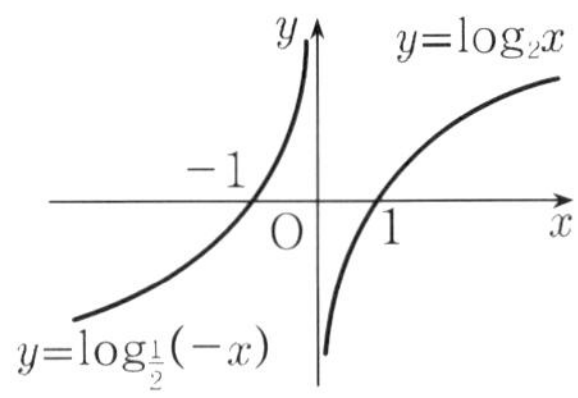

■

예제 8.2.4 다음 함수의 최댓값과 최솟값을 구하여라.

(1) $y = \log_2 x\ (2 \le x \le 8)$　　(2) $y = \log_{\frac{1}{4}} x\ (4 \le x \le 16)$

풀이

(1) $y = \log_2 x$는 밑 2가 $2 > 1$이므로

$x = 2$일 때 최소이고, 최솟값은 $\log_2 2 = \log_2 2 = 1$이다.

$x = 8$일 때 최대이고, 최댓값은 $\log_2 8 = \log_2 2^3 = 3$이다.

(2) $y = \log_{\frac{1}{4}} x$는 밑 $\frac{1}{4}$이 $0 < \frac{1}{4} < 1$이므로

$x = 4$일 때 최대이고, 최댓값은 $\log_{\frac{1}{4}} 4 = \log_{4^{-1}} 4 = -1$이다.

$x = 16$일 때 최소이고, 최솟값은 $\log_{\frac{1}{4}} 16 = \log_{4^{-1}} 4^2 = -2$이다. ■

로그함수와 지수함수와의 관계는 다음과 같다.

지수함수 $y = a^x\ (a > 0,\ a \ne 1)$은 실수 전체의 집합에서 양의 실수 전체의 집합으로 로그의 정의에 의하여 $y = a^x$에서 $x = \log_a y$이고, x와 y를 서로 바꾸면

$$y = \log_a x\ (a > 0,\ a \ne 1)$$

따라서 지수함수 $y = a^x$의 역함수는 $y = \log_a x$이다.

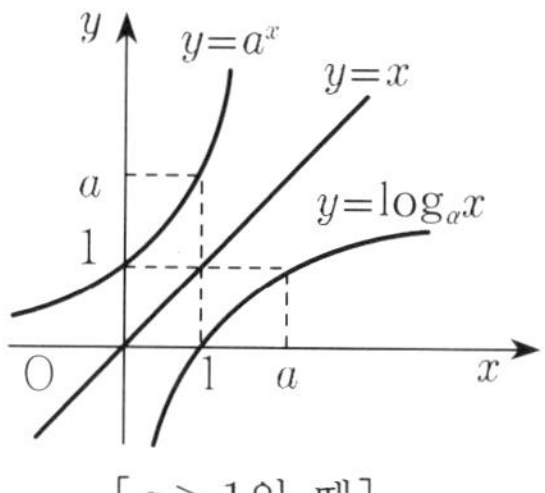

[$a>1$일 때]

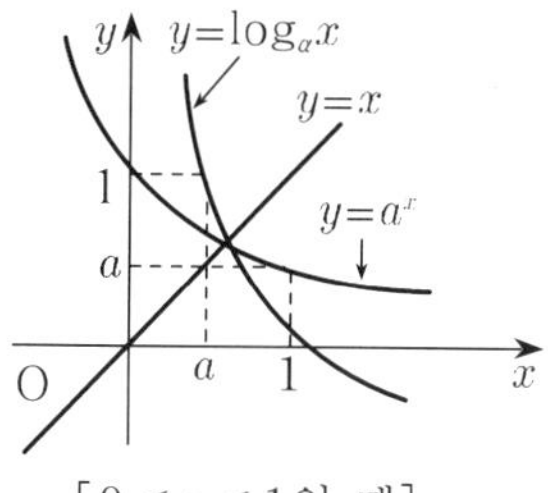

[$0<a<1$일 때]

지수 • 로그방정식과 부등식

지수에 미지수를 포함하고 있는 방정식을 **지수방정식**이라고 한다.

지수방정식의 풀이는 다음을 이용하면 된다.

(1) 밑을 같게 할 수 있을 때는 지수를 비교하거나 밑을 1로 만드는 값을 찾는다. 즉,

$a^{f(x)} = a^{g(x)} \Rightarrow f(x) = g(x)$ 또는 $a=1$

(2) 밑을 같게 할 수 없을 때는 양변에 상용로그를 취하여 푼다. 즉,

$a^{f(x)} = b^{g(x)} \Rightarrow f(x) \cdot \log a = g(x) \cdot \log b$ (단, $a>0$, $b>0$)

(3) 지수가 같을 때는 밑을 비교하거나 지수를 0으로 만드는 값을 찾는다. 즉,

$a^{f(x)} = b^{f(x)} \Rightarrow a=b$ 또는 $f(x)=0$

반복되는 것은 치환하여 방정식을 간단하게 만든다. 이때 치환된 문자의 범위에 주의한다.

예제 8.2.5 다음 지수방정식을 풀어라.

(1) $3^x = \dfrac{1}{27}$　(2) $8^x = 32$　(3) $\left(\dfrac{1}{9}\right)^x = 27$　(4) $9^x = \dfrac{1}{3\sqrt{3}}$

풀이

(1) $3^x = \dfrac{1}{27}$에서 $3^x = 3^{-3}$이다. 따라서 $x=-3$이다.

(2) $8^x = 32$에서 $2^{3x} = 2^5$, $3x=5$이다. 따라서 $x=\dfrac{5}{3}$

(3) $\left(\dfrac{1}{9}\right)^x = 27$에서 $3^{-2x} = 3^3$, $-2x=3$이다. 따라서 $x=-\dfrac{3}{2}$

(4) $9^x = \dfrac{1}{3\sqrt{3}}$에서 $3^{2x} = 3^{-\frac{3}{2}}$, $2x=-\dfrac{3}{2}$이다. $x=-\dfrac{3}{4}$ ■

예제 8.2.6 다음 지수방정식을 풀어라.

(1) $2^{2x}+2^x-6=0$　　(2) $9^x+3\cdot3^x-18=0$

(3) $2^{2x}-3\cdot2^x-4=0$　　(4) $4^{-x}-7\times2^{-x}-8=0$

풀이

(1) $2^x=t$로 놓으면 주어진 방정식은 $t^2+t-6=0$, $(t-2)(t+3)=0$

$\therefore\ t=2$ 또는 $t=-3$

그런데 $t>0$이므로 $t=2$

따라서 $2^x=2$이므로 $x=1$이다.

(2) $9^x=(3^x)^2$이므로 $3^x=t$로 놓으면 주어진 방정식은 $t^2+3t-18=0$

$(t+6)(t-3)=0$　$\therefore\ t=-6$ 또는 $t=3$

그런데 $6>0$이므로 $t=3$이다.

따라서 $3^x=3$이므로 $x=1$이다.

(3) $2^x=t$로 놓으면 주어진 방정식은

$t^2-3t-4=0$,　$(t+1)(t-4)=0$이다.

$\therefore\ t=-1$ 또는 $t=4$

그런데 $t>0$이므로 $t=4$

따라서 $2^x=4$이므로 $2^x=2^2$이면

$\therefore\ x=2$이다.

(4) $2^{-x}=t$로 놓으면 주어진 방정식은

$t^2-7t-8=0$, $(t+1)(t-8)=0$

$\therefore\ t=-1$ 또는 $t=8$

그런데 $t>0$이므로 $t=8$이다.

따라서 $2^{-x}=2^3$이므로 $x=-3$이다. ■

한편, 지수에 미지수를 포함하고 있는 부등식을 **지수부등식**이라고 한다.

지수부등식의 풀이는 다음을 이용한다.

(1) 밑을 같게 할 수 있을 때는 지수를 비교한다.

① $a>1$인 경우 : $a^{f(x)}>a^{g(x)} \Rightarrow f(x)>g(x)$

② $0<a<1$인 경우 : $a^{f(x)}>a^{g(x)} \Rightarrow f(x)<g(x)$

(2) 밑을 같게 할 수 없을 때는 양변에 로그를 취하여 푼다.

반복되는 것은 치환하여 부등식을 간단하게 만든다. 이때 치환된 문자의 범위를 정해야 한다.

예제 8.2.7 다음 지수부등식을 풀어라.

(1) $3^x > 9$ (2) $\frac{1}{4^x} < \frac{1}{8}$ (3) $5^{x+2} \le \sqrt{625}$ (4) $\left(\frac{1}{8}\right)^x \ge 0.125$

풀이

(1) $3^x > 9$에서 $3^x > 3^2$ 따라서 $x > 2$이다.

(2) $\frac{1}{4^x} < \frac{1}{8}$에서 $\left(\frac{1}{2}\right)^{2x} < \left(\frac{1}{2}\right)^3$

밑 $\frac{1}{2}$이 $0 < \frac{1}{2} < 1$이므로 $2x > 3$이다. 따라서 $\therefore\ x > \frac{3}{2}$

(3) $5^{x+2} \le \sqrt{625}$에서 $5^{x+2} \le 5^2$

밑 5가 $5 > 1$이므로 $x + 2 \le 2$이다. 따라서 $x \le 0$

(4) $\left(\frac{1}{8}\right)^x \ge 0.125$에서 $\left(\frac{1}{2}\right)^{3x} \ge \left(\frac{1}{2}\right)^3$

밑 $\frac{1}{2}$이 $0 < \frac{1}{2} < 1$이므로 $3x \le 3$이다. 따라서 $x \le 1$ ■

예제 8.2.8 다음 지수부등식을 풀어라.

(1) $4^x - 3 \cdot 2^x + 2 < 0$ (2) $9^x - 2 \cdot 3^x - 3 < 0$

(3) $\left(\frac{1}{25}\right)^x - 3\left(\frac{1}{5}\right)^x - 10 \le 0$ (4) $\left(\frac{1}{4}\right)^x - 2\left(\frac{1}{2}\right)^x - 8 \ge 0$

풀이

a^x의 꼴이 반복되는 지수부등식은 $a^x = t$로 치환하여 t에 대한 부등식을 푼다. 이때 임의의 실수 x에 대하여 $a^x > 0$이므로 $t > 0$임에 주의한다.

(1) 먼저 $2^x = t$로 치환하여 t에 대한 부등식을 푼다.

$4^x = (2^x)^2$이므로 $2^x = t\,(t > 0)$로 놓으면 주어진 부등식은

$t^2 - 3t + 2 < 0,\quad (t-1)(t-2) < 0$이므로

따라서 $1 < t < 2$를 얻는다.

따라서 $1 < 2^x < 2$이므로 $2^0 < 2^x < 2^1$이다.

밑 2가 $2 > 1$이므로 $0 < x < 1$이다.

(2) $3^x = t$로 놓으면 주어진 부등식은

$t^2 - 2t - 3 < 0$, $(t+1)(t-3) < 0$이다.

따라서 $-1 < t < 3$

그런데 $t > 0$이므로 $0 < t < 3$를 얻는다.

따라서 $0 < 3^x < 3$이므로 $0 < 3^x < 3^1$이므로

밑 3이 $3 > 1$이므로 $x < 1$를 얻는다.

(3) $\left(\frac{1}{5}\right)^x = t$로 놓으면 주어진 부등식은

$t^2 - 3t - 10 \le 0$, $(t+2)(t-5) \le 0$이다.

따라서 $-2 \le t \le 5$

그런데 $t > 0$이므로 $0 < t \le 5$이다.

따라서 $0 < \left(\frac{1}{5}\right)^x \le 5$이므로 $0 < \left(\frac{1}{5}\right)^x < \left(\frac{1}{5}\right)^{-1}$이므로

밑 $\frac{1}{5}$이 $0 < \frac{1}{5} < 1$이므로 $x \ge -1$이다.

(4) $\left(\frac{1}{4}\right)^x = \left\{\left(\frac{1}{2}\right)^x\right\}^2$이므로 $\left(\frac{1}{2}\right)^x = t$로 놓으면 주어진 부등식은

$t^2 - 2t - 8 \ge 0$, $(t+2)(t-4) \ge 0$이므로

$\therefore$ $t \le -2$ 또는 $t \ge 4$이다.

그런데 $t > 0$이므로 $t \ge 4$

따라서 $\left(\frac{1}{2}\right)^x \ge 4$이므로 $\left(\frac{1}{2}\right)^x \ge \left(\frac{1}{2}\right)^{-2}$이므로

밑 $\frac{1}{2}$이 $0 < \frac{1}{2} < 1$이므로 $x \le -2$이다. ■

진수 또는 밑에 미지수를 포함하고 있는 방정식을 **로그방정식**이라고 한다. 먼저 로그방정식을 풀 때, 밑과 진수의 조건을 반드시 확인해야 한다.

$y = \log_{g(x)} f(x)$에서

(1) 밑의 조건 : $g(x) > 0$, $g(x) \neq 1$

(2) 진수의 조건 : $f(x) > 0$

로그방정식의 풀이는 다음을 이용한다.

(1) $\log_a f(x) = b \Rightarrow f(x) = a^b$(단, $f(x) > 0$)

(2) 밑이 같을 때는 진수를 비교한다.

$\log_a f(x) = \log_a g(x) \Rightarrow f(x) = g(x)$(단 $f(x) > 0, g(x) > 0$)

(3) 진수가 같을 때는 밑을 비교하거나 진수를 1로 만드는 값을 찾는다.

$\log_a f(x) = \log_b f(x) \Rightarrow a = b$ 또는 $f(x) = 1$

(4) $\log_a f(x)$의 꼴이 반복하여 나타날 때는 $\log_a f(x) = t$로 치환하여 t에 대한 방정식을 푼다.

(5) 지수에 로그가 있을 때는 양변에 로그를 취하여 푼다.

예제 8.2.9 다음 로그방정식을 풀어라.

(1) $\log_{16} x = \dfrac{1}{2}$ (2) $\log_2(2x-3) = 2$

(3) $\log_{\sqrt{5}}(x+5) = 2$ (4) $\log_x 8 = 3$

풀이

(1) $\log_8 x = \dfrac{1}{2}$에서 $x = 16^{\frac{1}{2}} = (4^2)^{\frac{1}{2}} = 4$이다.

진수의 조건에서 $x > 0$이므로 $x = 4$이다.

(2) 진수의 조건에서 $2x-3 > 0$, $2x > 3$이므로

$x > \dfrac{3}{2}$를 얻는다.

$\log_2(2x-3) = 2$에서 $2x-3 = 4$이므로

$2x = 7$이다.

따라서 $x = \dfrac{7}{2}$이다.

진수의 조건에서 $x > \dfrac{3}{2}$이므로 $x = \dfrac{7}{2}$이다.

(3) 진수의 조건에서 $x+5 > 0$,

$\therefore\ x > -5$

$\log_{\sqrt{5}}(x+5) = 2$에서 $x+5 = (\sqrt{5})^2$

$x+5 = 5$이므로 $x = 0$이다.

따라서 $x > -5$이므로 $x = 0$이다.

(4) 밑의 조건에서 $x > 0$, $x \neq 1$이므로

$\therefore\ 0 < x < 1$ 또는 $x > 1$이다.

$\log_x 8 = 3$에서 $x^3 = 8$이므로

$\therefore\ x = (8)^{\frac{1}{3}} = (2^3)^{\frac{1}{3}} = 2$를 얻는다.

따라서 $0 < x < 1$ 또는 $x > 1$이므로 $x = 2$이다. ■

예제 8.2.10 다음 로그방정식을 풀어라.

(1) $\log_3(2x-1) = \log_3(x+4)$ (2) $\log_{\frac{1}{5}}(x+6) = \log_{\frac{1}{5}}(8-x)$

(3) $2\log_7(3x+1) = \log_7(18x-3)$ (4) $\log_{\frac{1}{3}}(3-5x) = -\log_3(2x+10)$

풀이 (1) 진수의 조건에서 $2x-1>0$, $x+4>0$이므로

$x > \frac{1}{2}$이다.

$\log_2(2x-1) = \log_2(x+4)$에서

$2x-1 = x+4$이므로 $x=5$이다.

따라서 $x > \frac{1}{2}$이므로 $x = 5$이다.

(2) 진수의 조건에서 $x+6>0$, $8-x>0$이므로

$-6 < x < 8$이다.

$\log_{\frac{1}{5}}(x+6) = \log_{\frac{1}{5}}(8-x)$에서

$x+6 = 8-x$, $2x = 2$이므로 $x = 1$이다.

따라서 $-6 < x < 8$이므로 $x = 1$이다.

(3) 진수의 조건에서 $3x+1>0$, $18x-3>0$이므로

$x > \frac{1}{6}$이다.

$2\log_7(3x+1) = \log_7(18x-3)$에서

$\log_5(3x+1)^2 = \log_5(18x-3)$이다.

따라서 $(3x+1)^2 = 18x-3$이므로

$9x^2+6x+1 = 18x-3$이고

$9x^2-12x+4=0$, $(3x-2)^2=0$이므로

$x = \frac{2}{3}$이다.

$x > \frac{1}{6}$이므로 $x = \frac{2}{3}$이므로

(4) 진수의 조건에서 $3-5x>0$, $2x+10>0$이므로

$$-5<x<\frac{3}{5}\text{이다.}$$

$\log_{\frac{1}{3}}(3-5x)=-\log_3(2x+10)$에서

$$\log_{\frac{1}{3}}(3-5x)=\log_{\frac{1}{3}}(2x+10)$$

따라서 $3-5x=2x+10$이므로 $7x=-7$, $x=-1$이다.

따라서 $-5<x<\frac{3}{5}$이므로 $x=-1$이다. ■

진수 또는 밑에 미지수를 포함하고 있는 부등식을 **로그부등식**이라고 한다.
로그부등식의 풀이는 다음을 이용된다.

(1) 밑이 같을 때는 진수를 비교한다.

① $a>1$인 경우 : $\log_a f(x)>\log_a g(x) \Rightarrow f(x)>g(x)>0$

② $0<a<1$일 때 : $\log_a f(x)>\log_a g(x) \Rightarrow 0<f(x)<g(x)$

(2) 밑이 다를 때는 밑의 변환 공식을 이용하여 밑을 같게 하여 푼다.

(3) $\log_a f(x)$의 꼴이 반복하여 나타날 때에는 $\log_a f(x)=t$로 치환하여 t에 대한 부등식을 푼다.

(4) 지수에 로그가 있을 때는 양변에 로그를 취하여 푼다.

예제 8.2.11 다음 로그부등식을 풀어라.

(1) $\log_5(3x+1)<\log_5 2$ (2) $\log_3(5x-3)>\log_3(9-x)$

(3) $\log_{\frac{1}{4}}(2x-1)<\log_{\frac{1}{4}}(x+4)$ (4) $2\log_3(x-1)\le\log_3(13-6x)$

풀이

(1) 진수의 조건에서 $3x+1>0$이므로 $x>-\frac{1}{3}$이다.

밑 5가 $5>1$이므로 $3x+1<2$, $3x<1$ $\therefore x<\frac{1}{3}$이므로

따라서 공통 범위를 구하면 $-\frac{1}{3}<x<\frac{1}{3}$이다.

(2) 진수의 조건에서 $5x-3>0$, $9-x>0$이므로 $\frac{3}{5}<x<9$이다.

밑 3이 $3>1$이므로 $5x-3>9-x$

$6x > 12 \quad \therefore\ x > 2$이므로

따라서 공통 범위를 구하면 $2 < x < 9$이다.

(3) 진수의 조건에서 $2x-1>0$, $x+4>0$이므로

$x > \frac{1}{2}$, $x > -4$이므로 $x > \frac{1}{2}$이다.

밑 $\frac{1}{4}$이 $0 < \frac{1}{4} < 1$이므로 $2x-1 > x+4$에서 $x>5$를 얻는다.

따라서 공통 범위를 구하면 $x>5$이다.

(4) 진수의 조건에서 $x-1>0$, $13-6x>0$이므로

$1 < x < \frac{13}{6}$이다. ⋯ (ㄱ)

주어진 부등식을 변형하면 $\log(x-1)^2 \le \log(13-6x)$

밑 3이 $3>1$이므로 $(x-1)^2 \le 13-6x$,

$x^2-2x+1 \le 13-6x$, $x^2+4x-12 \le 0$, $(x+6)(x-2) \le 0$이므로

$-6 \le x \le 2$이다. ⋯ (ㄴ)

따라서 (ㄱ), (ㄴ)의 공통 범위를 구하면 $1 < x \le 2$이다. ■

예제 8.2.12 다음 부등식을 풀어라.

(1) $\log_2(x+1) > \log_4(x^2+3)$ (2) $\log_2(12-2x) \ge -\log_{\frac{1}{2}}(x-3)$

(3) $(\log x)^2 < \log x^2$ (4) $x^{\log x} > x$

풀이 (1) 진수의 조건에서 $x+1>0$, $x^2+3>0$이므로

$x > -1$이다. ⋯ (ㄱ)

양변의 밑을 2으로 변형하면

$\log_2(x+1) > \log_{2^2}(x^2+3)$

$\log_2(x+1) > \frac{1}{2}\log_2(x^2+3)$

$\log_2(x+1)^2 > \log_2(x^2+3)$이다.

밑 2가 $2>1$이므로 $(x+1)^2 > x^2+3$, $x^2+2x+1 > x^2+3$

$2x > 2$이므로 $\therefore\ x > 1$이다. ⋯ (ㄴ)

(ㄱ), (ㄴ)의 공통 범위를 구하면 $x>1$

(2) 진수의 조건에서 $12-2x>0$, $x-3>0$이므로

$3<x<6$이다. … (ㄱ)

양변의 밑을 3으로 변형하면

$\log_2(12-2x)\ge -\log_{2^{-1}}(x-3)$

$\log_2(12-2x)\ge \log_2(x-3)$

밑 2이 $2>1$이므로 $12-2x\ge x-3$이다.

$3x\le 15$이므로 $x\le 5$이다.… (ㄴ)

(ㄱ), (ㄴ)의 공통 범위를 구하면 $3<x\le 5$이다.

(3) 진수의 조건에서 $x>0$ … (ㄱ)

$(\log x)^2<\log x^2$에서 $(\log x)^2<2\log x$

$\therefore\ (\log x)^2-2\log x<0$이므로

$\log x=t$로 놓으면 $t^2-2t<0$이므로

$t(t-2)<0$이다. 이것을 풀면 $0<t<2$이다.

따라서 $0<\log x<2$이므로 $\log 10^0<\log x<\log 10^2$이다.

밑 10이 $10>1$이므로 $1<x<100$를 얻는다. … (ㄴ)

따라서 (ㄱ), (ㄴ)의 공통 범위를 구하면 $1<x<100$이다.

(4) 진수의 조건에서 $x>0$이고 … (ㄱ)

양변에 밑이 10인 로그를 취하면 $\log x^{\log x}>\log x$, $(\log x)^2>\log x$이므로

$(\log x)^2-\log x>0$를 얻는다.

$\log x=t$로 놓으면 $t^2-t>0$이므로

$t(t-1)>0$이다. 이 식을 풀면 $t<0$ 또는 $t>1$이다.

따라서 $\log x<0$ 또는 $\log x>1$이므로

$\log x<\log 10^0$ 또는 $\log x>\log 10$를 얻는다.

밑 10이 $10>1$이므로 $x<1$ 또는 $x>10$이다. … (ㄴ)

(ㄱ), (ㄴ)의 공통 범위를 구하면 $0<x<1$ 또는 $x>10$이다. ■

연습문제 2. | 지수 및 로그함수

1. $y=e^x$를 이용하여 다음 그래프를 그려라.

(1) $y=e^{-x}$　　(2) $y=e^{x+2}$　　(3) $y=e^{x-1}+1$

2. 다음 방정식을 풀어라.

(1) $3^{1-2x}=\dfrac{1}{3}$　　(2) $2^{x^2}=4^x$　　(3) $8^x-2^x=0$

3. 다음 함수의 정의역을 구하여라.

(1) $y=\ln(4-x)$　　(2) $y=\log_3 x^2$　　(3) $y=\dfrac{1}{\ln x}$

4. 다음 방정식을 풀어라.

(1) $\dfrac{1}{2}\log_3 x=2$　　(2) $\log_{10}x+\log_{10}(x+15)=2$

(3) $\log_3(x-1)^2=2$

5. $y=\log_a x$이면 $f(cd)=f(c)+f(d)$임을 증명하여라.

6. 다음 함수의 그래프를 그려라.

(1) $y=\log_3 x$　　(2) $y=\log_3(-x)$　　(3) $y=\log_3\dfrac{1}{x}$　　(4) $y=\log_3(x-1)$

09 장

수열과 급수

1. 등차수열과 일반항

어떤 일정한 규칙에 따라 차례로 나열된 수

$$a_1, a_2, a_3, a_4, \ldots, a_n \ldots$$

의 열을 **수열**이라고 한다. 자연수 전체의 집합 $\mathbb{N}$에서 실수 전체의 집합 $\mathbb{R}$로의 함수

$$f : \mathbb{N} \to \mathbb{R}, \quad f(n) = a_n$$

로 수열을 나타낼 수 있으며 이때 $f(1), f(2), \ldots, f(n), \ldots$ 이 수열 $a_1, a_2, \ldots, a_n \ldots$이 되며, 간단히

$$\{f(n)\} \text{ 또는 } \{a_n\}$$

으로 나타내기도 한다. 수열 $a_1, a_2, \ldots, a_n \ldots$의 수를 처음부터 각각 제1항, 제2항, ⋯ 제n항, ⋯ 이라고 하며, 특히 n번째 항 a_n을 **일반항**이라고 한다. 항의 개수가 유한인 수열을 **유한수열**, 항의 개수가 무한인 수열을 **무한수열**이라고 한다.

수열에는 여러 종류가 있지만 대표적인 것으로서 등차수열과 등비수열이 있다.

등차수열(Arithmetic Progression)

등차수열이란 일정한 수를 더하여 만든 수열을 말하며, 그 일정한 수를 **공차**라고 한다.

예 수열 $1, 3, 5, 7, \cdots$은 등차수열이다.

정리 9.1.1

제1항이 a이고 공차가 d인 등차수열의 제 n항 a_n은 $a_n = a + (n-1)d$이다.

증명 각 항의 모양은

(첫째항)	(둘째항)	(셋째항)	(넷째항)		(제 n 항)	
a_1	a_2	a_3	a_4	……	a_n	……
↓	↓	↓	↓		↓	
a	$a+d$	$a+2d$	$a+3d$	……	$a+(n-1)d$	……

이 되므로

$$a_n = a + (n-1)d$$

가 성립한다. ■

이때 공차는 $d = a_n - a_{n-1}$이다.

등차수열의 특별한 종류로서 조화수열이 있다.

조화수열

어떤 수열 $a_1, a_2, \cdots, a_n \cdots$에서 각 항의 역수열

$$\frac{1}{a_1}, \frac{1}{a_2}, \cdots, \frac{1}{a_n}, \ldots$$

이 등차수열이 될 때, 주어진 수열 $a_1, a_2, \cdots, a_n \cdots$을 **조화수열**이라고 한다.

그러므로 조화수열의 일반항은 등차수열의 일반항의 역수이다. 즉,

$$\frac{1}{a_n} = \frac{1}{a_1 + (n-1)d}$$

에서 a_n을 구한다. 또한 이때 공차는 $d = \frac{1}{a_2} - \frac{1}{a_1}$이다.

정리 9.1.2

> 세 수 a, b, c가 조화수열을 이루면 관계식 $b = \frac{2ac}{a+c}$이 성립한다.

연습문제 1. 등차수열과 일반항

1. 등차수열 $2,\ a_1,\ a_2,\ a_3,\ \cdots, a_{100},\ 406$에서 공차를 구하여라.

2. 등차수열 $4,\ x_1,\ x_2,\ \cdots,\ x_n,\ 44$의 공차가 2일 때, n의 값을 구하여라.

3. 다음 수열의 일반항 a_n을 구하여라.

(1) $1,\ 3,\ 5,\ 7,\ 9,\ \cdots$

(2) $1,\ -1,\ 1, -1,\ 1,\ \cdots$

(3) $\frac{1}{2},\ \frac{1}{3},\ \frac{1}{4},\ \frac{1}{5},\ \frac{1}{6},\ \cdots$

2. 등차수열의 합

정리 9.2.1

제1항이 a, 공차가 d이며 제n항이 l인 등차수열에서 첫째항부터 제n항까지의 합을 S_n이라고 하자. 그러면

(1) 첫째항 a와 공차 d를 사용하면, $S_n = \frac{n}{2}\left\{2a+(n-1)d\right\}$이다.

(2) 첫째항 a와 끝항 l을 사용하면, $S_n = \frac{n(a+l)}{2}$이다.

증명 첫째항 a, 공차 d, 제n항 l인 등차수열에서 S_n은 다음과 같이 두 가지 방법으로 나타낼 수 있다.

$$S_n = a+(a+d)+(a+2d)+\cdots+(l-d)+l$$

$$S_n = l+(l-d)+(l-2d)+\cdots+(a+d)+a$$

위 식과 아래 식을 서로 더하면

$$\begin{aligned} 2S_n &= (a+l)+(a+l)+(a+l)+\cdots+(a+l)+(a+l) \\ &= n\times(a+l) \end{aligned}$$

이다. 그러므로

$$S_n = \frac{n(a+l)}{2}$$

이다. 여기서, l은 제n항이므로 $l=a+(n-1)d$이다. 이것을 위의 관계식에 대입하면

$$S_n = \frac{n}{2}\left\{2a+(n-1)d\right\}$$

이다. ■

예제 9.2.1 제3항이 6, 제10항이 -15인 등차수열의 일반항 a_n을 구하여라.

풀이 $a_3=6$, $a_{10}=-15$이므로, 다음의 두 관계식을 얻는다.

$$a_1+2d=6=a_3,\quad a_1+9d=-15=a_{10}$$

그러므로 두 식을 연립하면

$$a_1=12,\quad d=-3$$

가 된다. 따라서

$$a_n = 12 + (n-1)(-3) = -3n + 15$$

이다. 그러므로 $a_n = -3n + 15$가 된다. ■

예제 9.2.2 등차수열 $\{a_n\}$의 제시항까지의 합 $S_n = n^2 + 5n$일 때 $\{a_n\}$의 일반항을 구하여라.

풀이 $n \geq 2$ 일 때,

$$a_n = S_n - S_{n-1}$$
$$= n^2 + 5n - \{(n-1)^2 + 5(n-1)\} = 2n + 4$$

한편 $n = 1$일 때, $a_1 = S_1 = 6$이다.

따라서 $\{a_n\}$의 일반항 a_n은 $2n + 4$이다. ■

연습문제 2. 등차수열의 합

1. 등차수열 $\{a_n\}$에서 $a_3 = 8$, $a_6 = 20$일 때, 첫째항부터 제20항까지의 합을 구하여라.

2. 첫째항이 50, 공차가 -4인 등차수열은 첫째항부터 제 몇 항까지의 합이 처음으로 음수가 되는지 구하여라.

3. 다음 함수로 정의된 수열의 첫째항부터 제4항까지 구하여라.

   (1) $f(n) = -2n + 1$　　　(2) $f(n) = 2^{1-n}$

3. 등비수열

등비수열(Geometric Progression)

등비수열이란 일정한 수를 곱하여 만들어진 수열을 말하고, 그 일정한 수를 **공비**라고 한다. 첫째항을 a, 공비를 r라고 하면 다음을 알 수 있다.

수열의 형태 : $a,\ ar,\ ar^2,\ \cdots,\ ar^{n-1},\ \cdots$

n번째 일반항 : $a_n = ar^{n-1}$

공비 : $r = \dfrac{a_{n+1}}{a_n}$

정리 9.3.1

세 수 a, b, c가 이 순서대로 등비수열을 이룬다면 관계식 $b^2 = ac$가 성립한다.

증명 어떤 공비 r에 의하여 $b = ar$, $c = ar^2$이다. 그러므로

$$b^2 = a^2 r^2 = a^2 \frac{c}{a} = ac$$

이다. ■

예제 9.3.1 제4항이 24이며 제8항이 384인 등비수열의 일반항을 구하여라.

풀이 첫째항을 a, 공비를 r이라고 하면 제4항, 제8항은 각각 $a_4 = ar^3$과 $a_8 = ar^7$이 된다. 따라서

$$\begin{cases} ar^3 = 24 \\ ar^7 = 384 \end{cases}$$

가 된다. 그러므로 두 식을 나누면

$r^4 = 16$, 즉 $r = \pm 2$

를 얻게 된다.

$r = 2$이면 $a = 3$, 즉 $a_n = 3 \cdot 2^{n-1}$이 된다.

$r = -2$이면 $a = -3$, 즉 $a_n = -3 \cdot (-2)^{n-1}$이 된다. ■

정리 9.3.2

첫째항이 a, 공비가 r 인 등비수열에서 첫째항에서 제n항까지의 합을 S_n이라 하면 다음의 관계가 성립한다.

(1) $r \neq 1$이면 $S_n = \dfrac{a(1-r^n)}{1-r}$이다.

(2) $r = 1$이면 $S_n = na$ 이다.

증명 첫째항에서 제n항까지의 합 S_n은

$$S_n = a + ar + ar^2 + ar^3 + \ldots + ar^{n-1}$$

이다. 이 식이 양변에 r를 곱하면

$$rS_n = ar + ar^2 + ar^3 + \ldots + ar^{n-1} + ar^n$$

이 된다. 위 식에서 아래 식을 빼면

$$(1-r)S_n = a - ar^n = a(1-r^n)$$

이다. $r \neq 1$이면,

$$S_n = \frac{a(1-r^n)}{1-r}$$

이 된다. 한편 $r = 1$이면

$$S_n = a + a + a + \cdots + a = na$$

이다. ■

등차, 등비, 조화수열의 중간항에 대하여 다음과 같이 정리할 수 있다.

수열과 평균

(1) 세 수 a, x, b가 이 순서로 등차수열을 이루면 $x = \dfrac{a+b}{2}$이고, 이것은 a와 b의 **산술평균**을 의미한다.

(2) 세 수 a, x, b가 이 순서로 등비수열을 이루면 $x = \pm\sqrt{ab}$ 이고, 이것은 a와 b의 **기하평균**을 의미한다.

(3) 세 수 a, x, b가 이 순서로 조화수열을 이루면 $x = \dfrac{2ab}{a+b}$이고, 이것은 a와 b의 **조화평균**이다.

세 종류의 평균은 다음의 크기를 갖는다.

$$\frac{a+b}{2} \geq \sqrt{ab} \geq \frac{2ab}{a+b}$$

연습문제 3. 등비수열

1. $1+2+3+\cdots+200$을 구하여라.

2. 제7항이 4, 제10항이 -8인 등차수열에서 첫째항부터 제n항까지의 합을 S_n이라 할 때, S_n의 최댓값을 구하여라.

3. $\{a_n\}$은 등차수열이고, $a_3+a_6+a_9=9$, $a_6+a_7+a_8+\cdots+a_{14}=171$일 때, $a_k=15$를 만족하는 k의 값을 구하여라.

4. 첫째항이 2이고 공비가 3인 등비수열에서 500보다 커지는 항은 몇 번째 항인지 구하여라.

5. 양의 등비수열 $\{a_n\}$에서 첫째항부터 제5항까지의 합이 $\frac{31}{2}$이며, 또한 첫째항으로부터 제5항까지의 곱이 32일 때, $\frac{1}{a_1}+\frac{1}{a_2}+\frac{1}{a_3}+\frac{1}{a_4}+\frac{1}{a_5}$의 값을 구하여라.

6. 세 수 1, a, b가 이 순서로 등비수열을 이루고, 세 수 $2a$, b, 24가 이 순서로 등차수열을 이룰 때, a와 b의 값을 구하여라.

4. $\sum$의 뜻과 그 성질

$\sum$는 여러 수들의 합을 표시할 때 사용되는 기호로서 보통 **시그마**라고 읽는다. 그러므로 수열 $\{a_n\}$이 있을 때, 첫째항부터 제n항까지의 합을 기호 $\sum$를 사용하여

$$a_1 + a_2 + a_3 + \cdots + a_n = \sum_{k=1}^{n} a_k$$

와 같이 나타낼 수 있다. 몇 가지 간단한 성질을 알아보자.

정리 9.4.1

수열의 합의 기본 형태 수열의 합에 대하여 다음이 성립한다.

(1) $\sum_{k=1}^{n}(a_k \pm b_k) = \sum_{k=1}^{n} a_k \pm \sum_{k=1}^{n} b_k$　　(2) $\sum_{k=1}^{n} ca_k = c\sum_{k=1}^{n} a_k$

(3) $\sum_{k=1}^{n} c = cn$ (단, c는 상수)

증명 (1)과 (2)는 잘 알고 있으므로 생략하자. (3)은

$$\sum_{k=1}^{n} c = \sum_{k=1}^{n} c \cdot 1 = c\sum_{k=1}^{n} 1$$

$$= c(1+1+\cdots+1)\ (n\text{번 더함}) = cn$$

이 된다. ■

이와 같이 $\sum$를 사용하면 일반항이 복잡한 수열의 합을 보다 간단한 몇 개의 수열로 나누어 계산할 수 있다. 특히 3차 이하의 다항식을 일반항으로 갖는 수열의 합을 쉽게 계산할 수 있다.

또한 자연수의 거듭제곱의 합에 대하여 다음의 식이 자주 사용된다.

(1) $\sum_{k=1}^{n} k = 1+2+3+\cdots+n = \frac{n(n+1)}{2}$

(2) $\sum_{k=1}^{n} k^2 = 1^2+2^2+3^2+\cdots+n^2 = \frac{n(n+1)(2n+1)}{6}$

(3) $\sum_{k=1}^{n} k^3 = 1^3+2^3+3^3+\cdots+n^3 = \left\{\frac{n(n+1)}{2}\right\}^2$

합	기호	공식	설명
$1+2+\cdots+n$	$\sum_{k=1}^{n} k$	$\frac{n(n+1)}{2}$	가우스 형태
$1^2+2^2+\cdots+n^2$	$\sum_{k=1}^{n} k^2$	$\frac{n(n+1)(2n+1)}{6}$	제곱의 합
$1^3+2^3+\cdots+n^3$	$\sum_{k=1}^{n} k^3$	$\left\{\frac{n(n+1)}{2}\right\}^2$	세제곱의 합
$1+r+r^2+\cdots+r^n$	$\sum_{k=0}^{n} r^k$	$\frac{1-r^{n+1}}{1-r}$	기하급수

연습문제 4. | $\sum$의 뜻과 그 성질

1. $1+3+5+\cdots+(2n-1)$을 구하여라.

2. 조화수열 $15,\ 5,\ 3,\ \frac{15}{7},\cdots$의 제20항을 구하여라.

5. 여러 가지 수열의 합

다양한 형태로 표현된 수열의 합에 대하여 알아보자.

(1) 분수식으로 표현된 수열의 합

임의의 실수 a, b, c에 대하여 분수 $\frac{c}{ab}$는

$$\frac{c}{ab} = \frac{c}{b-a}\left(\frac{1}{a} - \frac{1}{b}\right)$$

과 같이 부분분수로 나타낼 수 있다.

정리 9.5.1

$$\sum_{k=1}^{n} \frac{1}{k(k+a)} = \sum_{k=1}^{n} \frac{1}{a}\left(\frac{1}{k} - \frac{1}{k+a}\right)$$

증명 수열의 일반항을 부분분수로 나타내면

$$\frac{1}{k(k+a)} = \frac{1}{k+a-k}\left(\frac{1}{k} - \frac{1}{k+a}\right) = \frac{1}{a}\left(\frac{1}{k} - \frac{1}{k+a}\right)$$

이다. 그러므로 정리가 성립한다. ■

(2) 무리식으로 표현된 수열의 합

무리식 $\frac{1}{\sqrt{k+a} + \sqrt{k}}$의 분모를 유리화하면

$$\begin{aligned}\frac{1}{\sqrt{k+a} + \sqrt{k}} &= \frac{\sqrt{k+a} - \sqrt{k}}{(\sqrt{k+a} + \sqrt{k})(\sqrt{k+a} - \sqrt{k})} \\ &= \frac{\sqrt{k+a} - \sqrt{k}}{a} \\ &= \frac{1}{a}(\sqrt{k+a} - \sqrt{k})\end{aligned}$$

이다. 그러므로 다음의 정리를 알 수 있다.

정리 9.5.2

$$\sum_{k=1}^{n} \frac{1}{\sqrt{k+a}+\sqrt{k}} = \sum_{k=1}^{n} \frac{1}{a}(\sqrt{k+a}-\sqrt{k})$$

(3) 멱급수로 나타내어진 수열의 합

멱급수란 $S=a_1r+a_2r^2+\cdots+a_nr^n$과 같은 꼴의 합을 말한다. 멱급수의 합 S는 $S-rS$를 계산하여 S를 구할 수 있다. 다시 말하면

$$\begin{aligned} S &= a_1r+a_2r^2+\cdots+a_nr^n \\ rS &= a_1r^2+a_2r^3+\cdots+a_nr^{n+1} \end{aligned}$$

으로부터 위 식에서 아래 식을 빼면

$$(1-r)S=a_1r-a_nr^{n+1}=r(a_1-a_nr^n)$$

이 된다. 만일 $r\neq 1$이면

$$S=\frac{r}{1-r}(a_1-a_nr^n)$$

이고, 만일 $r=1$이면

$$S=a_1+a_2+\cdots+a_n=\sum_{k=1}^{n} a_k$$

이다.

예제 9.5.1 급수 $S_n=\sum_{k=1}^{n}\frac{1}{k(k+1)}$을 계산하여라.

풀이 주어진 급수의 분수식 $\frac{1}{k(k+1)}$을 부분분수로 나타내면

$$\frac{1}{k(k+1)}=\frac{1}{k}-\frac{1}{k+1}$$

이다. 그러므로

$$S_n=\sum_{k=1}^{n}\frac{1}{k(k+1)}$$

$$= \frac{1}{1 \cdot 2} + \frac{1}{2 \cdot 3} + \cdots + \frac{1}{n \cdot (n+1)}$$

$$= (1 - \frac{1}{2}) + (\frac{1}{2} - \frac{1}{3}) + (\frac{1}{3} - \frac{1}{4}) + \cdots + (\frac{1}{n} - \frac{1}{n+1})$$

$$= 1 - \frac{1}{n+1}$$

이다. ■

수열 $\{a_n\}$에 대하여

$$b_n = a_{n+1} - a_n$$

을 이 수열의 **계차**라 하고, 이 계차들로 만들어진 새로운 수열 $\{b_n\}$을 수열 $\{a_n\}$의 **계차수열**이라고 한다.

정리 9.5.3

> 수열 $\{a_n\}$의 계차수열을 $\{b_n\}$이라고 하면 원래 수열의 일반항은
>
> $$a_n = a_1 + \sum_{k=1}^{n-1} b_k \ (n \ge 2)$$
>
> 이 된다.

증명 원래 수열이

$$a_1,\ a_2,\ \cdots,\ a_{n-1},\ a_n,\ a_{n+1}$$

일 때, 이 수열의 계차수열을

$$b_1,\ b_2,\ \cdots, b_{n-1}, b_n$$

이라고 하면

$$b_1 = a_2 - a_1, \quad b_2 = a_3 - a_2, \quad b_3 = a_4 - a_3, \cdots \ b_n = a_{n+1} - a_n$$

이므로

$$a_1 = a_1, \quad a_2 = a_1 + b_1, \quad a_3 = a_2 + b_2 = a_1 + (b_1 + b_2), \cdots$$

이다. 따라서

$$a_n = a_1 + (b_1 + b_2 + \cdots + b_{n-1}) = a_1 + \sum_{k=1}^{n-1} b_k \quad (n \ge 2)$$

가 성립한다. 그러므로 $a_n = a_1 + \sum_{k=1}^{n-1} b_k \quad (n \ge 2)$가 된다. ■

연습문제 5. 여러 가지 수열의 합

1. $\sum_{k=1}^{99} \log \frac{k+1}{k}$ 의 합을 구하여라.

2. 조화수열 $2,\ \frac{6}{7},\ \frac{6}{11},\ \frac{2}{5},\ \cdots$에서 제$10$항을 구하여라.

3. 두 수 6과 $\frac{6}{5}$ 사이에 세 수 $x,\ y,\ z$를 넣어 $6,\ x,\ y,\ z,\ \frac{6}{5}$이 조화수열을 이룰 때, $x,\ y,\ z$의 값에 대하여 세 수의 곱 xyz 의 값을 구하여라.

4. $\sum_{k=1}^{10} \frac{1}{(2k-1)(2k+1)}$ 의 합을 구하여라.

6. 수열의 귀납적 정의

수열 $\{a_n\}$의 첫째항을 a_1이라고 하자. 서로 이웃하는 두 항 a_n과 a_{n+1} 사이의 상관관계를 관계식으로 정의한 것을 **귀납적 정의**라 하고, 이때 서로 이웃한 항들의 상관관계를 표현하는 관계식을 **점화식**이라고 한다.

예제 9.6.1 수열 $a_n = \left(\frac{1}{2}\right)^n \ (n \geq 1)$을 귀납적으로 정의하여라.

풀이 $n = 1,\ 2,\ 3,\ \cdots$을 대입하면

$$a_1 = \frac{1}{2}$$

$$a_2 = \left(\frac{1}{2}\right)^2 = \frac{1}{2}\frac{1}{2} = \frac{1}{2}a_1$$

$$a_3 = \left(\frac{1}{2}\right)^3 = \frac{1}{2}\left(\frac{1}{2}\right)^2 = \frac{1}{2}a_2$$

$$a_4 = \left(\frac{1}{2}\right)^4 = \frac{1}{2}\left(\frac{1}{2}\right)^3 = \frac{1}{2}a_3$$

$$\vdots$$

이다. 그러므로 $a_n = \frac{1}{2}a_{n-1}$이다. ■

예제 9.6.2 점화식 $a_1 = 1,\quad a_{n+1} = 2a_n + 1 \ (n \geq 1)$로 정의된 수열 $\{a_n\}$의 일반항을 구하여라.

풀이 $a_1 = 1$이므로,

$$a_2 = 2a_1 + 1 = 2 + 1$$

$$a_3 = 2a_2 + 1 = 2(2+1) + 1 = 2^2 + 2 + 1$$

$$a_4 = 2a_3 + 1 = 2(2^2 + 2 + 1) + 1 = 2^3 + 2^2 + 2 + 1$$

그러므로

$$a_n = 2^{n-1} + 2^{n-2} + \cdots + 2 + 1$$

이 되며, 이것은 제 1항이 1이며 공비가 2인 등비수열의 합으로 생각할 수 있다. 따라서

$$a_n = 2^n - 1$$

이다. ■

점화수열

점화식에 의하여 주어진 수열을 **점화수열**이라 하고, 점화수열에는 기본적인 점화수열과 일반적인 점화수열이 있다.

정리 9.6.1

(기본적인 점화식) 수열 $\{a_n\}$의 성질

(1) 공차가 d인 등차수열 $\{a_n\}$의 점화식은 $a_{n+1} - a_n = d$ (일정)이다. 그 역도 성립한다.

(2) 공비가 r인 등비수열 $\{a_n\}$의 점화식은 $a_{n+1} / a_n = r$ (일정)이다. 그 역도 성립한다.

(3) $\{a_n\}$이 등차수열이면 $2a_{n+1} = a_n + a_{n+2}$이다. 그 역도 성립한다.

(4) $\{a_n\}$이 등비수열이면 $(a_{n+1})^2 = a_n \cdot a_{n+2}$이다. 그 역도 성립한다.

증명 (1) 공차가 d인 등차수열 $\{a_n\}$은 $a_{n+1} = a_n + d$를 만족한다. 그러므로 $a_{n+1} - a_n = d$이다.

(2) 공비가 r인 등비수열 $\{a_n\}$은 $a_{n+1} = a_n r$를 만족한다. 그러므로 $a_{n+1} / a_n = r$이다.

(3) 등차수열 $\{a_n\}$의 공차를 d라고 하면

$$a_{n+1} = a_n + d \text{이며 } a_{n+2} = a_n + 2d$$

이다. 따라서

$$a_n + a_{n+2} = a_n + (a_n + 2d) = 2(a_n + d) = 2a_{n+1}$$

이다.

(4) 등비수열 $\{a_n\}$의 공비를 r라고 하면

$$a_{n+1} = a_n r \text{이며 } a_{n+2} = a_n r^2$$

이다. 따라서

$$(a_{n+1})^2 = (a_n r)^2 = a_n^2 r^2 = a_n \cdot (a_n r^2) = a_n a_{n+2}$$

이다. ■

정리 9.6.2

조화수열$\{a_n\}$의 점화식은 $\dfrac{2}{a_{n+1}}=\dfrac{1}{a_n}+\dfrac{1}{a_{n+2}}$이다. 그 역도 성립한다.

증명 조화수열이란 수열의 각 항의 역수들이 등차수열을 이루는 것이다. 그러므로 조화수열 $\{a_n\}$에서, $b_n=\dfrac{1}{a_n}$이라고 하면 $\{b_n\}$은 등차수열이 된다. 따라서

$b_{n+1}=b_n+d \quad (d : \text{일정})$

$$\begin{aligned}\frac{1}{a_n}+\frac{1}{a_{n+2}} &= b_n+b_{n+2}\\ &= b_n+(b_{n+1}+d)=b_n+(b_n+d)+d\\ &= 2(b_n+d)\\ &= 2\frac{1}{a_{n+1}}=\frac{2}{a_{n+1}}\end{aligned}$$

이다. ■

정리 9.6.3

(일반적인 점화식) 수열 $\{a_n\}$의 성질

(1) 점화식이 $a_{n+1}=a_n+f(n)$ $(n\geq 1)$이라고 하면 수열 $\{a_n\}$의 일반항은

$$a_n=a_1+\sum_{k=1}^{n-1}f(k)$$

이다.

(2) 점화식이 $a_{n+1}=a_n\cdot f(n)$ $(n\geq 1)$이라고 하면

① $f(n)$이 상수이면 수열 $\{a_n\}$은 $f(n)$을 공비로 하는 등비수열이다.

② $f(n)$이 변수이면 수열 $\{a_n\}$의 일반항은

$$a_n=a_1f(1)f(2)\cdots f(n-1)$$

이다.

증명 (1) 주어진 $a_{n+1}=a_n+f(n)$의 n 대신 $1,2,\cdots,n$을 대입하면

$$\begin{aligned}a_2&=a_1+f(1)\\ a_3&=a_2+f(2)\\ &\vdots\\ a_n&=a_{n-1}+f(n-1)\end{aligned}$$

이다. 각 변을 서로 더하면

$$a_2+a_3+\cdots+a_n=a_1+a_2+\cdots+a_{n-1}+\sum_{k=1}^{n-1}f(k)$$

이다. 따라서 $a_n = a_1 + \sum_{k=1}^{n-1} f(k)$이다.

(2) ① 점화식 $a_{n+1} = a_n \cdot f(n)$ $(n \geq 1)$에서 만일 $f(n) = r$(상수)라고 하면 $a_{n+1} = a_n r$이 된다. 따라서 수열 $\{a_n\}$은 r을 공비로 하는 등비수열이다.

② $f(n)$이 변수일 때, n 대신 $1, 2, \cdots, n$을 대입하면

$$\begin{aligned} a_2 &= a_1 \cdot f(1) \\ a_3 &= a_2 \cdot f(2) \\ &\vdots \\ a_n &= a_{n-1} \cdot f(n-1) \end{aligned}$$

이다. 각 변을 서로 곱하면

$$a_2 a_3 \cdots a_n = a_1 a_2 \cdots a_{n-1} (f(1) \cdots f(n-1))$$

이다. 따라서 $a_n = a_1 f(1) f(2) \cdots f(n-1)$이다. ■

예제 9.6.3 $a_1 = 1$ 이고 $a_{n+1} = a_n - 2n$ $(n \geq 1)$일 때, a_n을 구하여라.

풀이 $a_{n+1} - a_n = -2n$에서

$$\begin{aligned} a_2 - a_1 &= -2 \cdot 1 \\ a_3 - a_2 &= -2 \cdot 2 \\ &\vdots \\ a_n - a_{n-1} &= -2 \cdot (n-1) \end{aligned}$$

이므로 각 변을 서로 더하면

$$a_n - a_1 = -2\{1 + 2 + \cdots + (n-1)\}$$

이 되어

$$\begin{aligned} a_n &= a_1 - 2 \cdot \frac{n(n-1)}{2} \\ &= 1 - 2 \cdot \frac{n(n-1)}{2} = -n^2 + n + 1 \end{aligned}$$

이다. ■

예제 9.6.4 $a_1 = \frac{1}{2}$ 이고, $a_n = a_{n-1} + \frac{1}{2^n}$ $(n \geq 2)$일 때, a_n을 구하여라.

풀이 $a_n - a_{n-1} = \left(\frac{1}{2}\right)^n$ 에서

$$a_2 - a_1 = \left(\frac{1}{2}\right)^2$$

$$a_3 - a_2 = \left(\frac{1}{2}\right)^3$$

$$\vdots$$

$$a_n - a_{n-1} = \left(\frac{1}{2}\right)^n$$

이므로 각 변을 서로 더하면

$$a_n - a_1 = \left(\frac{1}{2}\right)^2 + \left(\frac{1}{2}\right)^3 + \cdots + \left(\frac{1}{2}\right)^n$$

이다. 그런데 $a_1 = \frac{1}{2}$ 이므로

$$a_n = \frac{1}{2} + \left(\frac{1}{2}\right)^2 + \left(\frac{1}{2}\right)^3 + \cdots + \left(\frac{1}{2}\right)^n$$

$$= \frac{\frac{1}{2}\left\{1 - \left(\frac{1}{2}\right)^n\right\}}{1 - \frac{1}{2}} = 1 - \left(\frac{1}{2}\right)^n$$

이다. 따라서 $a_n = 1 - \left(\frac{1}{2}\right)^n$ 이다. ■

연습문제 6. | 수열의 귀납적 정의

1. $a_1 = 1$이고 $a_{n+1} = 2^n a_n$ $(n = 1, 2, 3, \ldots)$일 때, a_n을 구하여라.

2. $a_1 = 1$이고 $a_{n+1} = \left(1 + \frac{1}{n}\right) a_n$ (단, $n = 1, 2, 3, \ldots$)일 때, a_n을 구하여라.

3. 수열 $\{a_n\}$은 $a_2 = 3a_1$이고 $a_{n+2} - 3a_{n+1} + 2a_n = 0$ $(n \geq 1)$을 만족한다. $a_8 = 85$일 때, a_4의 값을 구하여라.

7. 수학적 귀납법

수학적 귀납법이란 수학적 명제를 증명하는 한 가지 방법이다. 임의의 자연수 n에 대하여 어떤 수학적 명제 $p(n)$이 모든 자연수에 대하여 성립함을 수학적 귀납법으로 증명하려면 다음의 세 단계를 거치면 된다.

(1) $n=1$일 때, 명제 $p(n)$이 성립함을 증명한다.

(2) $n=k$일 때, 명제 $p(n)$이 성립한다고 가정한다.

(3) 이제 $n=k+1$일 때에도 $p(n)$이 성립함을 증명한다.

이와 같은 방법으로 명제를 증명하는 방법을 **수학적 귀납법**이라고 하고, 수학적 귀납법은 등식이나 부등식을 증명할 때 주로 쓰인다.

예제 9.7.1 "명제 : $h>0$, $n \geq 2$ 인 모든 자연수 n에 대하여, $(1+h)^n > 1+nh$은 항상 성립한다."를 수학적 귀납법으로 증명하여라.

증명 (1) 첫 번째 항이 2이므로 $n=2$일 때,

$$(1+h)^2 = 1+2h+h^2 > 1+2h$$

이므로, 명제의 부등식은 성립한다.

(2) $n=k$ 일 때, 주어진 부등식이 성립한다고 가정한다.

(3) $n=k+1$일 때 생각해 보자.

$$\begin{aligned}(1+h)^{k+1} &= (1+h)^k(1+h) > (1+kh)(1+h) \\ &= 1+(k+1)h+kh^2 > 1+(k+1)h\end{aligned}$$

이므로 $k+1$일 때도 명제의 부등식은 성립한다.

따라서 수학적 귀납법에 의하여 $n \geq 2$인 모든 자연수 n에 대하여 명제가 성립한다. ■

예제 9.7.2 모든 자연수 n에 대하여 다음 등식이 성립함을 수학적 귀납법으로 증명하여라.

$$\frac{1}{1\cdot 2}+\frac{1}{2\cdot 3}+\frac{1}{3\cdot 4}+\cdots+\frac{1}{n(n+1)} = \frac{n}{n+1}$$

증명 수학적 귀납법에 따라 세 단계로 나누어 증명한다.

(1) $n=1$이면 좌변과 우변이 서로 일치한다.

(2) $n=k$일 때 성립한다고 가정한다. 즉, 등식

$$\frac{1}{1\cdot 2}+\frac{1}{2\cdot 3}+\frac{1}{3\cdot 4}+\cdots+\frac{1}{k(k+1)}=\frac{k}{k+1}$$

이 성립한다고 가정하자.

(3) 이제 $n=k+1$인 경우를 생각하자.

$$\frac{1}{1\cdot 2}+\frac{1}{2\cdot 3}+\frac{1}{3\cdot 4}+\cdots+\frac{1}{k(k+1)}+\frac{1}{(k+1)(k+2)}$$

$$=\left(\frac{1}{1\cdot 2}+\frac{1}{2\cdot 3}+\frac{1}{3\cdot 4}+\cdots+\frac{1}{k(k+1)}\right)+\frac{1}{(k+1)(k+2)}$$

$$=\frac{k}{k+1}+\frac{1}{(k+1)(k+2)}$$

$$=\frac{k(k+2)+1}{(k+1)(k+2)}$$

$$=\frac{k^2+2k+1}{(k+1)(k+2)}$$

$$=\frac{(k+1)^2}{(k+1)(k+2)}=\frac{k+1}{k+2}$$

따라서 $n=k+1$일 때도 성립함을 보였다. ■

8. 알고리즘과 순서도

주어진 과제나 문제를 해결하기 위한 작업 절차 또는 계산 절차를 **알고리즘**(algorithm)이라 하고, 알고리즘의 내용을 기호를 써서 알기 쉽게 나타낸 그림을 **순서도**(flow chart)라고 한다.

$a_1 = 3$, $a_{n+1} = 2a_n + 1\ (n \geq 1)$으로 정의된 수열에서 제 5항 a_5는 다음과 같이 구할 수 있다.

(1) a_1을 3으로 놓는다. $a_1 = 3$

(2) $2a_1 + 1$을 구하여 a_2로 한다. $a_2 = 2a_1 + 1 = 7$

(3) $2a_2 + 1$을 구하여 a_3로 한다. $a_3 = 2a_2 + 1 = 15$

(4) $2a_3 + 1$을 구하여 a_4로 한다. $a_4 = 2a_3 + 1 = 31$

(5) $2a_4 + 1$을 구하여 a_5로 한다. $a_5 = 2a_4 + 1 = 63$

위와 같이 어떤 문제를 풀어내는 유한 회의 계산 절차가 알고리즘이고, 이 알고리즘을 약속된 기호를 사용하여 그림으로 나타낸 것이 순서도이다.

순서도는 누가 읽어도 쉽게 알 수 있도록 되어야 한다. 따라서 다음의 표에서와 같이 몇 가지 기호를 이용한다.

: (처리기호) 자료의 값을 주든가 계산을 하는 기호

: (판단기호) 어느 하나를 선택할 것을 결정하는 기호

: (인쇄) 인쇄할 내용을 나타내는 기호

: 시작과 끝의 기호

: 문제 해결의 순서를 나타내는 기호

동일한 처리나 판단이 반복되는 부분을 **루프**(loop)라고 한다.

예제 9.8.1 절댓값 $|x|$를 구하는 순서도를 그려라.

풀이 x 의 절댓값을 구하는 것은 x의 부호에 따라 결정한다.

(1) x가 양수이거나 0이면 그대로 두고

(2) x가 음수이면 부호를 반대로 한 $-x$를 택한다.

따라서 순서도는 다음과 같이 그린다. ■

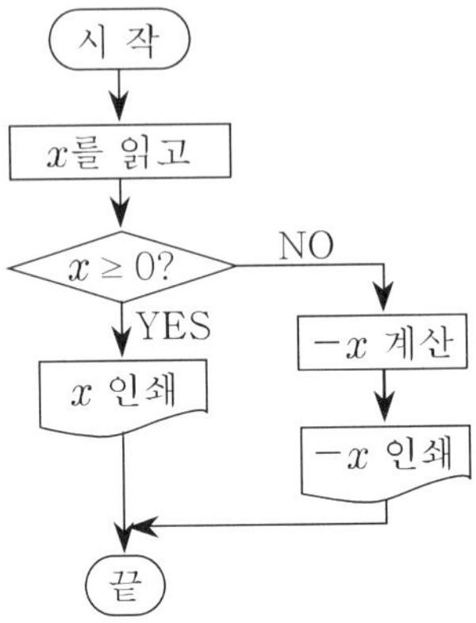

9. 무한수열의 수렴과 발산

수열 $\{a_n\}$에서 항의 수가 무수히 많을 때 **무한수열**이라고 한다. 무한수열 $\{a_n\}$에서 n이 한없이 커질 때, a_n이 일정한 값 A에 한없이 가까워지면 수열 $\{a_n\}$은 A에 **수렴**한다고 한다. 이때 A를 수열 $\{a_n\}$의 **극한값** 또는 **극한**이라 하고, 기호를 사용하여 다음과 같이 나타낸다.

$$n \to \infty \text{일 때, } a_n \to A$$

이다. 이를 간단히

$$\lim_{n\to\infty} a_n = A$$

로 나타낸다.

한편 무한수열 $\{a_n\}$이 하나의 값으로 수렴하지 않을 때 $\{a_n\}$은 **발산**한다고 한다.

발산은 몇 가지 경우로 분류할 수 있다.

수열 $\{a_n\}$에서 n이 한없이 커질 때, a_n이 한없이 커지면 수열 $\{a_n\}$은 **양의 무한대로 발산한다** 또는 $\{a_n\}$**의 극한은** ∞ **이다** 라 하고 기호를 사용하여

$$n\to\infty \text{일 때 } a_n\to\infty$$

또는

$$\lim_{n\to\infty} a_n = \infty$$

로 나타낸다.

수열 $\{a_n\}$에서 n이 한없이 커질 때, a_n이 음수로서 그 절댓값이 한없이 커지면, 수열 $\{a_n\}$은 **음의 무한대로 발산한다**. 또는 $\{a_n\}$**의 극한은** $-\infty$ **이다**라 하며 기호를 사용하여

$$n\to\infty \text{일 때 } a_n\to-\infty$$

또는

$$\lim_{n \to \infty} a_n = -\infty$$

로 나타낸다.

수열 $\{a_n\}$이 수렴하지 않으면서, 양의 무한대로나, 음의 무한대로 발산하지 않을 때, 수열 $\{a_n\}$은 **진동**한다고 하고, 이때 $\{a_n\}$**의 극한은 없다**고 한다.

보통 수렴하지 않는 수열은 모두 발산한다고 한다.

정리 9.9.1

극한의 기본 성질

주어진 수열 $\{a_n\}$과 $\{b_n\}$에서 $\lim_{n \to \infty} a_n = A$, $\lim_{n \to \infty} b_n = B$ (A, B는 유한 확정 값)이라고 하자. 그러면 다음이 성립한다.

(1) $\lim_{n \to \infty} k a_n = k \lim_{n \to \infty} a_n = kA$

(2) $\lim_{n \to \infty} (a_n \pm b_n) = \lim_{n \to \infty} a_n \pm \lim_{n \to \infty} b_n = A + B$(복호동순)

(3) $\lim_{n \to \infty} a_n b_n = (\lim_{n \to \infty} a_n)(\lim_{n \to \infty} b_n) = AB$

(4) $\lim_{n \to \infty} \dfrac{b_n}{a_n} = \dfrac{\lim_{n \to \infty} b_n}{\lim_{n \to \infty} a_n} = \dfrac{B}{A}$ (단, $A \neq 0$)

증명은 생략한다. 일반적으로 많이 사용되는 무한수열의 유형과 극한값을 다음과 같이 정리할 수 있다.

(1) 수열 $1+1,\ 1+\frac{1}{2},\ \cdots,\ 1+\frac{1}{n},\ \cdots$의 극한은 $\lim_{n \to \infty} \left(1+\frac{1}{n}\right) = 1$이다.

(2) 수열 $\frac{1}{2},\ \frac{1}{2^2},\ \frac{1}{2^3},\ \cdots,\ \frac{1}{2^n},\ \cdots$의 극한은 $\lim_{n \to \infty} \left(\frac{1}{2^n}\right) = 0$이다.

(3) 수열 $3,\ 3,\ 3,\ \cdots,\ 3,\ \cdots$의 극한은 $\lim_{n \to \infty} 3 = 3$이다.

(4) 수열 $1,\ 3,\ 5,\ \cdots,\ (2n-1),\ \cdots$의 극한은 $\lim_{n \to \infty} (2n-1) = \infty$이다.

(5) 수열 $-1,\ 1,\ -1,\ \cdots,\ (-1)^n,\ \cdots$의 극한은 $\lim_{n \to \infty} (-1)^n = \begin{cases} -1 \\ 1 \end{cases}$이다.

(6) 수열 $-1,\ 2,\ -3,\ \cdots,\ (-1)^n n,\ \cdots$의 극한은 $\lim_{n\to\infty}(-1)^n n = \begin{cases} \infty \\ -\infty \end{cases}$ 이다.

극한값을 계산하기 위하여 무한대 ∞의 기본 성질을 알아두면 유용하다.

(1) $\infty + (\text{상수}) = \infty$

(2) $\infty + \infty = \infty$

(3) $\dfrac{\text{상수}}{\infty} = 0$

(4) $\begin{cases} a \times \infty = \infty & (a > 0) \\ a \times \infty = -\infty & (a < 0) \end{cases}$ (a는 상수)

(5) $\sqrt[n]{\infty} = \infty$

(6) $\begin{cases} \dfrac{\infty}{a} = \infty & (a > 0) \\ \dfrac{\infty}{a} = -\infty & (a < 0) \end{cases}$ (a는 상수)

극한값의 계산을 몇 가지 경우로 나누어 생각하여 보자.

(1) $\dfrac{\infty}{\infty}$ 꼴의 극한값

① 분수식 : 분모의 최고차항으로 분모와 분자를 나누어 값을 구한다.

(분자 차수)=(분모 차수)일 때, 극한값은 최고차항의 계수이다.

(분자 차수)<(분모 차수)일 때, 극한값은 0이다.

(분자 차수)>(분모 차수)일 때, ∞ 또는 $-\infty$이다. 즉 극한값은 없다.

② 무리식 : $\sqrt{\ }$ 밖의 최고차항으로 분모와 분자를 나누어 값을 구한다.

(2) $\infty - \infty$ 꼴의 극한값

① 유리식은 최고차항으로 묶어서 값을 구한다.

② 무리식은 $\sqrt{\ }$가 있으면 분모 또는 분자를 유리화하여 값을 구한다.

정리 9.9.2

극한과 부등식

주어진 수열 $\{a_n\}$, $\{b_n\}$, $\{c_n\}$에 대하여 $\lim_{n\to\infty} a_n = A$, $\lim_{n\to\infty} b_n = B$이면 다음이 성립한다.

(1) $a_n < b_n$이면 $A \le B$이다.

(2) $a_n \le b_n \le c_n$이고 $\lim_{n\to\infty} a_n = \lim_{n\to\infty} c_n = A$이면 $\lim_{n\to\infty} b_n = A$이다.

(3) $0 < b < a$이면 $\lim_{n\to\infty} (a^n + b^n)^{\frac{1}{n}} = A$이다.

예제 9.9.1 $a_n < b_n$이지만 등호 $A = B$가 성립하는 수열을 구하여라.

풀이 $\{a_n\} = \left\{\frac{1}{n}\right\}$, $\{b_n\} = \left\{\frac{2}{n}\right\}$ $(n = 1, 2, \cdots)$라고 하면 모든 $n = 1, 2, \cdots$에 대하여 $a_n < b_n$이다.

그러나 $A = \lim_{n\to\infty} a_n = 0$이고 동시에 $B = \lim_{n\to\infty} b_n = 0$이 되어 $A = B$가 성립한다. ■

정리 9.9.3

무한등비수열 $\{r^n\}$의 수렴과 발산에 대하여 다음이 성립한다.

(1) 공비 $r > 1$일 때, $\lim_{n\to\infty} r^n = \infty$이다. 즉 발산한다.

(2) 공비 $r = 1$일 때, $\lim_{n\to\infty} r^n = 1$이다. 즉 1로 수렴한다.

(3) 공비 $-1 < r < 1$일 때, $\lim_{n\to\infty} r^n = 0$이다. 즉 0으로 수렴한다.

(4) 공비 $r \le -1$일 때, $\lim_{n\to\infty} r^n$은 진동한다. 즉 발산한다.

정리 9.9.4

무한등비수열이 수렴할 조건

(1) 무한등비수열 $\{r^n\}$이 수렴할 조건은 $-1 < r \le 1$이다.

(2) 제1항이 a, 공비가 r인 무한등비수열 $\{ar^{n-1}\}$이 수렴할 조건은 $a = 0$이거나 $-1 < r \le 1$이다.

10. 무한급수의 수렴과 발산

무한수열 a_1, a_2,⋯ a_n, ⋯의 각 항을 '+' 기호로 연결한 식, 즉

$$a_1 + a_2 + \cdots + a_n + \cdots$$

을 **무한급수** 또는 간단히 **급수**라 하고, $\sum_{n=1}^{\infty} a_n$으로 나타낸다. 즉

$$a_1 + a_2 + \cdots + a_n + \cdots = \sum_{n=1}^{\infty} a_n$$

이다. 특별히 처음 n개 항의 합 $S_n = a_1 + a_2 + \cdots + a_n$을 무한급수의 **부분합**이라 한다. 이것을 다음과 같이 표현할 수 있다.

정의 9.10.1

수열 $\{a_n\}$에 대하여, 무한수열의 합

$$\sum_{n=1}^{\infty} a_n = a_1 + a_2 + a_3 + \cdots$$

을 무한급수(infinite series) 또는 간단히 급수 (series)라고 한다. 또한 S_n을 급수 $\sum_{n=1}^{\infty} a_n$의 n번째 항까지의 부분합(partial sum)이라고 한다.

정의 9.10.2

무한급수 $\sum_{n=1}^{\infty} a_n$의 부분합을 각 항으로 하는 수열 $\{S_n\}$이 S에 수렴(convergent)할 때 이 급수는 S에 수렴한다고 하고, 수 S를 그 급수의 합(sum)이라고 하며 기호로

$$S = \lim_{n\to\infty} S_n = \lim_{n\to\infty} \left(\sum_{k=1}^{n} a_k\right) = \sum_{k=1}^{\infty} a_k$$

와 같이 나타낸다. 만일 수열 S_n이 발산(divergent) 할 때, 무한급수는 발산한다고 한다.

특별한 경우를 제외하고는 무한 번 더하는 것은 불가능하므로 무한급수를 구할 때는 n번째 항까

지의 부분합 S_n의 극한값

$$S = \lim_{n \to \infty} S_n$$

을 구하면 된다.

무한급수의 수렴과 발산은 부분합으로 결정한다. 만일 부분합 S_n이 수렴하면, 즉 $\lim_{n \to \infty} S_n = S$이면 무한급수는 S에 수렴한다고 한다. 또한 부분합 S_n이 발산하면 무한급수도 발산한다고 한다. 즉, 다음과 같이 정리할 수 있다.

(1) 수렴 : $\lim_{n \to \infty} S_n = \lim_{n \to \infty} \sum_{k=1}^{n} a_k = S$(일정)일 때, S에 수렴한다고 하고 S를 무한급수의 합이라고 한다.

(2) 발산 : $\lim_{n \to \infty} S_n \neq S$(일정)일 때 발산한다고 하고 무한급수의 합은 없다.

정리 9.10.1

무한급수와 일반항

무한급수 $\sum_{n=1}^{\infty} a_n$이 수렴하면 일반항의 극한값 $\lim_{n \to \infty} a_n = 0$이다.

증명 주어진 급수 $\sum_{n=1}^{\infty} a_n$이 수렴하므로 그 부분합

$$S_n = a_1 + a_2 + \cdots + a_n$$

$$S_{n-1} = a_1 + a_2 + \cdots + a_{n-1}$$

으로 이루어진 수열 $\{S_n\}$과 $\{S_{n-1}\}$은 수렴한다. $\sum_{n=1}^{\infty} a_n = S$라 하면,

$$a_n = S_n - S_{n-1}$$

이므로

$$\lim_{n \to \infty} a_n = \lim_{n \to \infty} (S_n - S_{n-1}) = \lim_{n \to \infty} S_n - \lim_{n \to \infty} S_{n-1} = S - S = 0$$

이다. ■

따름정리 9.10.1

> 일반항의 극한값이 $\lim_{n\to\infty} a_n \neq 0$이면 무한급수 $\sum_{n=1}^{\infty} a_n$은 발산한다.

따름정리는 정리 9.10.1의 대우명제로서, 정리에 의하여 항상 성립한다. 그러나 정리의 역은 성립하지 않는다. 다시 말하면 일반항의 극한값 $\lim_{n\to\infty} a_n = 0$이라도 무한급수 $\sum_{n=1}^{\infty} a_n$이 수렴한다고 말할 수 없다. 이에 대한 반례로서 다음의 예제를 볼 수 있다.

예제 9.10.1 $\sum_{n=1}^{\infty} \frac{1}{n}$은 정리의 역이 성립하지 않음을 보이는 반례가 됨을 확인하여라.

증명 $a_n = \frac{1}{n}$이라고 하면 $\lim_{n\to\infty} a_n = \lim_{n\to\infty} \frac{1}{n} = 0$이다.

그러나 $\sum_{n=1}^{\infty} \frac{1}{n}$은 조화급수로서 발산한다. ■

조화급수의 발산성을 다시 확인하여 보자.

정리 9.10.2

> 조화급수(harmonic series) $\sum_{k=1}^{\infty} \frac{1}{k} = 1 + \frac{1}{2} + \frac{1}{3} + \cdots$은 발산한다.

증명 우선 부분합을 계산하여 보자.

$$S_1 = 1$$

$$S_2 = 1 + \frac{1}{2}$$

$$S_3 = 1 + \frac{1}{2} + \frac{1}{3}$$

$$S_4 = 1 + \frac{1}{2} + \frac{1}{3} + \frac{1}{4}$$

$$\vdots$$

이므로

$$S_1 < S_2 < \cdots < S_n < \cdots$$

이다. 그런데

$$S_{2^1} = S_2 = 1 + \frac{1}{2} > \frac{1}{2} + \frac{1}{2} = \frac{2}{2}$$

$$S_{2^2} = S_4 = 1 + \frac{1}{2} + \frac{1}{3} + \frac{1}{4} \ge 1 + \frac{1}{2} + \frac{1}{4} + \frac{1}{4} = 1 + \frac{1}{2} = 1 + \frac{2}{2}$$

$$\begin{aligned} S_{2^3} = S_8 &= 1 + \frac{1}{2} + \frac{1}{3} + \frac{1}{4} + \frac{1}{5} + \frac{1}{6} + \frac{1}{7} + \frac{1}{8} \\ &\ge 1 + \frac{1}{2} + \frac{1}{3} + \frac{1}{4} + \left(\frac{1}{8} + \frac{1}{8} + \frac{1}{8} + \frac{1}{8}\right) \ge 1 + \frac{3}{2} \end{aligned}$$

$$\vdots$$

$$\begin{aligned} S_{2^n} &= 1 + \frac{1}{2} + \left(\frac{1}{3} + \frac{1}{4}\right) + \left(\frac{1}{5} + \frac{1}{6} + \frac{1}{7} + \frac{1}{8}\right) + \cdots + \left(\frac{1}{2^{n-1}+1} + \cdots + \frac{1}{2^n}\right) \\ &\ge 1 + \frac{1}{2} + \left(\frac{1}{4} + \frac{1}{4}\right) + \left(\frac{1}{8} + \frac{1}{8} + \frac{1}{8} + \frac{1}{8}\right) + \cdots + \left(\frac{1}{2^n} + \cdots + \frac{1}{2^n}\right) \\ &= 1 + n\left(\frac{1}{2}\right) \end{aligned}$$

이다. 따라서 $\lim_{n\to\infty}\left\{1 + n\left(\frac{1}{2}\right)\right\} = \infty$ 이 되어 부분합의 수열이 발산한다. 그러므로 조화급수 $\sum_{k=1}^{\infty}\frac{1}{k}$ 은 발산한다. ■

예제 9.10.2 $\sum_{n=1}^{\infty}\frac{n}{2n+1}$ 의 수렴, 발산을 조사하여라.

풀이 일반항은 $a_n = \frac{n}{2n+1}$ 이고

$$\lim_{n\to\infty} a_n = \lim_{n\to\infty}\frac{n}{2n+1} = \frac{1}{2}$$

이므로 0이 아니다. 그러므로 정리에 의하여 무한급수는 발산한다. ■

예제 9.10.3 $\sum_{k=1}^{\infty}\frac{1}{k(k+1)} = \frac{1}{1\cdot 2} + \frac{1}{2\cdot 3} + \frac{1}{3\cdot 4} + \cdots$ 은 수렴함을 보이고, 그 합을 구하여라.

풀이 주어진 급수의 제n번째 부분합은

$$S_n = \sum_{k=1}^{n}\frac{1}{k(k+1)} = \frac{1}{1\cdot 2} + \frac{1}{2\cdot 3} + \cdots + \frac{1}{n\cdot(n+1)}$$

이다. 부분분수로 표현하면

$$\frac{1}{k\cdot(k+1)}=\frac{1}{k}-\frac{1}{k+1}$$

이므로,

$$\begin{aligned} S_n &= \sum_{k=1}^{n}\frac{1}{k(k+1)} \\ &= (1-\frac{1}{2})+(\frac{1}{2}-\frac{1}{3})+(\frac{1}{3}-\frac{1}{4})+\cdots+(\frac{1}{n}-\frac{1}{n+1}) \\ &= 1-\frac{1}{n+1} \end{aligned}$$

이다. 따라서 $\lim_{n\to\infty}S_n=\lim_{n\to\infty}(1-\frac{1}{n+1})=1$이므로 $\sum_{k=1}^{\infty}\frac{1}{k(k+1)}$은 수렴하고

$$\sum_{k=1}^{\infty}\frac{1}{k(k+1)}=1$$

이다. ■

정리 9.10.3

(1) $\sum_{n=1}^{\infty}a_n$과 $\sum_{n=1}^{\infty}b_n$이 수렴하면, $\sum_{n=1}^{\infty}(a_n\pm b_n)$도 수렴하고 다음 식이 성립한다.

$$\sum_{n=1}^{\infty}(a_n+b_n)=\sum_{n=1}^{\infty}a_n+\sum_{n=1}^{\infty}b_n,\quad \sum_{n=1}^{\infty}(a_n-b_n)=\sum_{n=1}^{\infty}a_n-\sum_{n=1}^{\infty}b_n$$

(2) 0이 아닌 상수 c에 대하여, $\sum_{n=1}^{\infty}a_n$이 수렴할 필요충분조건은 $\sum_{n=1}^{\infty}ca_n$이 수렴하는 것이다. 이때 $\sum_{n=1}^{\infty}a_n$이 수렴하면 $\sum_{n=1}^{\infty}ca_n=c\sum_{n=1}^{\infty}a_n$이다.

(3) 임의의 자연수 m에 대하여, $\sum_{n=1}^{\infty}a_n$이 수렴할 필요충분조건은 $\sum_{n=m}^{\infty}a_n$이 수렴하는 것이다.

무한급수 $\sum_{n=1}^{\infty}a_n$와 $\sum_{n=1}^{\infty}b_n$이 수렴하고 그 값을 각각 S, T라고 하면

$$\sum_{n=1}^{\infty}ca_n=c\sum_{n=1}^{\infty}a_n=cS(c\text{는 상수})$$

$$\sum_{n=1}^{\infty}(a_n\pm b_n)=\sum_{n=1}^{\infty}a_n\pm\sum_{n=1}^{\infty}b_n=S\pm T$$

이다.

무한등비수열의 각 항을 '+' 기호로 연결한 식을 **무한등비급수**라고 한다. 즉

$$a + ar + ar^2 + ar^3 + \cdot\cdot\cdot + ar^{n-1} + \cdot\cdot\cdot$$
$$= \sum_{n=1}^{\infty} ar^{n-1}$$

정리 9.10.4

$a + ar + ar^2 + ar^3 + \cdots + ar^{n-1} + \cdots \quad (a \neq 0)$ 형태의 급수를 **등비급수** 또는 **기하급수**(geometric series)라 하고 여기서 r를 주어진 급수의 **공비**라고 한다.

다음의 급수들은 기하급수의 기본적인 예제들이다.

$$1 - 1 + 1 - 1 + \cdots + (-1)^{n+1} + \cdots$$
$$1 - \frac{1}{2} + \frac{1}{4} - \frac{1}{8} + \cdots + (-1)^{n+1}\frac{1}{2^{n-1}} + \cdots$$
$$1 + 2 + 4 + 8 + \cdots + 2^{n-1} + \cdots$$

기하급수의 수렴, 발산의 판정은 다음 정리에서 알아보자.

정리 9.10.5

기하급수 정리

기하급수 $\sum_{n=1}^{\infty} ar^{n-1} = a + ar + ar^2 + ar^3 + \cdots + ar^{n-1} + \cdots \quad (a \neq 0)$에 대하여

$|r| < 1$이면 $\sum_{n=1}^{\infty} ar^{n-1}$은 $S = \frac{a}{1-r}$에 수렴한다.

$|r| \geq 1$이면 $\sum_{n=1}^{\infty} ar^{n-1}$은 발산한다.

예제 9.10.4 무한등비급수 $1 - \frac{1}{2} + \frac{1}{4} - \frac{1}{8} + \cdots + (-1)^{n+1}\frac{1}{2^{n-1}} + \cdots$의 합을 구하여라.

풀이 주어진 무한등비급수는 제1항이 1이고, 공비가 $-\frac{1}{2}$인 기하급수이다. 그러므로

$$S = \lim_{n\to\infty} S_n = \frac{1}{1-(-\frac{1}{2})} = \frac{1}{\frac{3}{2}} = \frac{2}{3}$$

이다. ■

연습문제 10. 무한급수의 수렴과 발산

1. 무한급수 $\sum_{n=5}^{\infty}\frac{3}{n} = \frac{3}{5}+\frac{3}{6}+\frac{3}{7}+\cdots$ 의 수렴, 발산을 조사하여라.

2. 무한급수 $\sum_{n=1}^{\infty}(\frac{1}{3})^n$ 은 수렴함을 보여라.

3. 무한급수 $1-1+1-1+1-1+\cdots$ 의 수렴, 발산을 조사하여라.

4. 무한등비 급수 $\sum_{n=1}^{\infty}(\frac{3}{4^n}-\frac{2}{5^{n-1}})$ 의 합을 구하여라.

5. 무한등비 급수 $\sum_{n=1}^{\infty}\frac{3}{n}$ 의 수렴, 발산을 조사하여라.

11. 순환소수

소수는 크게 유한소수와 무한소수로 분류할 수 있다.

(1) 유한소수와 무한소수

유한소수란 소수점 이하의 수가 유한개인 소수를 말하며, **무한소수**란 소수점 이하의 수가 무한개 계속되는 소수를 말한다. 유한소수를 분수로 표현하면 분모의 소인수는 2 또는 5이다.

또한 무한소수는 순환소수와 비순환소수로 분류된다.

(2) 순환소수와 비순환소수

순환소수란 소수점 이하 어느 자리에서부터 반복적으로 동일한 수가 나오는 것을 말하고, **비순환소수**란 반복되는 규칙이 없는 소수를 말한다.

(3) 순순환소수와 혼순환소수

순환소수를 순순환소수와 혼순환소수로 분류하여 다음과 같은 기호로 나타낸다.

순순환소수

$$0.\dot{a_1}\cdots\dot{a_n} = 0.a_1\cdots a_n a_1\cdots a_n a_1\cdots a_n\cdots$$

와 같이 소수점 이하의 값들 $a_1\cdots a_n$이 계속 반복된다.

혼순환소수

$$0.\,b_1b_2\cdots b_m\,\dot{a_1}\cdots\dot{a_n} = 0.\,b_1b_2\cdots b_m\,a_1\cdots a_n a_1\cdots a_n a_1\cdots a_n\cdots$$

이와 같이 소수점 이하의 값들 중에서 일정한 값 $b_1\cdots b_m$을 제외한 후에 $a_1\cdots a_n$이 계속 반복된다.

- 소수
  - 유한소수 : 분모의 소인수가 2 또는 5인 수
  - 무한소수
    - 순환소수
      - 순순환소수
      - 혼순환소수
    - 비순환소수

순환소수를 분수로 나타내기 위하여 무한급수의 성질을 이용할 수 있다.

예제 9.11.1 순순환소수 $0.\dot{4} = 0.444444\cdots$를 분수로 나타내어라.

풀이

$$0.4444\cdots = \frac{4}{10} + \frac{4}{10^2} + \frac{4}{10^3} + \cdots$$ 이므로

$$S_1 = \frac{4}{10}$$
$$S_2 = \frac{4}{10} + \frac{4}{10^2}$$
$$\vdots$$
$$S_n = \frac{4}{10} + \frac{4}{10^2} + \cdots + \frac{4}{10^n}$$

이다. 여기서 S_n은 제1항이 $\frac{4}{10}$, 공비가 $\frac{1}{10}$이며 항의 수가 n개인 등비수열의 합이므로

$$S_n = \frac{\frac{4}{10}\left(1 - \frac{1}{10^n}\right)}{1 - \frac{1}{10}}$$

이다. 따라서

$$S = \lim_{n \to \infty} S_n = \frac{4}{9}$$

이므로 $0.\dot{4} = 0.444444\cdots = \sum_{n=1}^{\infty} \frac{4}{10^n} = \frac{4}{9}$이다. ■

순환소수를 무한급수로 고치는 방법은 다음과 같다.

정리 9.11.1

(1) 순환소수 $0.\dot{a}$는 $0.\dot{a} = \frac{a}{9}$이다.

(2) 순순환소수 $0.\dot{a_1}\cdots\dot{a_n}$은

$$0.\dot{a_1}\cdots\dot{a_n} = \frac{a_1 a_2 \cdots a_n}{99\cdots9}$$

이다. 여기서 분모의 9는 n번 반복한다.

(3) 혼순환소수 $0.\,b_1 b_2 \cdots b_m \dot{a_1}\cdots\dot{a_n}$은

$$0.\,b_1 b_2 \cdots b_m \dot{a_1} \cdots \dot{a_n} = \frac{(b_1 b_2 \cdots b_m a_1 a_2 \cdots a_n) - (b_1 b_2 \cdots b_m)}{99\cdots9\,00\cdots0}$$

이다. 여기서 분모의 9는 n번 반복하며, 0은 m번 반복한다.

증명 (1) $o.\dot{a} = 0.aaaa\cdots = \frac{a}{10} + \frac{a}{100} + \frac{a}{1000} + \cdots = \frac{\frac{a}{10}}{1-\frac{1}{10}} = \frac{a}{9}$ 이다. (2)와 (3)은 앞의 예제와 동일하게 증명할 수 있다. ■

연습문제 11. 순환소수

1. $0.\dot{6}8\dot{4} = 0.684684684\cdots$를 분수로 나타내어라.

2. $12.3\dot{4}\dot{5}$을 분수로 나타내어라.

3. 분수 $\frac{16}{9000}$을 소환소수로 나타내어라.

10 장
벡터와 행렬

1. 벡터의 뜻과 그 표시법

우리들은 실생활의 많은 부분에서 측정가능한 양들, 즉 길이, 넓이, 부피, 무게, 압력 등과 같이 그 값들의 크기에 의하여 표현되는 것들을 주로 다룬다. 그러나 이런 것들 이외에 여러 종류의 측정가능한 양들이 있는데, 예를 들어 힘, 속도, 가속도 등과 같이 그 값들의 크기뿐만 아니라 방향도 필요한 것들이 있다. 바로 이와 같은 것들을 **벡터**(vector)라고 한다. 한편, 벡터가 아닌 측정값들, 즉 길이, 넓이 등을 **스칼라**(scalar)라고 한다.

정의 10.1.1

벡터란 크기와 방향을 갖는 양이다. 벡터는 유향선분으로 표시되며 흔히 화살표로 나타낸다.

다시 말하면 벡터는 점 A로부터 점 B로의 방향과 선분 AB로 표시한다. 이때 A와 B를 각각 벡터의 **시점**(initial point, 출발점)과 **종점**(terminal point)이라 하고, 이러한 벡터를 선분과 구별하기 위하여 $\overrightarrow{AB}$로 나타낸다.

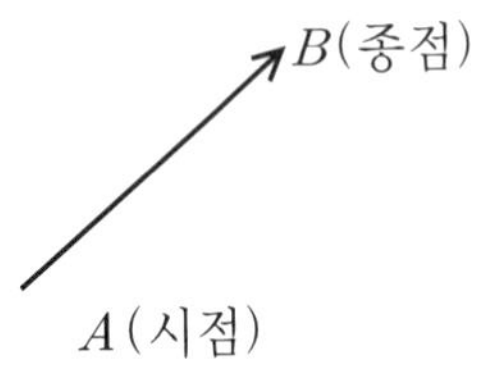

$\overrightarrow{AB}$
(A: 시점, B: 종점)

벡터 : 방향과 크기
스칼라 : 크기

벡터의 크기

벡터의 크기는 유향선분 $\overrightarrow{AB}$의 길이이며 $|\overrightarrow{AB}|$로 나타낸다. 특별히 길이가 1인 벡터를 **단위 벡터**라고 한다.

벡터가 서로 같다

두 벡터가 같다는 것은, 두 벡터의 크기는 물론 방향이 같음을 의미한다. 다시 말해서 두 벡터 $\overrightarrow{AB}$와 $\overrightarrow{CD}$의 크기와 방향이 각각 같을 때 서로 동일한 벡터라고 하고,

$$\overrightarrow{AB} = \overrightarrow{CD}$$

로 나타낸다. 즉, 벡터 $\overrightarrow{AB}$를 평행이동하여 $\overrightarrow{CD}$와 겹치게 만들 수 있는 경우이다.

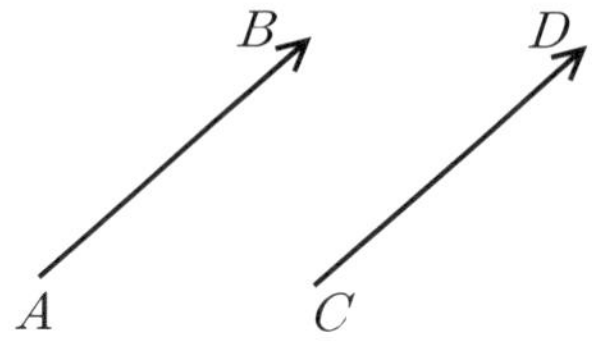

역벡터와 영벡터

어떤 벡터 $\overrightarrow{V}$에 대하여 크기는 똑같지만 방향이 반대인 벡터를 **역벡터**라 하고, $-\overrightarrow{a}$로 나타낸다. 즉 다음의 관계가 성립한다.

$$\text{역벡터: } \overrightarrow{V} = \overrightarrow{AB}\text{이면 } -\overrightarrow{V} = \overrightarrow{BA}$$

또한 벡터의 크기가 0인 벡터를 0**벡터**라고 한다.

두 벡터의 평행 조건

영벡터가 아닌 두 벡터 $\overrightarrow{U}$와 $\overrightarrow{V}$가 있을 때 $\overrightarrow{U}$와 $\overrightarrow{V}$가 서로 평행 ($\overrightarrow{U} \,//\, \overrightarrow{V}$)한 것은 0이 아닌 어떤 실수 m에 대하여 $\overrightarrow{U} = m\overrightarrow{V}$로 나타낸다.

$$\overrightarrow{U} \,//\, \overrightarrow{V} \Leftrightarrow \overrightarrow{U} = m\overrightarrow{V} \ (m\text{: 스칼라})$$

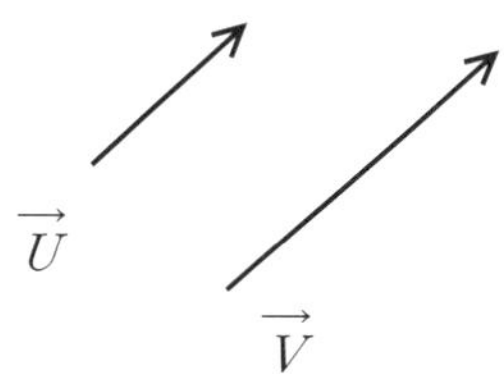

2. 벡터의 덧셈과 뺄셈, 실수배

벡터의 덧셈과 뺄셈 연산을 기하적으로 나타내어 보자. 벡터의 덧셈은 주어진 두 벡터를 인접한 두 변으로 하는 평행사변형에서 대각선 방향벡터가 덧셈벡터가 된다.

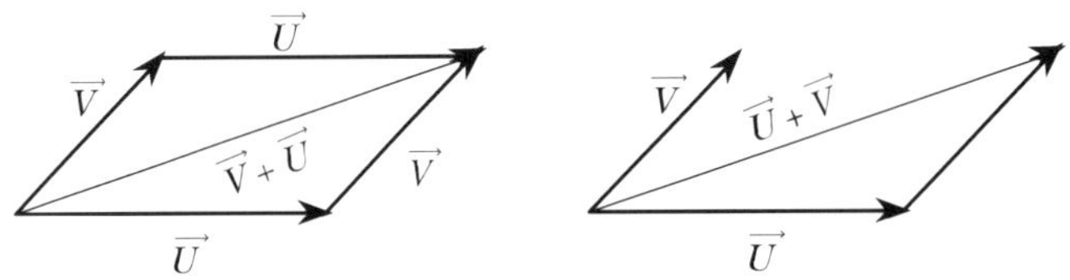

한편, 벡터 뺄셈 $\overrightarrow{U}-\overrightarrow{V}$ 를 하기 위해, 우선 $\overrightarrow{V}$에 대한 $-\overrightarrow{V}$를 먼저 알아보자. $-\overrightarrow{V}$란 $\overrightarrow{V}$와 크기는 같지만 방향이 반대이다.

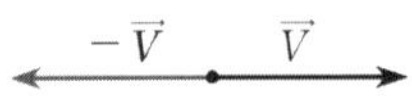

그러면 벡터의 뺄셈은

$$\overrightarrow{U}-\overrightarrow{V}=\overrightarrow{U}+(-\overrightarrow{V})$$

이므로 다음의 그림처럼 나타낼 수 있다.

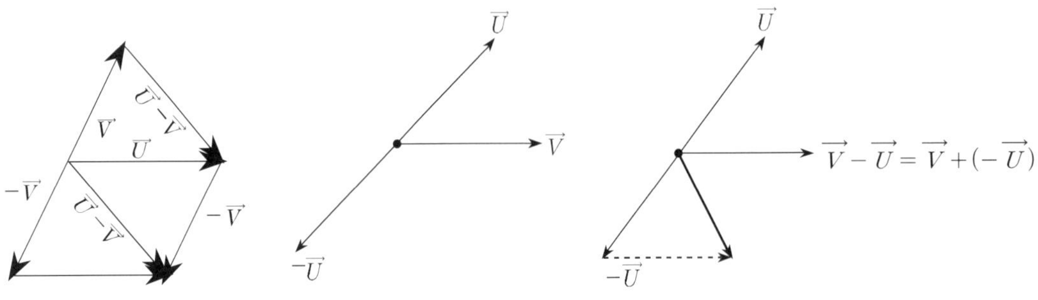

그러므로 $\overrightarrow{U}-\overrightarrow{V}$는 위치벡터 벡터 $\overrightarrow{V}$의 종점(끝점)으로부터 벡터 $\overrightarrow{U}$의 종점으로 향하는 벡터가 된다.

벡터의 덧셈은 교환법칙과 결합법칙, 즉 다음의 관계식이 성립한다.

$\overrightarrow{U}+\overrightarrow{V}=\overrightarrow{V}+\overrightarrow{U}$, $(\overrightarrow{U}+\overrightarrow{V})+\overrightarrow{W}=\overrightarrow{U}+(\overrightarrow{V}+\overrightarrow{W})$

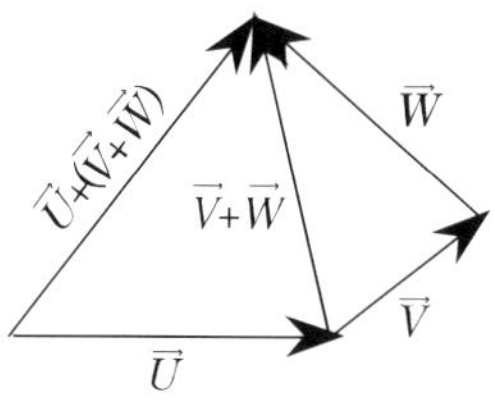

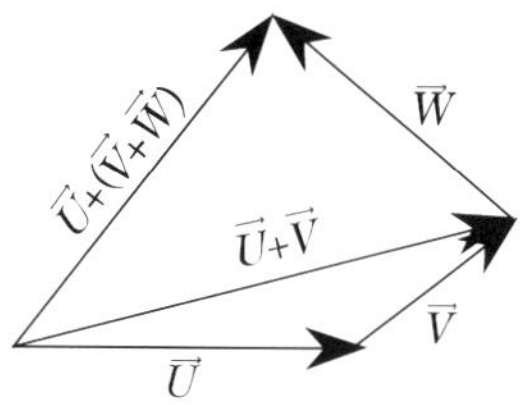

두 벡터의 덧셈과 뺄셈 연산에 대해 다음 정리가 성립한다.

정리 10.2.1

$\overrightarrow{U}$, $\overrightarrow{V}$, $\overrightarrow{W}$가 벡터일 때, 벡터의 덧셈은 다음과 같은 연산법칙을 만족한다.

(1) $\overrightarrow{U}+\overrightarrow{V}=\overrightarrow{V}+\overrightarrow{U}$ 교환법칙

(2) $(\overrightarrow{U}+\overrightarrow{V})+\overrightarrow{W}=\overrightarrow{U}+(\overrightarrow{V}+\overrightarrow{W})$ 결합법칙

(3) $\overrightarrow{U}+\overrightarrow{0}=\overrightarrow{0}+\overrightarrow{U}=\overrightarrow{U}$ 항등원

(4) $\overrightarrow{U}+(-\overrightarrow{U})=(-\overrightarrow{U})+\overrightarrow{U}=\overrightarrow{0}$ 역원

$m\overrightarrow{V}$처럼 벡터 $\overrightarrow{V}$에 스칼라 m을 곱한 형태를 벡터의 **실수배**라고 한다.

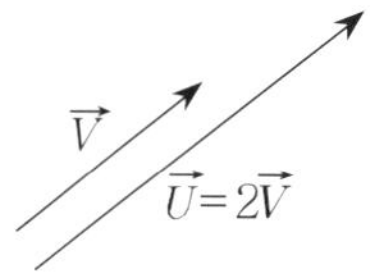

정리 10.2.2

임의의 벡터 $\overrightarrow{U}$, $\overrightarrow{V}$와 임의의 실수 m, n에 대하여 다음이 성립한다.

(1) $(mn)\overrightarrow{U}=m(n\overrightarrow{U})=n(m\overrightarrow{U})=mn\overrightarrow{U}$

(2) $(m+n)\overrightarrow{U}=m\overrightarrow{U}+n\overrightarrow{U}$

(3) $m(\overrightarrow{U}+\overrightarrow{V})=m\overrightarrow{U}+m\overrightarrow{V}$

정리 10.2.3

벡터 $\vec{U}$와 실수배 $k\vec{U}$에 대하여 다음이 성립한다.

(1) $k>0$이면, $k\vec{U}$는 $\vec{U}$와 같은 방향이고 크기가 $k|\vec{U}|$인 벡터이다.

(2) $k<0$이면, $k\vec{U}$는 $\vec{U}$와 반대 방향이고 크기가 $|k||\vec{U}|$인 벡터이다.

(3) $k=0$이면, $k\vec{U}$는 0벡터이다.

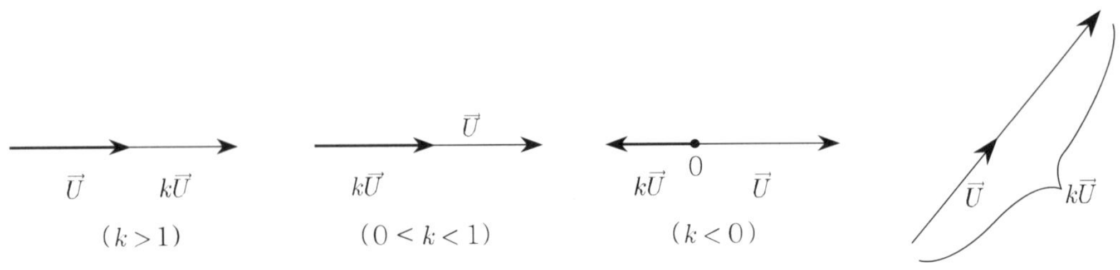

벡터 $\vec{U}$에 임의의 실수 k를 곱한 벡터의 크기는 $|k\vec{U}|=|k||\vec{U}|$이다. 여기서 k의 절댓값 $|k|$을 택한 이유는,

$$|-2\vec{U}|=|2\vec{U}|=2|\vec{U}|$$

에서 볼 수 있다. 다시 말해서 $|\vec{U}|$는 벡터 $\vec{U}$의 길이이므로 항상 양수이어야 한다.

예제 10.2.1 벡터 $\vec{U}$, $\vec{V}$에 대하여 새로운 벡터 $\vec{P}$, $\vec{Q}$를 $\vec{P}=-\vec{U}+3\vec{V}$, $\vec{Q}=2\vec{U}-5\vec{V}$라고 하자. $\vec{U}$, $\vec{V}$ 그리고 $\vec{U}-4\vec{V}$를 각각 $\vec{P}$와 $\vec{Q}$로 나타내어라.

풀이 $\vec{P}$와 $\vec{Q}$로부터 $2\vec{P}+\vec{Q}=\vec{V}$, 즉 $\vec{V}=2\vec{P}+\vec{Q}$이다. 한편,

$$\vec{P}=-\vec{U}+3(2\vec{P}+\vec{Q})$$

이므로 $\vec{U}=5\vec{P}+3\vec{Q}$이다. 위의 결과로부터 $a-4b$는

$$\vec{U}-4\vec{V}=(5\vec{P}+3\vec{Q})-4(2\vec{P}+\vec{Q})=-3\vec{P}-\vec{Q}$$

이다. ■

연습문제 2. 벡터의 덧셈과 뺄셈, 실수배

1. 두 벡터 $\overrightarrow{U}$와 $\overrightarrow{V}$가 주어져 있을 때, 다음 벡터를 나타내어라.

(1) $\overrightarrow{U}+2\overrightarrow{V}$　　　　(2) $2\overrightarrow{U}-\overrightarrow{V}$

2. 벡터에 대한 관계식이 다음과 같을 때, $\overrightarrow{U}$, $\overrightarrow{V}$를 $\vec{a}$, $\vec{b}$로 나타내어라.

$\overrightarrow{U}+2\overrightarrow{V}=\vec{a}$, $2\overrightarrow{U}-3\overrightarrow{V}=-\vec{b}$

3. 평면벡터의 성분

XY평면에서 벡터 $\overrightarrow{V}$는 X성분과 Y성분의 순서쌍 (a,b)로 표시한다. 이러한 벡터를 **평면벡터**라고 부르는데, 이는 나중에 XYZ공간에서 정의되는 벡터와 구별하기 위해서이다.

기본단위벡터와 영벡터

X축 양의 방향과 같은 방향을 가지며 길이가 1인 벡터

$$\overrightarrow{e_1} = (1,0)$$

을 **기본단위벡터**라고 부른다. 이와 마찬가지로 Y축 양의 방향과 같은 방향을 가지며 길이가 1인 벡터

$$\overrightarrow{e_2} = (0,1)$$

를 **기본단위벡터**라고 부른다. 기본단위벡터 $\overrightarrow{e_1}$과 $\overrightarrow{e_2}$를 i와 j라고 간단히 표시하기도 한다.

임의의 평면 벡터 $\overrightarrow{U} = (u_1,\ u_2)$를 생각하자. 그러면 기본단위벡터 $i = (1,0)$과 $j = (0,1)$을 사용하여

$$\overrightarrow{U} = u_1 i + u_2 j$$

로 표시할 수 있다.

영벡터란

$$\overrightarrow{0} = (0,0)$$

을 말한다.

예제 10.3.1 다음 벡터를 기본단위벡터로 나타내어라.

(1) $\overrightarrow{U} = (1,-1)$　　(2) $\overrightarrow{V} = (-2,-3)$

풀이 | $\overrightarrow{U} = i - j$이며 $\overrightarrow{V} = -2i - 3j$이다. ■

벡터를 좌표의 순서쌍으로 나타내면 벡터의 크기를 계산하거나 벡터들의 연산을 하는데 유용하다. 성분으로 표현된 평면벡터 $\overrightarrow{U}=(u_1,\ u_2)$, $\overrightarrow{V}=(v_1,\ v_2)$의 연산을 하여보자.

벡터의 합 $\overrightarrow{U}+\overrightarrow{V}=(u_1+v_1,\ u_2+v_2)$

벡터의 차 $\overrightarrow{U}-\overrightarrow{V}=(u_1-v_1,\ u_2-v_2)$

벡터의 실수배 $k\overrightarrow{U}=(ku_1, ku_2)$ (k : 실수)

벡터의 평행 $\overrightarrow{U}//\overrightarrow{V}$일 때 $\overrightarrow{U}=t\overrightarrow{V}$ (t : 실수), 즉 $\dfrac{u_1}{v_1}=\dfrac{u_2}{v_2}$

예제 10.3.2 다음 벡터를 성분으로 나타내고 좌표평면에 그려라.

(1) $\overrightarrow{U}=3\overrightarrow{e_1}+\overrightarrow{e_2}$ (2) $\overrightarrow{V}=2\overrightarrow{e_1}-\overrightarrow{e_2}$

풀이 단위벡터 $\overrightarrow{e_1}$과 $\overrightarrow{e_2}$를 대입하면

$\overrightarrow{U}=(3,\ 1)$이며 $\overrightarrow{V}=(2,\ -1)$

이다. 좌표평면에 점을 표시한 후 원점과 연결하여 벡터를 표시하면 된다. ■

벡터의 상등

두 벡터 $\overrightarrow{U}=(u_1, u_2)$와 $\overrightarrow{V}=(v_1, v_2)$에 대하여 두 벡터가 **상등**, 즉 서로 같다는 것은 각각 대응하는 x좌표와 y좌표가 서로 같다는 것을 의미한다. 다시 말해서 다음과 같다.

$$\overrightarrow{U}=\overrightarrow{V} \iff u_1=v_1,\quad u_2=v_2$$

예제 10.3.3 두 벡터 $\overrightarrow{U}=(3,-2)$와 $\overrightarrow{V}=(2x-y,\ x+2y)$가 상등일 때 x, y값을 구하여라.

풀이 서로 대응하는 성분들이 같으므로

$$\begin{cases} 2x-y=3 \\ x+2y=-2 \end{cases}$$

가 되어, $x=\dfrac{4}{5}$, $y=-\dfrac{7}{5}$이다. ■

정리 10.3.1

평면벡터 $\overrightarrow{U}=(u_1,u_2)$가 x축의 양의 방향과 이루는 각을 θ라 하면

(1) $u_1=|\overrightarrow{U}|\cos\theta$이며 $u_2=|\overrightarrow{U}|\sin\theta$이다.

(2) 벡터 $\overrightarrow{U}$의 크기는 $|\overrightarrow{U}|=\sqrt{u_1^2+u_2^2}$, 방향 θ는 $\theta=\tan^{-1}\frac{u_2}{u_1}$를 만족한다.

증명 삼각형이 세 변의 길이에 대한 피타고라스 정리로부터 위 정리를 쉽게 생각할 수 있다. ■

예제 10.3.4 주어진 벡터들의 크기와 벡터가 X축의 양의 방향과 이루는 각 θ의 $\tan\theta$를 구하여라.

(1) $\overrightarrow{U}=(-\sqrt{3},-1)$ (2) $\overrightarrow{V}=(-1,\sqrt{3})$

풀이

(1) $|\overrightarrow{U}|=\sqrt{3+1}=2$, $\tan\theta=\frac{-1}{-\sqrt{3}}=\frac{1}{\sqrt{3}}$이다. 따라서 $\theta=30°$이다.

(2) $|\overrightarrow{V}|=\sqrt{3+1}=2$, $\tan\theta=\frac{\sqrt{3}}{-1}=-\sqrt{3}$이다. 따라서 $\theta=-60°$이다. ■

평면공간 $\mathbb{R}^2$에서의 원점 $O(0,0)$을 시점으로 하고 점 A를 종점으로 하는 벡터 $\overrightarrow{OA}$를 점 A의 **위치벡터**라고 한다.

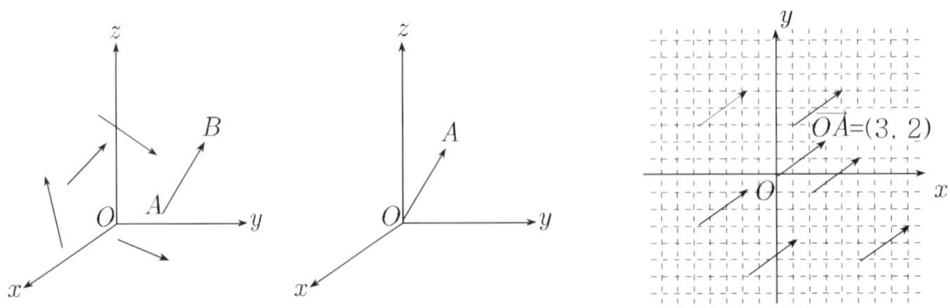

모든 유향선분은 필요한 만큼 평행이동을 하여 시점이 원점과 일치하도록 만들 수 있다. 그러므로 모든 벡터는 위치벡터로 이해할 수 있으며, 위치벡터의 종점은 평면 $\mathbb{R}^2$상의 한 점을 나타낸다. 따라서 위치벡터는 $\mathbb{R}^2$의 한 점을 평면벡터로 간주할 수 있으며, 그 반대로 평면벡터는 $\mathbb{R}^2$의 한 점으로 볼 수 있다.

예제 10.3.5 벡터 $\overrightarrow{V}=(1,2)$는 시점을 원점으로 하고 종점을 점 $A(1,2)$으로 하는 위치벡터 $\overrightarrow{OA}$가 된다.

예제 10.3.6 시점이 $A(a_1,a_2)$이고 종점이 $B(b_1,b_2)$인 벡터를 위치벡터로 나타내어라.

풀이 $\overrightarrow{AB}= B- A = (b_1 - a_1, b_2, - a_2)$

가 된다. ■

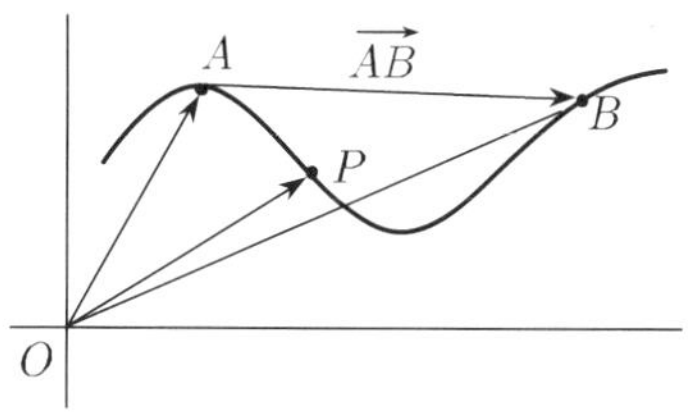

$\overrightarrow{OP}$: 위치벡터, $\overrightarrow{AB}$: 벡터

연습문제 3. 평면벡터의 성분

1. 다음에 주어진 벡터에 대하여 같은 방향의 단위벡터를 구하여라.

(1) $\overrightarrow{U}= (4,- 3)$ (2) $\overrightarrow{V}= (- 1,1)$

2. 벡터를 성분으로 나타내고 좌표평면에 그려라.

$$\overrightarrow{U}=- \overrightarrow{e_1}+ 2\overrightarrow{e_2}, \quad \overrightarrow{V}=- 2\overrightarrow{e_1}- 3\overrightarrow{e_2}$$

3. 벡터를 기본단위벡터로 나타내어라.

(1) $\overrightarrow{U}= (1,3)$ (2) $\overrightarrow{V}= (- 2,1)$

4. 벡터들의 크기와 벡터가 X축의 양의 방향과 이루는 각 θ의 $\tan\theta$를 구하여라.

(1) $\overrightarrow{U}= (1,\ 1)$ (2) $\overrightarrow{V}= (3,\ - 4)$

4. 공간벡터의 성분

2차원 XY평면에서 정의된 평면벡터를 확장하여 3차원 XYZ공간에서 벡터를 정의할 수 있는데, 이것을 **공간벡터**라고 한다. 그러므로 공간벡터는 평면벡터와 거의 동일하게 생각하면 된다.

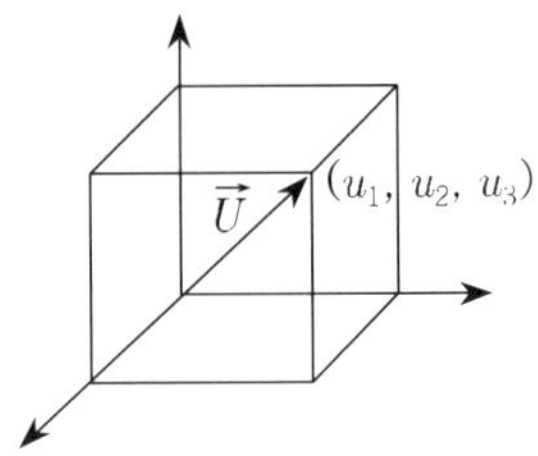

공간벡터는

$$\vec{U}=(u_1,\ u_2,\ u_3)$$

로 표시되며 이때 u_1, u_2, u_3는 각각 X축, Y축, Z축의 성분이다.

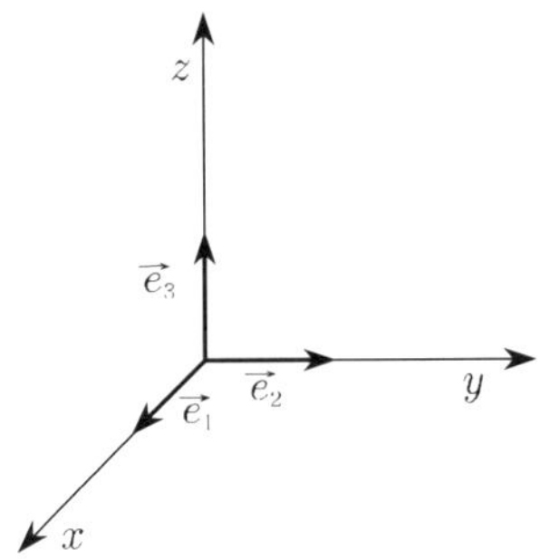

3차원 XYZ공간 내의 단위벡터 중 가장 기본이 되는 벡터는

$$\vec{e_1}=(1,0,0),\quad \vec{e_2}=(0,1,0),\quad \vec{e_3}=(0,0,1)$$

이다. 종종

$$\vec{e_1}=i,\ \vec{e_2}=j,\ \vec{e_3}=k$$

로도 나타내며 이들 벡터들은 서로 수직인 위치에 있으며 기본단위벡터(elementary unit vector)라고 부른다.

예제 10.4.1 임의의 공간벡터를 기본단위벡터를 사용하여 표시하여라.

풀이 임의의 공간벡터를 $\vec{U}=(u_1,u_2,u_3)$라 하면

$$(u_1,u_2,u_3)=u_1(1,0,0)+u_2(0,1,0)+u_3(0,0,1)=u_1 i+u_2 j+u_3 k$$

가 되어 i,j,k의 결합으로 나타낼 수 있다.

그러므로 성분으로 표현된 공간벡터 $\vec{U}=(u_1,u_2,u_3)$를 기본단위벡터를 사용하여

$$\vec{U}=u_1\vec{e_1}+u_2\vec{e_2}+u_3\vec{e_3}=u_1 i+u_2 j+u_3 k$$

로 나타낼 수 있다. 또한 영벡터는 $\vec{0}=(0,0,0)$이다. ■

예제 10.4.2 다음 벡터를 기본단위벡터로 나타내어라.

(1) $\overrightarrow{U}=(1,2,3)$ (2) $\overrightarrow{V}=(-1,2,1)$

풀이 (1) $\overrightarrow{U}=i+2j+3k$ (2) $\overrightarrow{V}=-i+2j+k$ ■

공간벡터의 성질은 기본적으로 평면벡터의 성질과 거의 동일하다.

벡터 $\overrightarrow{U}=(u_1,u_2,u_3)$, $\overrightarrow{V}=(v_1,v_2,v_3)$라고 할 때

(1) 두 벡터의 상등 : $\overrightarrow{U}=\overrightarrow{V} \Leftrightarrow u_1=v_1,\ u_2=v_2,\ u_3=v_3$

(2) 벡터의 합 : $\overrightarrow{U}+\overrightarrow{V}=(u_1+v_1,\ u_2+v_2,\ u_3+v_3)$

(3) 벡터의 차 : $\overrightarrow{U}-\overrightarrow{V}=(u_1-v_1,\ u_2-v_2,\ u_3-v_3)$

예제 10.4.3 다음 등식이 성립함을 증명하여라.

(1) $\overrightarrow{AB}+\overrightarrow{BC}=\overrightarrow{AC}$ (2) $\overrightarrow{OA}-\overrightarrow{OB}=\overrightarrow{BA}$를 보여라.

증명 세 점 $A(a_1,a_2,a_3)$, $B(b_1,b_2,b_3)$ 그리고 $C(c_1,c_2,c_3)$라고 하자. 그러면

$$\overrightarrow{AB}=(b_1-a_1,\ b_2-a_2,\ b_3-a_3)\text{이며 }\overrightarrow{BC}=(c_1-b_1,\ c_2-b_2,\ c_3-b_3)$$

이다. 따라서

$$\begin{aligned}\overrightarrow{AB}+\overrightarrow{BC} &= (b_1-a_1,b_2-a_2,b_3-a_3)+(c_1-b_1,c_2-b_2,c_3-b_3)\\ &= (c_1-a_1,c_2-a_2,c_3-a_3)=\overrightarrow{AC}\end{aligned}$$

이다. (2)도 유사하게 보일 수 있다. ■

이제 벡터의 실수배 연산을 알아보자.

벡터 $\overrightarrow{U}=(u_1,u_2,u_3)$와 스칼라(실수) k가 있을 때, 실수배는

$$k\overrightarrow{U}=(ku_1,\ ku_2,\ ku_3)$$

이다. 그러므로 다음의 관계도 알 수 있다.

$$\frac{\overrightarrow{U}}{k}=\frac{1}{k}\overrightarrow{U}=\left(\frac{u_1}{k},\ \frac{u_2}{k},\ \frac{u_3}{k}\right)\quad(k\neq 0)$$

예제 10.4.4 다음 물음에 답하여라.

(1) 성분으로 표시된 벡터 $\overrightarrow{U}=(1,2,3)$를 단위벡터의 합으로 표시하여라.

(2) 단위벡터의 합으로 표시된 벡터 $\overrightarrow{V}=3i+k$를 성분으로 표시하여라.

풀이 (1) $\overrightarrow{U}=(1,2,3)=i+2j+3k$ (2) $\overrightarrow{V}=3i+k=(3,0,1)$ ■

예제 10.4.5 세 점 $P(1,2,3)$, $Q(3,4,5)$, $R(1,3,5)$일 때, $\overrightarrow{PQ}$, $\overrightarrow{PR}$ 그리고 $\overrightarrow{QP}$를 구하여라.

풀이 $\overrightarrow{PQ}=(3-1,\ 4-2,\ 5-3)=(2,2,2)$이며 $\overrightarrow{PR}=(1-1,\ 3-2,\ 5-3)=(0,1,2)$이다. 또한 $\overrightarrow{QP}=(-2,\ -2,\ -2)$이다. ■

예제 10.4.6 점 $A(1,3,7)$, $B(-1,0,13)$, $C(-2,-5,7)$, $D(-4,-8,13)$에 대하여 $\overrightarrow{AB}$와 $\overrightarrow{CD}$는 같은 벡터임을 보여라.

증명 $\overrightarrow{AB}=(-2,-3,6)=\overrightarrow{CD}$이다. ■

공간벡터 $\overrightarrow{U}=(a,b,c)$의 **크기**란 벡터의 길이를 뜻하여 $|\overrightarrow{U}|$로 나타낸다. 평면벡터에서와 마찬가지로 공간벡터의 길이도 피타고라스의 정리를 활용하여

$$|\overrightarrow{U}|=\sqrt{a^2+b^2+c^2}$$

로 표현된다.

정리 10.4.1

점 $A(a_1,a_2,a_3)$와 $B(b_1,b_2,b_3)$를 각각 시점과 종점으로 하는 벡터 $\overrightarrow{U}=\overrightarrow{AB}$의 크기는

$$|\overrightarrow{U}|=|\overrightarrow{AB}|=\sqrt{(b_1-a_1)^2+(b_2-a_2)^2+(b_3-a_3)^2}$$

이다.

증명 $\overrightarrow{AB}=(b_1-a_1,\ b_2-a_2,\ b_3-a_3)$이므로 피타고라스 정리에 의하여 벡터의 크기 $|\overrightarrow{AB}|$를 얻을 수 있다. ■

단위벡터

길이가 1인 벡터를 **단위벡터**라고 한다.

예를 들어 $(1,0,0)$, $(0,1,0)$, $(0,0,1)$은 단위벡터이고, $(\frac{1}{\sqrt{3}}, \frac{1}{\sqrt{3}}, \frac{1}{\sqrt{3}})$도 단위벡터이다.

정리 10.4.2

임의의 벡터 $\vec{U}=(u_1,u_2,u_3)$를 자신의 길이 $|\vec{U}|$로 나누면 단위벡터가 된다.

증명 $\vec{U}=(u_1,u_2,u_3)$를 $|\vec{u}|$로 나누면, u의 각각의 성분을 $|\vec{U}|$로 나누어 생긴 벡터

$$\frac{\vec{U}}{|\vec{U}|}=\left(\frac{u_1}{|\vec{U}|}, \frac{u_2}{|\vec{U}|}, \frac{u_3}{|\vec{U}|}\right)$$

가 된다. 이 벡터의 길이는

$$\left|\frac{\vec{U}}{|\vec{U}|}\right|=\frac{1}{|\vec{U}|}|\vec{U}|=1$$

이므로, 길이가 1인 단위벡터가 된다. ■

그러므로 다음의 정리가 성립한다.

정리 10.4.3

$\vec{U}=(u_1,u_2,u_3)$가 영벡터가 아닐 때, $|\vec{U}|=\sqrt{u_1^2+u_2^2+u_3^2}$이고, $\vec{U}$와 같은 방향의 단위벡터는 $\frac{\vec{U}}{|\vec{U}|}=\left(\frac{u_1}{|\vec{U}|}, \frac{u_2}{|\vec{U}|}, \frac{u_3}{|\vec{U}|}\right)$이다.

일반적으로 임의의 n차원에 속하는 벡터는 $\vec{U}=(a_1,a_2,\cdots,a_n)$로 나타낼 수 있으며, 이것을 **$n$차원벡터**라고 한다. 그러나 3차원보다 높은 차원의 벡터는 그림으로 나타낼 수 없으므로, 여기서는 2차원 평면벡터와 3차원 공간벡터로 제한하여 취급한다. 또한 3차원 벡터 $\vec{U}=(u_1,u_2,u_3)$에서 $u_3=0$인 벡터 $(u_1,u_2,0)$은 2차원 벡터 (u_1,u_2)로 생각할 수 있다

예제 10.4.7 $\vec{U}=(1,2,3)$일 때, $-7\vec{U}$의 크기를 구하여라.

풀이 $|-7\vec{U}|=7|\vec{U}|=7\sqrt{1^2+2^2+3^3}=7\sqrt{14}$이 된다. ■

연습문제 4. 공간벡터의 성분

1. 벡터 $\overrightarrow{U}=(1,2,3)$이라고 할 때

(1) 벡터 $\overrightarrow{U}$의 길이를 구하여라.

(2) 벡터 $\overrightarrow{U}$를 변형시켜 길이가 1인 벡터를 만들어라.

2. 벡터 $\overrightarrow{U}=(2,-1,1)$, $\overrightarrow{V}=(1,2,1)$, $\overrightarrow{W}=(-2,-1,3)$일 때,

(1) 벡터의 크기를 각각 구하여라.

(2) 벡터 $2\overrightarrow{U}+3\overrightarrow{V}-\overrightarrow{W}$를 성분으로 나타내어라.

3. 주어진 벡터에 대하여 같은 방향의 단위벡터를 구하여라.

(1) $\overrightarrow{U}=(1,\ \sqrt{3},\ 2)$ (2) $\overrightarrow{V}=(-\sqrt{3},\ 1,\ 1)$

4. 두 점 $A(1,-3,1)$와 $B(-2,1,1)$에 대하여 다음 물음에 답하여라.

(1) 벡터 $\overrightarrow{AB}$를 성분으로 나타내어라. (2) 벡터 $\overrightarrow{AB}$를 단위벡터로 나타내어라.

5. 벡터의 내적

앞 절에서 벡터의 합과 차, 그리고 실수배를 배웠다. 이제 벡터의 곱셈 연산에 대하여 알아보자. 벡터의 곱셈에는 내적과 외적의 두 가지 방법이 있는데 여기서는 내적을 알아보자.

성분으로 표현된 두 벡터 $\overrightarrow{U}=(u_1,\ u_2,\ u_3)$, $\overrightarrow{V}=(v_1,\ v_2,\ v_3)$에 대하여, $\overrightarrow{U}$와 $\overrightarrow{V}$의 **내적**(inner product, dot product)은 기호 $\overrightarrow{U}\cdot\overrightarrow{V}$로 나타내며, 다음과 같이 정의된다.

$$\overrightarrow{U}\cdot\overrightarrow{V}=u_1v_1+u_2v_2+u_3v_3$$

그러므로 만일 $\overrightarrow{U}$와 $\overrightarrow{V}$가 평면벡터로서 $\overrightarrow{U}=(u_1,\ u_2)$, $\overrightarrow{V}=(v_1,\ v_2)$라면 내적은

$$\overrightarrow{U}\cdot\overrightarrow{V}=u_1v_1+u_2v_2$$

이 된다.

정리 10.5.1

> 벡터 $\overrightarrow{U}=(u_1,u_2,u_3)$에서 $\overrightarrow{V}=(v_1,v_2,v_3)$ 방향으로 이루는 사잇각을 θ라 하면 내적은
>
> $$\overrightarrow{U}\cdot\overrightarrow{V}=|\overrightarrow{U}|\ |\overrightarrow{V}|\cos\theta$$
>
> 이 된다.

증명은 생략한다.

위의 정리에 의하여

$$\overrightarrow{U}\cdot\overrightarrow{V}=u_1v_1+u_2v_2+u_3v_3=|\overrightarrow{U}|\ |\overrightarrow{V}|\cos\theta$$

이므로 두 벡터의 사잇각 θ에 대한 cos의 값을 내적으로 나타낼 수 있다.

정리 10.5.2

$\vec{U}=(u_1,u_2,u_3)$, $\vec{V}=(v_1,v_2,v_3)$가 이루는 사잇각을 θ라 하면

(1) $\cos\theta=\dfrac{\vec{U}\cdot\vec{V}}{|\vec{U}|\,|\vec{V}|}=\dfrac{u_1v_1+u_2v_2+u_3v_3}{\sqrt{u_1^2+u_2^2+u_3^2}\,\sqrt{v_1^2+v_2^2+v_3^2}}$이다.

(2) $|\vec{U}|=\sqrt{\vec{U}\cdot\vec{U}}$이다.

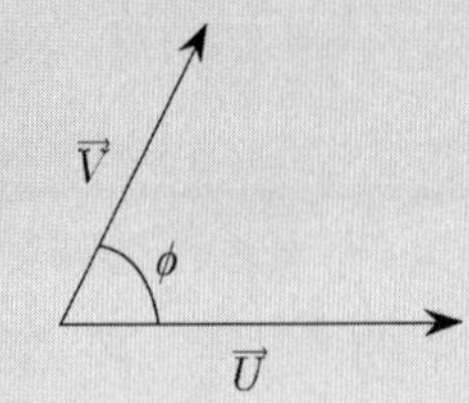

증명 (1) 위의 정리에 의하여 $\vec{U}\cdot\vec{V}=|\vec{U}|\,|\vec{V}|\cos\theta$이므로

$$\cos\theta=\frac{\vec{U}\cdot\vec{V}}{|\vec{U}|\,|\vec{V}|}$$

이다. 또한 $|\vec{U}|^2=u_1^2+u_2^2+u_3^2$이며 $|\vec{V}|^2=v_1^2+v_2^2+v_3^2$이므로

$$\cos\theta=\frac{\vec{U}\cdot\vec{V}}{|\vec{U}|\,|\vec{V}|}=\frac{u_1v_1+u_2v_2+u_3v_3}{\sqrt{u_1^2+u_2^2+u_3^2}\,\sqrt{v_1^2+v_2^2+v_3^2}}$$

이 성립한다.

(2) $\vec{U}\cdot\vec{U}=|\vec{U}|\,|\vec{U}|\cos\theta$이며, 여기서 θ는 $\vec{U}$가 자기 자신 $\vec{U}$와 이루는 사잇각이므로 $\theta=0$이다. 따라서 $\cos\theta=\cos 0=1$이 되고,

$$\vec{U}\cdot\vec{U}=|\vec{U}|\,|\vec{U}|=|\vec{U}|^2$$

이다. ■

예제 10.5.1 주어진 두 벡터의 사잇각을 구하여라.

(1) $\vec{U}=(3,-1,-2)$, $\vec{V}=(2,0,0)$ (2) $\vec{U}=(-1,1,0)$, $\vec{V}=(2,0,0)$

풀이 (1) 사잇각 θ에 대하여,

$$\cos\theta=\frac{\vec{U}\cdot\vec{U}}{|\vec{U}|\,|\vec{V}|}=\frac{3(2)+(-1)(-3)+(-2)1}{\sqrt{14}\,\sqrt{14}}=\frac{7}{14}=\frac{1}{2}$$

가 되어, $\theta=60°$이다.

(2) $\cos\theta=\dfrac{-2}{\sqrt{2}\,2}=-\dfrac{1}{\sqrt{2}}$가 되어 $\theta=135°$이다. ■

정리 10.5.3

내적의 기본 성질

(1) 두 벡터를 내적한 결과는 실수(스칼라)이다.

(2) 벡터의 내적은 교환법칙, 결합법칙, 분배법칙을 만족한다. 즉, $\overrightarrow{U}$, $\overrightarrow{V}$, $\overrightarrow{W}$가 벡터일 때,

① $\overrightarrow{U} \cdot \overrightarrow{V} = \overrightarrow{V} \cdot \overrightarrow{U}$(교환법칙)

② $\overrightarrow{kU} \cdot \overrightarrow{V} = k(\overrightarrow{U} \cdot \overrightarrow{V}) = \overrightarrow{U} \cdot k\overrightarrow{V}$(결합법칙)

③ $\overrightarrow{U} \cdot (\overrightarrow{V} + \overrightarrow{W}) = \overrightarrow{U} \cdot \overrightarrow{V} + \overrightarrow{U} \cdot \overrightarrow{W}$(분배법칙)

④ $(\overrightarrow{U} + \overrightarrow{V}) \cdot \overrightarrow{W} = \overrightarrow{U} \cdot \overrightarrow{W} + \overrightarrow{V} \cdot \overrightarrow{W}$(분배법칙)

연습문제 5. 벡터의 내적

1. 벡터 $\overrightarrow{U} = (1,2,3)$에 대하여, $|\overrightarrow{U}|$와 $\overrightarrow{U} \cdot \overrightarrow{U}$를 구하여라.

2. 두 벡터 $\overrightarrow{U} = (-1,1)$와 $\overrightarrow{V} = (2,x)$가 이루는 각이 $135°$일 때, x를 구하여라.

3. 벡터 $\overrightarrow{U}$, $\overrightarrow{V}$에 대하여 $|\overrightarrow{U}| = 1$, $|\overrightarrow{V}| = 2$이고, 두 벡터의 사잇각이 $60°$일 때, $(2\overrightarrow{U} + \overrightarrow{V}) \cdot (\overrightarrow{U} - 2\overrightarrow{V})$를 구하여라.

6. 벡터의 수직과 평행

공간벡터들의 위치 관계를 알아보자.

정리 10.6.1

두 벡터 $\overrightarrow{U}$와 $\overrightarrow{V}$가 있을 때,

(1) $\overrightarrow{U}$와 $\overrightarrow{V}$가 일치 ($\overrightarrow{U}=\overrightarrow{V}$)할 필요충분조건은 각각의 성분이 일치하는 것이다.

(2) $\overrightarrow{U}$와 $\overrightarrow{V}$가 평행 ($\overrightarrow{U}//\overrightarrow{V}$)할 필요충분조건은 $\overrightarrow{U}=k\overrightarrow{V}$ ($k\neq 0$: 스칼라)인 것이다.

증명 (1) $\overrightarrow{U}$와 $\overrightarrow{V}$의 성분을 각각 $\overrightarrow{U}=(u_1,u_2,u_3)$, $\overrightarrow{V}=(v_1,v_2,v_3)$라고 하면

$$\begin{aligned}\overrightarrow{U}=\overrightarrow{V} &\Leftrightarrow \vec{u}-\vec{v}=0\\ &\Leftrightarrow (u_1-v_1,\ u_2-v_2,\ u_3-v_3)=(0,\ 0,\ 0)\\ &\Leftrightarrow u_1=v_1,\ u_2=v_2,\ u_3=v_3\end{aligned}$$

이다.

(2)는 정의에 의하여 당연하다. ■

두 벡터의 위치 관계를 내적을 사용하여 더 쉽게 설명할 수 있다.

정리 10.6.2

영이 아닌 두 벡터 $\overrightarrow{U}$와 $\overrightarrow{V}$에 대하여 다음이 성립한다.

(1) $\overrightarrow{U}$와 $\overrightarrow{V}$가 수직 ($\overrightarrow{U}\perp\overrightarrow{V}$)일 필요충분조건은 $\overrightarrow{U}\cdot\overrightarrow{V}=0$이다.

(2) $\overrightarrow{U}$와 $\overrightarrow{V}$가 평행 ($\overrightarrow{U}//\overrightarrow{V}$)할 필요충분조건은 $\overrightarrow{U}\cdot\overrightarrow{V}=\pm|\overrightarrow{U}|\,|\overrightarrow{V}|$이다.

증명 (1)

$$\begin{aligned}\overrightarrow{U}\perp\overrightarrow{V} &\Leftrightarrow \theta=90^\circ\\ &\Leftrightarrow \cos\theta=0\\ &\Leftrightarrow \overrightarrow{U}\cdot\overrightarrow{V}=|\overrightarrow{U}|\,|\overrightarrow{V}|\cos\theta=0\end{aligned}$$

이다.

(2)

$$\begin{aligned}\overrightarrow{U}//\overrightarrow{V} &\Leftrightarrow \theta=0^\circ \text{ 또는 } 180^\circ\\ &\Leftrightarrow \cos\theta=\pm 1\\ &\Leftrightarrow \overrightarrow{U}\cdot\overrightarrow{V}=|\overrightarrow{U}|\,|\overrightarrow{V}|\cos\theta=\pm|\overrightarrow{U}|\,|\overrightarrow{V}|\end{aligned}$$

이다. ■

정리 10.6.3

두 벡터가 평행한 경우는 두 벡터의 방향이 서로 같거나 혹은 정반대인 때이다.

증명 $\overrightarrow{U}$와 $\overrightarrow{V}$가 평행인 것은 $\overrightarrow{U}=k\overrightarrow{V}$ (k : 스칼라)이므로, $k>0$이면 $\overrightarrow{U}$와 $\overrightarrow{V}$의 방향이 같다. 그러나 $k<0$이면 $\overrightarrow{U}$와 $\overrightarrow{V}$의 방향이 정반대이다. ■

예제 10.6.1 벡터 $\overrightarrow{U}=(1,-2,3)$과 $\overrightarrow{V}=(-2,4,-6)$은 서로 평행한 벡터임을 증명하여라.

증명 $-2\overrightarrow{U}=\overrightarrow{V}$이므로 당연하다. ■

연습문제 6. 벡터의 수직과 평행

1. 어떤 양의 실수 k에 대하여 두 벡터가 $\overrightarrow{U}=(1,2)$, $\overrightarrow{V}=(k,-1)$라고 하자. $\overrightarrow{U}+\overrightarrow{V}$와 $\overrightarrow{U}-\overrightarrow{V}$가 서로 수직일 때, k값을 구하여라.

2. 두 벡터가 $\overrightarrow{U}=(2,1)$, $\overrightarrow{V}=(-1,2)$일 때, $\overrightarrow{U}=k\overrightarrow{V}+\overrightarrow{W}$를 만족하는 상수 k를 구하여라. (단, $\overrightarrow{V}$와 $\overrightarrow{W}$는 서로 수직이다.)

7. 직선의 방정식

벡터를 사용하여 직선의 방정식을 나타내는 여러가지 방법을 알아보자.

(1) 한 점을 지나고 주어진 벡터에 평행한 직선의 방정식

점 $A(x_1,\ y_1,\ z_1)$을 지나고 벡터 $\overrightarrow{V}=(l,\ m,\ n)$에 평행한 직선 L은 다음의 두 형태로 나타낼 수 있다.

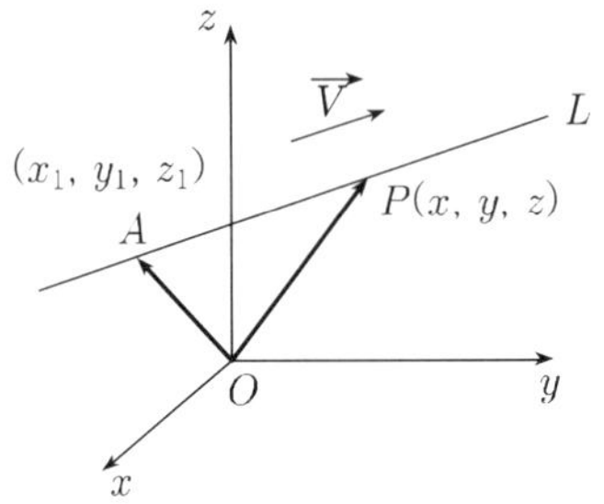

매개변수 방정식

임의의 점 $P(x,\ y,\ z)$에 대하여, 식 $\overrightarrow{OP}=\overrightarrow{OA}+t\overrightarrow{V}$가 성립하므로

$$(x,y,z)=(x_1,y_1,z_1)+t(l,m,n)$$

이 되어, 다음과 같다.

$$x=lt+x_1$$
$$y=mt+y_1$$
$$z=nt+z_1$$

위의 관계식을 **매개변수 t에 의한 매개변수방정식**이라고 한다.

좌표공간에서의 방정식

식을 변형하면

$$\frac{x-x_1}{l}=\frac{y-y_1}{m}=\frac{z-z_1}{n}(=t)$$

로 나타내어지는데, 이것을 **대칭방정식**이라고 한다. 또한 벡터 $\overrightarrow{V}=(l,\ m,\ n)$을 이 직선의 **방향**

벡터라고 한다.

예제 10.7.1 점 $(1,2,3)$을 지나고 $\overrightarrow{V}=(2,3,4)$에 평행한 직선의 방정식을 구하여라.

풀이 직선 위의 임의의 점을 (x,y,z)라고 하면, 직선식은

$$\frac{x-1}{2}=\frac{y-2}{3}=\frac{z-3}{4}$$

이 된다. 한편 매개변수 t로 나타내면 다음과 같다.

$$x=2t+1$$

$$y=3t+2$$

$$z=4t+3$$

■

(2) 두 점을 지나는 직선의 방정식

두 점 $A(x_1,y_1,z_1)$과 $B(x_2,y_2,z_2)$를 지나는 직선의 식은 다음의 두 형태로 나타낼 수 있다.

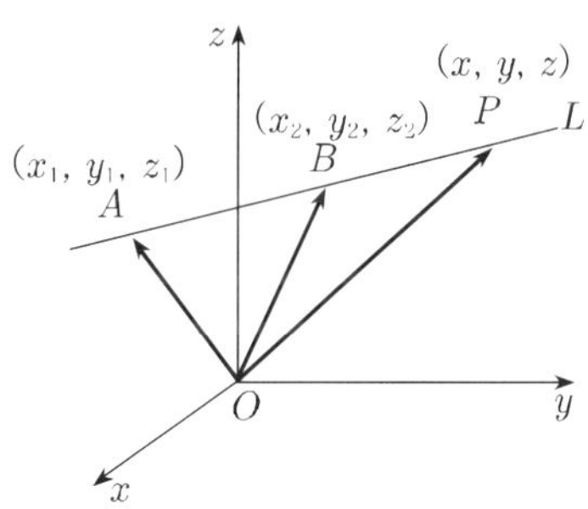

매개변수 방정식

임의의 점 $P(x,y,z)$에 대하여, 매개변수 t에 의한 매개변수방정식은 다음과 같다.

$$x=x_1+t(x_2-x_1)$$

$$y=y_1+t(y_2-y_1)$$

$$z=z_1+t(z_2-z_1)$$

좌표공간에서의 방정식

위의 식을 변형하면 다음과 같은 식이 만들어진다.

$$\frac{x-x_1}{x_2-x_1}=\frac{y-y_1}{y_2-y_1}=\frac{z-z_1}{z_2-z_1}\ (=t)$$

예제 10.7.2 두 점 (1,2,3)와 (4,3,1)을 지나는 직선의 방정식을 구하여라.

풀이 $\frac{x-1}{4-1}=\frac{y-2}{3-2}=\frac{z-3}{1-3}$ 이므로 $\frac{x-1}{3}=y-2=\frac{z-3}{-2}$ 이다. ∎

f_1과 f_2를 두 직선이라고 하면

$$f_1:\ \frac{x-x_1}{l_1}=\frac{y-y_1}{m_1}=\frac{z-z_1}{n_1},\quad f_2:\ \frac{x-x_2}{l_2}=\frac{y-y_2}{m_2}=\frac{z-z_2}{n_2}$$

으로 나타낼 수 있으며, 이때 $\overrightarrow{U_1}=(l_1,m_1,n_1)$과 $\overrightarrow{U_2}=(l_2,m_2,n_2)$는 방향벡터로서 직선의 방향을 나타낸다.

정리 10.7.1

두 직선의 위치 관계

두 직선 $f_1:\frac{x-x_1}{l_1}=\frac{y-y_1}{m_1}=\frac{z-z_1}{n_1}$ 과 $f_2:\frac{x-x_2}{l_2}=\frac{y-y_2}{m_2}=\frac{z-z_2}{n_2}$에 대하여

(1) f_1과 f_2가 평행 $(f_1//f_2)$할 동치 조건은 $\frac{l_1}{l_2}=\frac{m_1}{m_2}=\frac{n_1}{n_2}$이다.

(2) f_1과 f_2가 수직 $(f_1\perp f_2)$일 동치 조건은 $l_1l_2+m_1m_2+n_1n_2=0$이다.

증명 직선 f_1과 f_2의 방향벡터를 각각 $\overrightarrow{U}$, $\overrightarrow{V}$라고 하자. 그러면 주어진 식으로부터

$\overrightarrow{U}=(l_1,m_1,n_1)$이고 $\overrightarrow{V}=(l_2,m_2,n_2)$

이다. 따라서

$$\begin{aligned} f_1//f_2 &\Leftrightarrow \overrightarrow{U}//\overrightarrow{V} \\ &\Leftrightarrow (l_1,m_1,n_1)=t(l_2,m_2,n_2) \\ &\Leftrightarrow l_1=tl_2,\quad m_1=tm_2,\quad n_1=tn_2 \\ &\Leftrightarrow t=\frac{l_1}{l_2}=\frac{m_1}{m_2}=\frac{n_1}{n_2} \end{aligned}$$

이다. 한편,

$$\begin{aligned} f_1\perp f_2 &\Leftrightarrow \overrightarrow{U}\perp\overrightarrow{V} \\ &\Leftrightarrow \overrightarrow{U}\cdot\overrightarrow{V}=0 \\ &\Leftrightarrow l_1l_2+m_1m_2+n_1n_2=0 \end{aligned}$$

이다. ∎

연습문제 7. 직선의 방정식

1. 점 $(1,2,3)$을 지나고 직선 $L: 6(x+3)=3(y-2)=-2(z+1)$에 평행한 직선의 방정식을 구하여라.

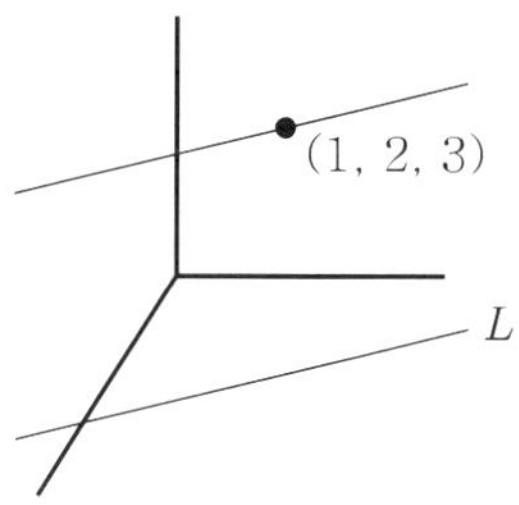

8. 평면의 방정식

(1) 한 점을 지나고 주어진 벡터에 수직인 평면의 방정식

점 $A(x_1, y_1, z_1)$을 지나고 벡터 $\overrightarrow{N}=(a, b, c)$에 수직인 평면의 방정식을 다음과 같은 두 형태로 나타낼 수 있다.

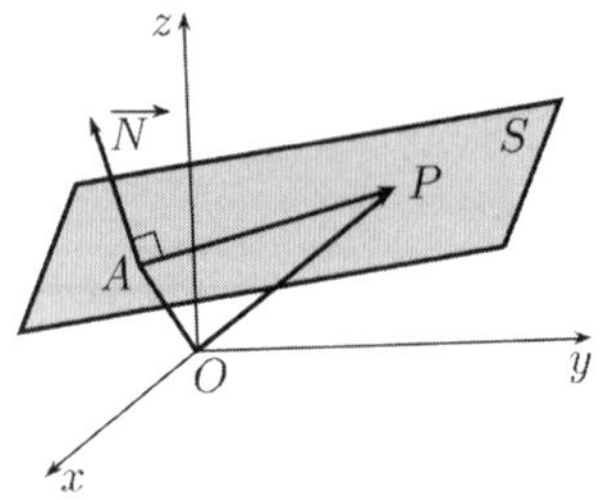

좌표공간에서의 방정식

점의 좌표를 $P(x,y,z)$라고 하면

$$\overrightarrow{N}\cdot\overrightarrow{AP}=(a,b,c)\cdot(x-x_1,y-y_1,z-z_1)$$
$$=a(x-x_1)+b(y-y_1)+c(z-z_1)=0$$

즉,

$$a(x-x_1)+b(y-y_1)+c(z-z_1)=0$$

이 된다.

예제 10.8.1 점 $A(1, 2, 3)$을 지나고 벡터 $\overrightarrow{N}=(3, 1, 8)$에 수직인 평면의 방정식을 구하여라.

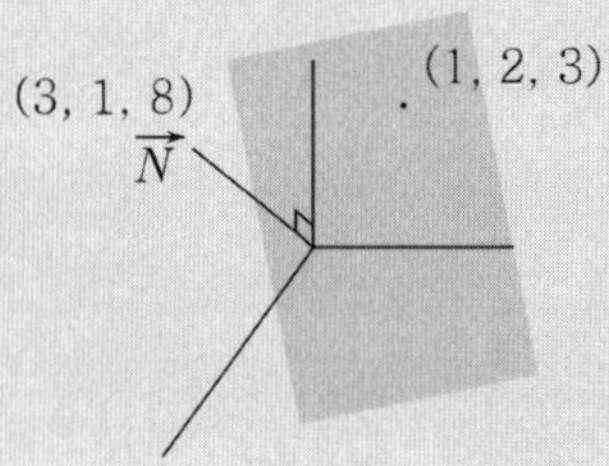

풀이 $1(x-3)+2(y-1)+3(z-8)=0$, 즉

$$x+2y+3z-29=0$$

이다. ■

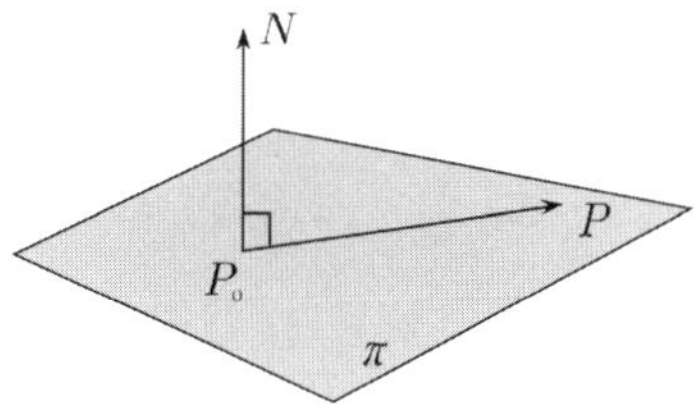

이때 벡터 $\overrightarrow{N}$을 평면의 **법선벡터**(normal vector)라고 한다. 즉, 어떤 평면에 수직한 벡터를 법선벡터라고 한다. 주어진 평면의 방정식이

$$ax + by + cz + d = 0$$

일 때, 이 평면의 법선벡터는 $\overrightarrow{N} = (a,\ b,\ c)$가 된다.

따라서 다음과 같이 기억하면 쉽다.

평면방정식의 일반형 : $ax + by + cz + d = 0$

법선벡터 : $\overrightarrow{N} = (a, b, c)$

(2) 세 점을 지나는 평면의 방정식

세 점 $A(x_1,\ y_1,\ z_1)$, $B(x_2,\ y_2,\ z_2)$와 $C(x_3,\ y_3,\ z_3)$를 지나는 평면의 방정식을 다음과 같은 두 형태로 나타낼 수 있다. (단, A, B, C는 한 직선 위에 있지 않다.)

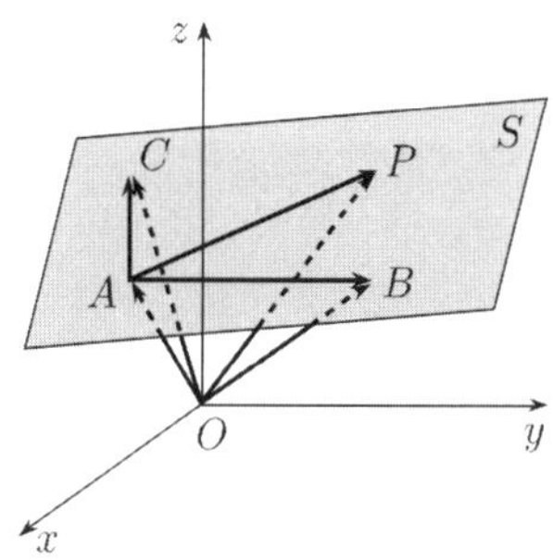

매개변수 방정식

평면 위의 한 점을 $P(x, y, z)$라고 하면,

$$(x, y, z) = (x_1, y_1, z_1) + s(x_2 - x_1, y_2 - y_1, z_2 - z_1) + t(x_3 - x_1, y_3 - y_1, z_3 - z_1)$$

가 된다. 양변을 비교하여 점 $P(x,\ y,\ z)$에 대하여 매개변수 s와 t에 의한 매개변수 방정식을 다음과 같이 얻게 된다.

$$x = x_1 + s(x_2 - x_1) + t(x_3 - x_1)$$
$$y = y_1 + s(y_2 - y_1) + t(y_3 - y_1)$$
$$z = z_1 + s(z_2 - z_1) + t(z_3 - z_1)$$

예제 10.8.2 세 점 $A(1,\ 2,\ 3)$, $B(2,\ 2,\ 1)$, $C(-3,\ 1,\ 0)$을 지나는 평면의 방정식을 구하여라.

풀이 위의 관계식에 의하여,

$$x = 1 + s(2-1) + t(-3-1) = 1 + s - 4t$$
$$y = 2 + s(2-2) + t(1-2) = 2 - t$$

$$z = 3 + s(1-3) + t(0-3) = 3 - 2s - 3t$$

가 된다. 이제 x와 z에 대한 두 식을 연립하면

$$2x + z = 5 - 11t$$

가 된다. 한편 y에 대한 관계식으로부터 $t = 2 - y$이므로,

$$2x + z = 5 - 11(2 - y)$$

즉 다음과 같은 평면의 방정식을 얻는다.

$$2x + z + 11y = -17$$

■

(3) 두 평면의 위치 관계

정리 10.8.1

다음과 같이 정의된 두 평면의 방정식을 생각하자.

$S_1 : a_1x + b_1y + c_1z + d_1 = 0,$ $\qquad S_2 : a_2x + b_2y + c_2z + d_2 = 0$

(1) 두 평면이 서로 평행 ($S_1 // S_2$)할 동치 조건은 $\dfrac{a_1}{a_2} = \dfrac{b_1}{b_2} = \dfrac{c_1}{c_2}$이다.

(2) 두 평면이 서로 수직 ($S_1 \perp S_2$)일 동치 조건은 $a_1a_2 + b_1b_2 + c_1c_2 = 0$이다.

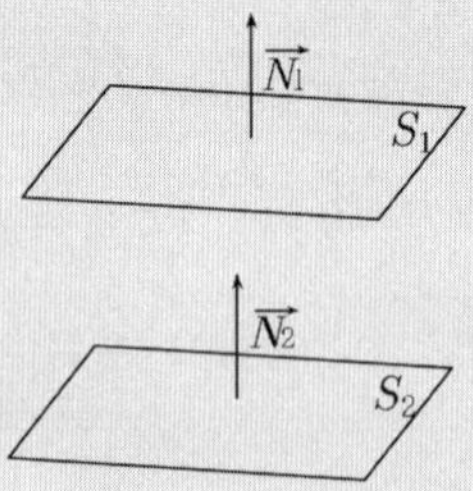

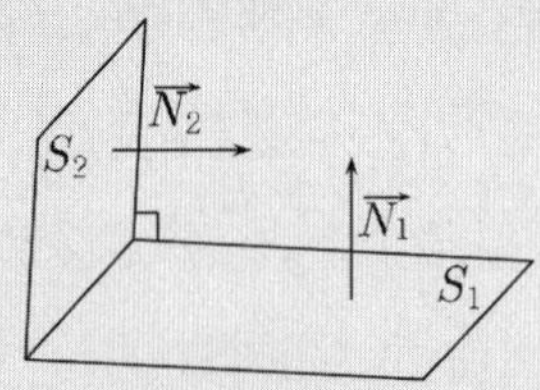

연습문제 8. 평면의 방정식

1. 두 평면 $S_1 : 6x + ay + 3z + 7 = 0$, $S_2 : 2x + 3y + bz + 5 = 0$이라고 하자.

(1) S_1과 S_2가 평행하도록 a와 b의 값을 결정하여라.

(2) S_1과 S_2가 수직이 되도록 a와 b의 값을 결정하여라.

2. 한 점 $A(3, -2, 4)$를 지나고 벡터 $\overrightarrow{N} = (1, 2, 3)$에 수직인 평면 S의 방정식을 구하여라.

9. 행렬

행렬이란 연립방정식에서 미지수를 나타내는 문자와 기호를 제외하고, 방정식의 계수와 상수항만을 사용하여 만든 직사각형 모양의 배열이다.

$$\begin{matrix} 2x+3y=9 \\ 5x-y=6 \end{matrix} \quad \Rightarrow \quad \begin{bmatrix} 2 & 3 & 9 \\ 5 & -1 & 6 \end{bmatrix}$$

행렬과 행렬식의 기원은 기원전 400년 전으로 거슬러 올라가며, 초기에는 연립 선형방정식을 풀기 위하여 사용되어 왔다. 한편 기원전 200년에서 100년 사이에 중국인들은 바빌로니아인들보다 더욱 발전된 형태로 행렬 이론에 접근하였다. 오랜 발전 과정을 거쳐, 17세기 말이 되어서야 구체적으로 행렬식을 계산하는 방법이 알려졌다. 행렬식(determinant)이라는 용어는 가우스(K.F.Gauss, 1777~1855)가 처음으로 사용하였는데 그가 만든 정의는 오늘 날의 것과 다소 차이가 있지만 행렬과 행렬식에 관한 아이디어를 확실히 하는 기초가 되었다.

여러 개의 수나 문자를 직사각형 모양으로 배열하여 괄호로 묶은 것

$$\begin{bmatrix} a_{11} & a_{12} & \cdots & a_{1j} & \cdots & a_{1n} \\ a_{21} & a_{22} & \cdots & a_{2j} & \cdots & a_{2n} \\ \vdots & \vdots & & \vdots & & \vdots \\ a_{i1} & a_{i2} & \cdots & a_{ij} & \cdots & a_{\in} \\ a_{ml} & a_{m2} & \cdots & a_{mj} & \cdots & a_{mn} \end{bmatrix}$$

을 **행렬**(Matrix)이라 하고, 행렬을 구성하는 각각의 수나 문자를 성분이라고 한다. 성분의 가로줄 $[a_{i1}\ a_{i2} \cdots a_{ij} \cdots a_{in}]$을 **행**이라 하고, 위에서부터 차례로 제1행, 제2행, 제3행, …이라고 한다. 또 세로줄 $\begin{bmatrix} a_{ij} \\ a_{2j} \\ \vdots \\ a_{mj} \end{bmatrix}$을 **열**이라 하고, 왼쪽에서부터 차례로 제1열, 제2열, … 이라고 한다. 임의의 i행과 j열의 성분을 a_{ij}로 나타내며, 행이 m개이고 열이 n개일 때 크기가 $m \times n$ 행렬이라고 한다. 특별히 행의 수와 열의 수가 같을 때 **정사각행렬**(또는 정방행렬)이라고 한다.

예를 들어 $A = \begin{bmatrix} 2 & 3 & -5 \\ 4 & 0 & 7 \\ -3 & 2 & 5 \end{bmatrix}$은 3×3 행렬이고, 3행 2열의 성분은 2이다.

행렬의 상등

두 행렬의 행의 수와 열의 수가 각각 같을 때, 두 행렬은 같은 꼴 또는 상등이라고 한다.

예제 10.9.1 $\begin{bmatrix} 5 & a+b \\ 9 & a-b \end{bmatrix} = \begin{bmatrix} c-d & 5 \\ c+d & -1 \end{bmatrix}$이 되는 실수 a, b, c, d에 대하여 합 $a+b+c+d$를 구하여라.

풀이 각 대응하는 성분이 일치하려면 관계식

$$a+b=5,\ a-b=-1,\ c+d=9 \text{ 그리고 } c-d=5$$

을 만족해야 한다.

이로부터 $a+c=9$이며 $b+d=5$가 되어, $a+b+c+d=14$가 된다. ■

행렬의 종류

(1) **영행렬** : 성분이 모두 0인 행렬을 영행렬이라 하고, 보통 0으로 나타낸다.

(2) **대각행렬** : 정사각행렬 A의 주대각선(↘)의 성분 이외의 모든 성분이 0인 행렬이다.

(3) **단위행렬** : 정사각행렬 A에 대하여 $AI=A=IA$인 행렬 I를 n차 단위행렬이라 한다. 실제로 단위행렬은 대각행렬의 특별한 종류로서 주대각선의 성분이 모두 1인 형태이다.

동일한 크기를 갖는 두 행렬 A, B에 대하여, 행렬의 덧셈 $A+B$는 각 대응하는 성분의 합이고, 행렬의 뺄셈 $A-B$는 대응하는 각 성분끼리의 뺀 차이다.

한편 임의의 실수 k에 대하여 실수배 kA는 A의 각 성분에 k를 곱한 것이다.

예를 들어 $A=\begin{bmatrix} a & b \\ c & d \end{bmatrix}$, $B=\begin{bmatrix} x & y \\ z & w \end{bmatrix}$이면

$$A+B=\begin{bmatrix} a+x & b+y \\ c+z & d+w \end{bmatrix},\quad A-B=\begin{bmatrix} a-x & b-y \\ c-z & d-w \end{bmatrix},\quad kA=\begin{bmatrix} ka & kb \\ kc & kd \end{bmatrix}$$

이다.

예제 10.9.2 $A=\begin{bmatrix} 1 & -2 \\ -3 & 4 \end{bmatrix}$이고 $k=3$일 때, kA를 계산하여라.

풀이 $3\begin{bmatrix} 1 & -2 \\ -3 & 4 \end{bmatrix}=\begin{bmatrix} 3 & -6 \\ -9 & 12 \end{bmatrix}$ ■

행렬의 덧셈과 실수배에 관한 성질

정리 10.9.1

$m \times n$ 행렬 전체의 집합을 M이라 하고, $A, B, C \in M$이라 할 때, 행렬의 덧셈과 뺄셈 그리고 실수배 연산은 다음의 법칙을 만족한다.

(1) $A+B \in M$ (M은 닫혀있다.)

(2) $A+B=B+A$ (교환법칙)

(3) $(A+B)+C=A+(B+C)$ (결합법칙)

(4) $A+O=O+A=A$ 인 영행렬 O가 존재한다. (항등원 O이 존재)

(5) $A+X=X+A=O$ 인 X가 M에 존재 (역원이 존재)

(6) A, B가 같은 꼴의 행렬이고, k, c가 실수일 때,

결합법칙 : $(kc)A=k(cA)$

분배법칙 : $(k+c)A=kA+cA$,

$k(A+B)=kA+kB$

(7) $1A=A$, $(-1)A=-A$, $0A=0$, $k0=0$

연습문제 9. | 행렬

1. 행렬 $A=\begin{bmatrix} -2 & 1 \\ 4 & 3 \end{bmatrix}$, $B=\begin{bmatrix} 0 & -1 \\ 2 & 3 \end{bmatrix}$, $C=\begin{bmatrix} 4 & 1 \\ 0 & 1 \end{bmatrix}$일 때, 식 $2X+B=2A-C$를 만족하는 행렬 X를 구하여라.

10. 행렬의 곱셈, 단위행렬과 역행렬

$m\times k$ 행렬 A와 $k\times n$ 행렬 B에 대하여, 행렬 A의 제 i행의 각 성분과 행렬 B의 제 j열의 각 성분을 그 순서대로 곱하여 더한 것을 $(i,\ j)$성분으로 하는 행렬을 두 행렬 A와 B의 곱이라 하고, 기호로 AB로 나타낸다.

$A=\begin{bmatrix} a & b \\ c & d \end{bmatrix}$, $B=\begin{bmatrix} p & q \\ r & s \end{bmatrix}$이면

$$AB=\begin{bmatrix} a & b \\ c & d \end{bmatrix}\begin{bmatrix} p & q \\ r & s \end{bmatrix}=\begin{bmatrix} ap+br & aq+bs \\ cp+dr & cq+ds \end{bmatrix}$$

이다.

행렬의 곱에 대하여 다음의 두 가지 성질을 잘 알아두어야 한다.

(1) 행렬 A, B에서 행렬 A의 열의 수와 행렬 B의 행의 수가 같을 때만 곱 AB를 정의할 수 있다. 따라서 A가 $m\times n$인 행렬이고 B가 $n\times l$인 행렬일 때 두 행렬의 곱이 정의되며, 이때 AB는 $m\times l$ 행렬이 된다.

(2) 행렬의 덧셈은 각각 대응되는 성분의 덧셈

$$\begin{bmatrix} a & b \\ c & d \end{bmatrix}+\begin{bmatrix} p & q \\ r & s \end{bmatrix}=\begin{bmatrix} a+p & b+q \\ c+r & d+s \end{bmatrix}$$

으로 정의한다. 그러나 곱셈은 각각 대응되는 성분의 곱셈

$$\begin{bmatrix} a & b \\ c & d \end{bmatrix}\cdot\begin{bmatrix} p & q \\ r & s \end{bmatrix}\neq\begin{bmatrix} ap & bq \\ cr & ds \end{bmatrix}$$

으로 정의하지 않고

$$\begin{bmatrix} a\,b \\ c\,d \end{bmatrix}\begin{bmatrix} p\,q \\ r\,s \end{bmatrix}=\begin{bmatrix} ap+br & aq+bs \\ cp+dr & cq+ds \end{bmatrix}$$

로 정의한다. 이렇게 정의를 한 이유는 행렬을 처음 정의했던 목적이 일차 연립방정식을 풀기 위한 도구였기 때문이다.

예제 10.10.1 $A=\begin{bmatrix} a_{11} & a_{12} & a_{13} \\ a_{21} & a_{22} & a_{23} \end{bmatrix}$, $B=\begin{bmatrix} b_{11} & b_{12} \\ b_{21} & b_{22} \\ b_{31} & b_{32} \end{bmatrix}$일 때 AB를 구하여라. 또 BA를 구하여라.

풀이 $AB=\begin{bmatrix} a_{11}b_{11}+a_{12}b_{21}+a_{13}b_{31} & a_{11}b_{12}+a_{12}b_{22}+a_{13}b_{32} \\ a_{21}b_{11}+a_{22}b_{21}+a_{23}b_{31} & a_{21}b_{12}+a_{22}b_{22}+a_{23}b_{32} \end{bmatrix}$이다. 그러나 BA는 정의되지 못한다. ■

정리 10.10.1

합과 곱이 정의되는 행렬 A, B, C와 실수 k에 대하여, 다음이 성립한다.

(1) $(AB)C=A(BC)$ (결합법칙)

(2) $A(B+C)=AB+AC$, $(A+B)C=AC+BC$ (분배법칙)

(3) $k(AB)=(kA)B=A(kB)$

그러나 다음의 성질도 잘 기억해 두어야 한다.

(1) $AB\neq BA$ (교환법칙은 성립하지 않는다.)

(2) $AB=O$이지만 $A=O$ 또는 $B=O$일 필요는 없다.

(3) $A\neq O$, $AB=AC$이지만 $B\neq C$인 경우도 있다.

(1)은 행렬에서 곱셈법칙이 성립하지 않음을 의미한다. 또한 (3)은 행렬에서 소거법이 성립하지 않음을 의미한다.

예제 10.10.2 $A=\begin{bmatrix} 1 & 2 \\ 3 & 0 \end{bmatrix}$, $B=\begin{bmatrix} 0 & 1 \\ 1 & 0 \end{bmatrix}$이라 할 때 AB와 BA를 각각 구하여 비교하여라.

풀이 $AB=\begin{bmatrix} 2 & 1 \\ 0 & 3 \end{bmatrix}$, $BA=\begin{bmatrix} 3 & 0 \\ 1 & 2 \end{bmatrix}$이다. 그러므로 $AB\neq BA$이다. ■

예제 10.10.3 $A=\begin{bmatrix} 1 & 1 \\ 1 & 1 \end{bmatrix}$, $B=\begin{bmatrix} 1 & 1 \\ -1 & -1 \end{bmatrix}$를 사용하여 '$A=O$ 또는 $B=O \Rightarrow AB=O$이다'를 설명하여라.

풀이 $AB = \begin{bmatrix} 0 & 0 \\ 0 & 0 \end{bmatrix}$이다. 그러므로 $AB = O$이라도 $A = O$ 또는 $B = O$인 것은 아님을 알 수 있다. ■

행렬의 거듭제곱

임의의 정사각행렬 A의 거듭제곱을 다음과 같이 나타낸다.

$$AA = A^2,\ A^2A = A^3,\ A^3A = A^4, \cdots,$$

그러므로

$$A^{n-1}A = A^n \text{ (단, } n\text{은 양의 정수)}$$

이다.

정리 10.10.2

정사각행렬 A, B와 양의 정수 m, n 그리고 실수 k에 대하여 다음이 성립한다.

(1) $A^m \cdot A^n = A^{m+n}$ (2) $(A^m)^n = A^{mn}$

(3) $(kA)^n = k^n A^n$ (4) $(AB)^n \neq A^n B^n$

예제 10.10.4 $A = \begin{bmatrix} 1 & 2 \\ 3 & 0 \end{bmatrix}$, $B = \begin{bmatrix} 0 & 1 \\ 1 & 0 \end{bmatrix}$이라 할 때 $(AB)^2$과 A^2B^2를 각각 구하여 비교하여라.

풀이 $(AB)^2 = (AB)(AB) = \begin{bmatrix} 2 & 1 \\ 0 & 3 \end{bmatrix}\begin{bmatrix} 2 & 1 \\ 0 & 3 \end{bmatrix} = \begin{bmatrix} 4 & 5 \\ 0 & 9 \end{bmatrix}$이며,

$A^2B^2 = \begin{bmatrix} 6 & 2 \\ 3 & 6 \end{bmatrix}\begin{bmatrix} 1 & 0 \\ 0 & 1 \end{bmatrix} = \begin{bmatrix} 6 & 2 \\ 3 & 6 \end{bmatrix}$이다. 따라서 $(AB)^2 \neq A^2B^2$임을 알 수 있다. ■

단위행렬

단위행렬이란 임의의 행렬 A에 곱셈 연산을 하여도 원래 행렬 A가 되는 행렬을 말한다. 다시 말하면 임의의 정사각행렬 A에 대하여 항상

$$AI = IA = A$$

가 성립하는 행렬 I를 단위행렬이라고 한다. 이러한 단위행렬 I는 왼쪽 위에서 오른쪽 아래로의 대각선의 성분은 1이고, 그 나머지의 성분은 0인 행렬이 된다.

$$[1],\quad \begin{bmatrix}1&0\\0&1\end{bmatrix},\quad \begin{bmatrix}1&0&0\\0&1&0\\0&0&1\end{bmatrix},\quad \cdots$$

단위행렬은 주로 I로 나타내며 종종 E로 나타내기도 한다.

역행렬

주어진 행렬 A에 대하여 관계식

$$AB = BA = I$$

를 만족하는 행렬 B를 A의 **역행렬**이라고 한다.

예제 10.10.5 임의의 2×2 행렬 $A = \begin{bmatrix}a & b\\ c & d\end{bmatrix}$의 역행렬을 구하여라.

풀이 A의 역행렬을 $B = \begin{bmatrix}x & y\\ z & w\end{bmatrix}$라 하면 $AB = I$의 관계식 즉,

$$\begin{bmatrix}ax+bz & ay+bw\\ cx+dz & cy+dw\end{bmatrix} = \begin{bmatrix}1 & 0\\ 0 & 1\end{bmatrix}$$

을 만족해야 한다. 각각의 성분들을 비교하면 다음과 같은 4개의 식을 얻게 되고

$$ax+bz=1;\quad ay+bw=0$$
$$cx+dz=0;\quad cy+dw=1$$

이 식들로부터 x, y, z, w를 계산하면 된다. 실제로 $ad-bc \neq 0$인 경우에

$$x = \frac{d}{ad-bc},\quad y = \frac{-b}{ad-bc},\quad z = \frac{-c}{ad-bc},\quad w = \frac{a}{ad-bc}$$

가 되어 A의 역행렬 B는 다음과 같이 된다.

$$B = A^{-1} = \frac{1}{ad-bc}\begin{bmatrix}d & -b\\ -c & a\end{bmatrix}$$

■

주어진 행렬 $A = \begin{bmatrix}a & b\\ c & d\end{bmatrix}$에서 $ad-bc$를 $|A|$로 표시하자. 위의 계산으로부터 2×2 행렬의 역행렬이 존재하기 위한 조건을 유도할 수 있다.

정리 10.10.3

$A=\begin{bmatrix} a & b \\ c & d \end{bmatrix}$의 역행렬이 존재할 필요충분조건은 $|A|=ad-bc\neq 0$이다. 이때 역행렬은 $A^{-1}=\frac{1}{ad-bc}\begin{bmatrix} d & -b \\ -c & a \end{bmatrix}$이 된다.

예제 10.10.6 $A=\begin{bmatrix} 1 & 2 \\ 3 & 4 \end{bmatrix}$의 역행렬을 구하여라.

풀이 $|A|=4-6=-2\neq 0$이므로 역행렬이 존재하며, $A^{-1}=-\frac{1}{2}\begin{bmatrix} 4 & -2 \\ -3 & 1 \end{bmatrix}$이다. ■

정리 10.10.4

A, B의 역행렬이 존재할 때, 다음이 성립한다.

(1) $A=B^{-1} \quad \Leftrightarrow \quad B=A^{-1}$

(2) $(A^{-1})^{-1}=A, \quad I^{-1}=I$

(3) $(AB)^{-1}=B^{-1}A^{-1}$

(4) $(kA)^{-1}=\frac{1}{k}A^{-1}$ (단, $k\neq 0$)

(5) $(A^n)^{-1}=(A^{-1})^n, \quad A^m(A^n)^{-1}=A^{m-n} \quad (m>n)$

(6) $(B^{-1}AB)^n=B^{-1}A^nB, \quad (BAB^{-1})^n=BA^nB^{-1}$

연습문제 10. 행렬의 곱셈, 단위행렬과 역행렬

1. 행렬 $A=\begin{bmatrix}1 & 1\\2 & 3\end{bmatrix}$이고 행렬 B는 $ABA=A$를 만족할 때, $A+B$를 구하여라.

2. $A=\begin{bmatrix}2 & 3\\4 & 6\end{bmatrix}$의 역행렬을 구하여라.

3. 행렬 $A=\begin{bmatrix}1 & 3\\7 & 2\end{bmatrix}$의 행렬식을 구하고 역행렬을 구하여라.

11. 그래프와 행렬

그래프란 점과 선으로 이어진 그림을 말한다. 그래프를 구성하는 점을 **꼭짓점**이라 하고, 두 꼭짓점을 연결한 선을 **변**이라고 한다. 그러므로 그래프란 꼭짓점과 변으로 이루어진 도형이다.

예

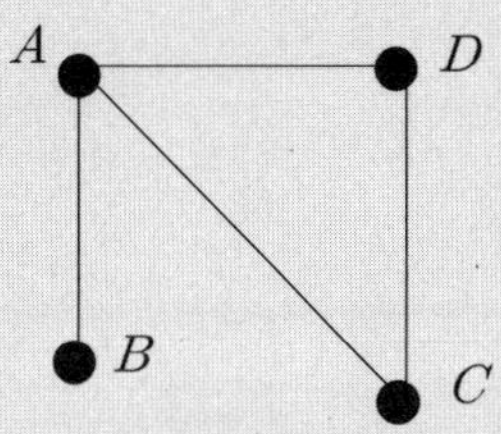

(꼭짓점의 집합) = $\{A, B, C, D\}$

(변의 집합) $\{AB, AC, AD, CD\}$

여기서 변을 나타낼 때는 순서는 관계가 없으므로, $AB = BA$가 된다.

서로 같은 그래프

그래프에서 꼭짓점의 위치를 바꾸거나, 변을 구부리거나 늘리거나 줄여서 두 그래프가 같은 그림으로 그려질 수 있을 때 두 그래프는 **서로 같은 그래프**라고 말한다.

다음은 서로 같은 그래프이다.

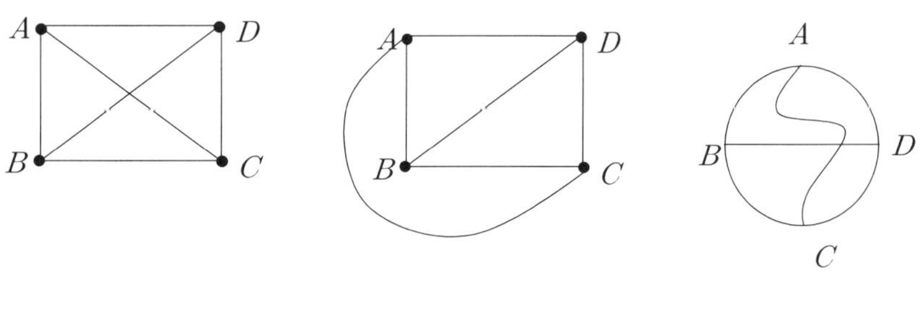

n개의 꼭짓점 $P_1, P_2, \cdots, P_n$을 갖는 그래프를 다음과 같은 n 차 정사각행렬 $A = (a_{ij})$ 로 나타낼 수 있다.

$$a_{ij} = \begin{cases} 1 & (A_i \text{ 와 } A_j \text{를 연결하는 변이 존재할 때}) \\ 0 & (A_i \text{ 와 } A_j \text{를 연결하는 변이 존재하지 않을 때}) \end{cases}$$

이와 같이 그래프의 꼭짓점과 꼭짓점 사이의 연결 관계를 나타내는 행렬을 **인접행렬**이라고 한다.

예제 10.11.1 다음 그래프의 인접행렬을 구하여라.

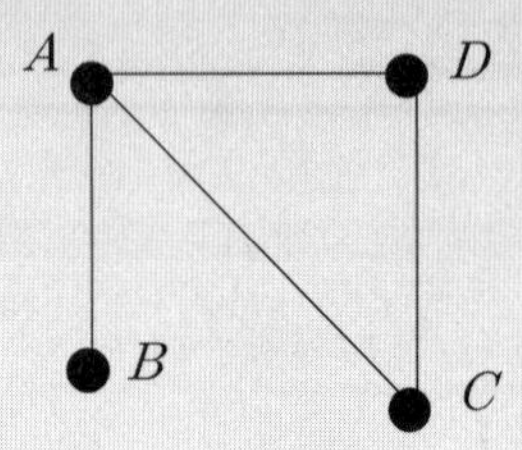

풀이

$$\begin{array}{c c} & \begin{matrix} A & B & C & D \end{matrix} \\ \begin{matrix} A \\ B \\ C \\ D \end{matrix} & \begin{pmatrix} 0 & 1 & 1 & 1 \\ 1 & 0 & 0 & 0 \\ 1 & 0 & 0 & 1 \\ 1 & 0 & 1 & 0 \end{pmatrix} \end{array}$$

■

그래프를 나타내는 행렬의 몇 가지 성질에 대하여 알아보자.

(1) 각 행 (또는 열)의 모든 성분의 합은 그 행 (또는 열)에 대응하는 꼭짓점에 연결된 변의 개수와 같다.

(2) 행렬의 모든 성분의 합은 그래프의 변의 개수의 2배이다.

(3) 행렬 A 에 대하여 행렬 A^2 의 (i, j) 성분은 꼭짓점 P_i에서 출발하여 중간에 한 개의 꼭짓점을 거쳐 꼭짓점 P_j 로 가는 방법의 수와 같다. (A^2 의 (i, i) 성분은 꼭짓점 P_i 에 연결된 변의 개수를 의미한다.

(4) 일반적으로 꼭짓점이 $P_1, P_2, \cdots, P_n$ 인 그래프에서 꼭짓점 사이의 연결 관계를 나타내는 인접행렬 A 에 대하여 A^m 의 (i, j) 성분인 a_{ij} 는 꼭짓점 P_i 에서 시작하여 중간에 $(m-1)$ 개의 꼭짓점을 거쳐 꼭짓점 P_j로 가는 방법의 수와 같다.

따라서 다음의 관계가 성립한다.

(행렬의 모든 성분의 합) = (각 꼭짓점에서 연결된 변의 개수의 총합)

= (그래프의 변의 개수)$\times 2$

이다.

12. 일차변환과 행렬

좌표평면 위의 점 $(x,\ y)$가 점 $(x',\ y')$에 대응되는 변환, 즉

$$f:\ (x,\ y)\ \rightarrow\ (x',y')$$

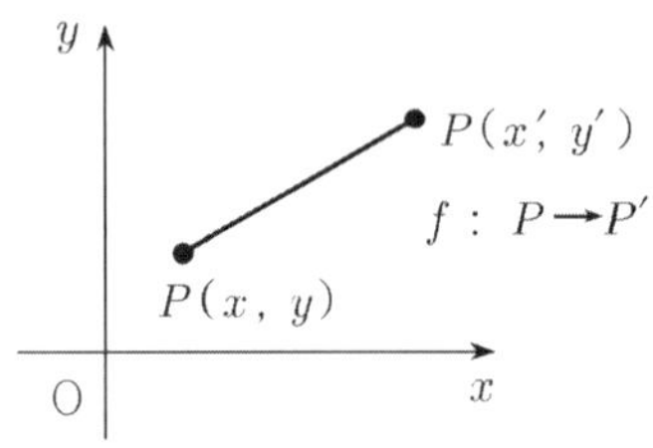

에서, 대응하는 점의 좌표 사이에 옮겨지는 점 x', y'가 일차식

$$\begin{cases} x' = ax+by \\ y' = cx+dy \end{cases} \quad (a,\ b,\ c,\ d\text{는 상수})$$

로 표현될 때, f를 **일차변환**이라 하고, 위의 관계식을 일차변환 f의 변환식이라고 한다.

일차변환

$$f: (x,\ y) \rightarrow (ax+by,\ cx+dy)$$

는 다음과 같이 표현할 수 있다.

$$\begin{cases} x' = ax+by \\ y' = cx+dy \end{cases}$$

이를 행렬로 나타내면

$$f:\begin{bmatrix} x' \\ y' \end{bmatrix} = \begin{bmatrix} a & b \\ c & d \end{bmatrix}\begin{bmatrix} x \\ y \end{bmatrix}$$

이고, 간단히 $\begin{bmatrix} x \\ y \end{bmatrix} \rightarrow \begin{bmatrix} a & b \\ c & d \end{bmatrix}\begin{bmatrix} x \\ y \end{bmatrix}$ 또는 $\begin{bmatrix} a & b \\ c & d \end{bmatrix}$로 표현한다. 즉

$$\begin{cases} x' = ax + by \\ y' = cx + dy \end{cases} \Leftrightarrow \begin{bmatrix} x' \\ y' \end{bmatrix} = \begin{bmatrix} a\ b \\ c\ d \end{bmatrix} \begin{bmatrix} x \\ y \end{bmatrix}$$

이고, 이러한 관계를 일차변환 f의 행렬이라고 한다.

예제 10.12.1 일차변환 $\begin{cases} x' = 2x - 3y \\ y' = -x \end{cases}$를 나타내는 행렬을 구하여라.

풀이 $\begin{bmatrix} x' \\ y' \end{bmatrix} = \begin{bmatrix} 2 & -3 \\ -1 & 0 \end{bmatrix} \begin{bmatrix} x \\ y \end{bmatrix}$ ■

예제 10.12.2 행렬 $\begin{bmatrix} 1 & 2 \\ 3 & 4 \end{bmatrix}$가 나타내는 일차변환을 f라 할 때,

(1) f의 변환식을 구하여라.

(2) f에 의하여 점 $(1,0)$, $(0,1)$은 각각 어떤 점으로 옮겨지는가?

풀이 행렬 $\begin{bmatrix} 1 & 2 \\ 3 & 4 \end{bmatrix}$가 나타내는 일차변환 $f : (x,\ y) \rightarrow (x', y')$는

$$\begin{cases} x' = x + 2y \\ y' = 3x + 4y \end{cases}$$

로 표현된다. 그러므로

$$\begin{bmatrix} x' \\ y' \end{bmatrix} = \begin{bmatrix} 1\ 2 \\ 3\ 4 \end{bmatrix} \begin{bmatrix} x \\ y \end{bmatrix}$$

가 되어 $(x,y) = (1,0)$ 또는 $(0,1)$ 일 때

$$\begin{bmatrix} x' \\ y' \end{bmatrix} = \begin{bmatrix} 1\ 2 \\ 3\ 4 \end{bmatrix} \begin{bmatrix} 1 \\ 0 \end{bmatrix} = \begin{bmatrix} 1 \\ 3 \end{bmatrix}, \quad \begin{bmatrix} x' \\ y' \end{bmatrix} = \begin{bmatrix} 1\ 2 \\ 3\ 4 \end{bmatrix} \begin{bmatrix} 0 \\ 1 \end{bmatrix} = \begin{bmatrix} 2 \\ 4 \end{bmatrix}$$

즉, $\begin{bmatrix} 1 \\ 3 \end{bmatrix}$과 $\begin{bmatrix} 2 \\ 4 \end{bmatrix}$로 각각 대응된다. ■

예제 10.12.3 일차변환 f의 변환식이 $\begin{bmatrix} x' \\ y' \end{bmatrix} = \begin{bmatrix} 2 & 1 \\ 1 & 3 \end{bmatrix} \begin{bmatrix} x \\ y \end{bmatrix}$로 주어졌을 때 $P = \begin{bmatrix} 1 \\ 2 \end{bmatrix}$, $Q = \begin{bmatrix} 2 \\ 3 \end{bmatrix}$에 대하여 $f(P) + f(Q)$와 $f(P+Q)$와의 관계를 나타내어라.

풀이 $f\left(\begin{bmatrix} x \\ y \end{bmatrix}\right) = \begin{bmatrix} 2 & 1 \\ 1 & 3 \end{bmatrix} \begin{bmatrix} x \\ y \end{bmatrix} = \begin{bmatrix} x' \\ y' \end{bmatrix}$으로 나타낼 수 있다. 그러면

$$f(P)=\begin{bmatrix}2&1\\1&3\end{bmatrix}\begin{bmatrix}1\\2\end{bmatrix}=\begin{bmatrix}4\\7\end{bmatrix}$$ 이며 $$f(Q)=\begin{bmatrix}2&1\\1&3\end{bmatrix}\begin{bmatrix}2\\3\end{bmatrix}=\begin{bmatrix}7\\11\end{bmatrix}$$

이므로

$$f(P)+f(Q)=\begin{bmatrix}4\\7\end{bmatrix}+\begin{bmatrix}7\\11\end{bmatrix}=\begin{bmatrix}11\\18\end{bmatrix}$$

이다. 한편, $P+Q=\begin{bmatrix}1\\2\end{bmatrix}+\begin{bmatrix}2\\3\end{bmatrix}=\begin{bmatrix}3\\5\end{bmatrix}$ 이므로

$$f(P+Q)=\begin{bmatrix}2&1\\1&3\end{bmatrix}\begin{bmatrix}3\\5\end{bmatrix}=\begin{bmatrix}11\\18\end{bmatrix}$$

이다. 따라서 $f(P)+f(Q)=f(P+Q)$이다. ■

정리 10.12.1

2×1행렬 P, Q에 대하여 일차변환 f는 다음 성질이 성립한다.

(1) $f(P+Q)=f(P)+f(Q)$

(2) $f(kP)=kf(P)$

(3) $f(kP+hQ)=kf(P)+hf(Q)$ (단, k, h는 실수의 상수)

예제 10.12.4 점 $(4,\ 4)$, $(-1,\ 2)$를 각각 점 $(4,\ 12)$, $(-4,\ -9)$로 옮기는 일차변환 f가 있다.

(1) f의 변환식 및 f를 나타내는 행렬 A를 구하여라.

(2) f에 의한 점 $(3,\ 4)$의 상 P를 구하여라.

풀이 f를 표현하는 행렬을 $A=\begin{bmatrix}a&b\\c&d\end{bmatrix}$라 하자. 그러면

$$\begin{bmatrix}a&b\\c&d\end{bmatrix}\begin{bmatrix}4\\4\end{bmatrix}=\begin{bmatrix}4\\12\end{bmatrix},\quad \begin{bmatrix}a&b\\c&d\end{bmatrix}\begin{bmatrix}-1\\2\end{bmatrix}=\begin{bmatrix}-4\\-9\end{bmatrix}$$

이다. 따라서 $\begin{cases}a+b=1\\c+d=3\end{cases}$ 과 $\begin{cases}a-2b=4\\c-2d=9\end{cases}$ 인데, 이를 다시 정리하면

$$\begin{cases}a+b=1\\a-2b=4\end{cases} \text{ 와 } \begin{cases}c+d=3\\c-2d=9\end{cases}$$

가 되어, $a=2$, $b=-1$, $c=5$, $d=-2$를 얻는다. 그러므로

$$\begin{bmatrix}2&-1\\5&-2\end{bmatrix}\begin{bmatrix}3\\4\end{bmatrix}=\begin{bmatrix}2\\7\end{bmatrix}$$

이다. ■

점 (x, y)를 점(x', y')로 옮기는 변환 중에서

$$g : (x,y) \to (x-2, y-1), \quad h : (x, y) \to (x^2, y^2)$$

과 같은 변환은 일차변환이 아닌 것에 주의한다.

연습문제 12. 일차변환과 행렬

1. $P = \begin{bmatrix} 2 \\ 3 \end{bmatrix}$, $Q = \begin{bmatrix} 1 \\ 2 \end{bmatrix}$이고, 일차변환 f의 행렬이 $\begin{bmatrix} 1 & 0 \\ 2 & 3 \end{bmatrix}$일 때, 다음을 구하여라.

(1) $f(P) + f(Q)$ (2) $2f(P) - 3f(Q)$

2. 일차변환의 변환식이 다음 식으로 주어질 때, 이 식을 행렬을 써서 나타내고, 이 일차변환을 나타내는 행렬을 구하여라.

(1) $\begin{cases} x' = 2x + 3y \\ y' = 4x + 5y \end{cases}$ (2) $\begin{cases} x' = 2x + 3y \\ y' = 4x \end{cases}$ (3) $\begin{cases} x' = y \\ y' = x \end{cases}$

3. 세 점 $A(1, 1)$, $B(2, 0)$, $C(0, 2)$가 있다. 일차변환 f에 대하여 $f(A) = C$일 때, $f(B) + f(C)$를 구하여라.

13. 여러 가지 일차변환, 합성변환과 역변환

일차변환에는 대칭이동, 닮은변환, 회전이동 등이 있다.

(1) 대칭이동

점 (x,y)를 X축에 대하여 대칭이동하면 점 $(x,\ -y)$가 된다. 이때의 변환은

$$\begin{bmatrix} 1 & 0 \\ 0 & -1 \end{bmatrix}\begin{bmatrix} x \\ y \end{bmatrix}=\begin{bmatrix} x \\ -y \end{bmatrix}$$

이므로, 점을 X축에 대하여 대칭이동하는 것은 행렬 $\begin{bmatrix} 1 & 0 \\ 0 & -1 \end{bmatrix}$로 주어지는 일차변환이다.

점 (x,y)를 Y축에 대하여 대칭이동하면 점 $(-x,\ y)$가 된다. 이때의 변환은

$$\begin{bmatrix} -1 & 0 \\ 0 & 1 \end{bmatrix}\begin{bmatrix} x \\ y \end{bmatrix}=\begin{bmatrix} -x \\ y \end{bmatrix}$$

이므로, 점을 Y축에 대하여 대칭이동하는 것은 행렬 $\begin{bmatrix} -1 & 0 \\ 0 & 1 \end{bmatrix}$로 주어지는 일차변환이다.

예제 10.13.1 점 (x,y)를 원점에 대하여 대칭이동시키는 일차변환의 행렬을 구하여라.

풀이 점 (x,y)를 원점에 대하여 대칭이동시키면 점 $(-x,\ -y)$가 된다. 이때의 변환은

$$\begin{bmatrix} -1 & 0 \\ 0 & -1 \end{bmatrix}\begin{bmatrix} x \\ y \end{bmatrix}=\begin{bmatrix} -x \\ -y \end{bmatrix}$$

이므로 행렬 $\begin{bmatrix} -1 & 0 \\ 0 & -1 \end{bmatrix}$로 주어지는 일차변환이다. ■

대칭이동	X축 대칭	Y축 대칭	원점 대칭	직선 $y=x$ 대칭	직선 $y=-x$ 대칭
대칭변환의 행렬	$\begin{pmatrix} 1 & 0 \\ 0 & -1 \end{pmatrix}$	$\begin{pmatrix} -1 & 0 \\ 0 & 1 \end{pmatrix}$	$\begin{pmatrix} -1 & 0 \\ 0 & -1 \end{pmatrix}$	$\begin{pmatrix} 0 & 1 \\ 1 & 0 \end{pmatrix}$	$\begin{pmatrix} 0 & -1 \\ -1 & 0 \end{pmatrix}$
변환식	$\begin{cases} x' = x \\ y' = -y \end{cases}$	$\begin{cases} x' = -x \\ y' = y \end{cases}$	$\begin{cases} x' = -x \\ y' = -y \end{cases}$	$\begin{cases} x' = y \\ y' = x \end{cases}$	$\begin{cases} x' = -y \\ y' = -x \end{cases}$

(2) 닮음변환

삼각형 ABC를 원점을 닮음의 중심으로 2배 확대하여 삼각형 $A'B'C'$을 만든다고 하자. 그러면 두 삼각형 위의 대응점을 P, P'이라고 하면 항상 $\overline{OP'}=2\overline{OP}$인 관계가 성립한다. 따라서 점 $P(x,y)$라고 하면 $P'(2x,2y)$가 되며

$$\begin{bmatrix} 2 & 0 \\ 0 & 2 \end{bmatrix}\begin{bmatrix} x \\ y \end{bmatrix} = \begin{bmatrix} 2x \\ 2y \end{bmatrix}$$

가 성립한다.

일반적으로, 행렬 $\begin{bmatrix} k & 0 \\ 0 & k \end{bmatrix}$로 주어지는 일차변환에 의하여 점을 옮기면 도형 위의 점은 그 닮은 도형 위의 점에 대응하므로 이러한 변환을 k배 닮음변환이라고 한다. 이때 $|k|>1$이면 도형은 확대되고, $|k|<1$이면 도형은 축소된다. 특별히 $k=1$이면 항등변환이다.

(3) 회전이동

정리 10.13.1

점 (1, 0)과 점 (0, 1)을 원점을 중심으로 θ만큼 회전이동할 때의 행렬은

$$\begin{bmatrix} \cos\theta & -\sin\theta \\ \sin\theta & \cos\theta \end{bmatrix}$$

가 된다.

증명 점 (1, 0)과 점 (0, 1)을 원점을 중심으로 θ만큼 회전이동하면 각각 점

$(\cos\theta,\ \sin\theta)$, $(-\sin\theta,\ \cos\theta)$

가 된다. 그런데 점 (1, 0)과 점 (0, 1)을 각각 점 $(a,\ c)$와 점 $(b,\ d)$로 옮기는 일차변환의 행렬은

$$\begin{bmatrix} a & b \\ c & d \end{bmatrix}$$

이다. 그러므로 원점을 중심으로 θ만큼 회전이동할 때의 행렬은

$$\begin{bmatrix} \cos\theta & -\sin\theta \\ \sin\theta & \cos\theta \end{bmatrix}$$

가 된다. ■

변환 종류	변환식	변환행렬
항등변환	$\begin{cases} x' = x \\ y' = y \end{cases}$	$\begin{pmatrix} 1 & 0 \\ 0 & 1 \end{pmatrix}$
닮음변환	$\begin{cases} x' = kx \\ y' = ky \end{cases}$	$\begin{pmatrix} k & 0 \\ 0 & k \end{pmatrix}$
X축 대칭변환	$\begin{cases} x' = x \\ y' = -y \end{cases}$	$\begin{pmatrix} 1 & 0 \\ 0 & -1 \end{pmatrix}$
Y축 대칭변환	$\begin{cases} x' = -x \\ y' = y \end{cases}$	$\begin{pmatrix} -1 & 0 \\ 0 & 1 \end{pmatrix}$
원점 대칭변환	$\begin{cases} x' = -x \\ y' = -y \end{cases}$	$\begin{pmatrix} -1 & 0 \\ 0 & -1 \end{pmatrix}$
$y = x$ 대칭변환	$\begin{cases} x' = y \\ y' = x \end{cases}$	$\begin{pmatrix} 0 & 1 \\ 1 & 0 \end{pmatrix}$
$y = -x$ 대칭변환	$\begin{cases} x' = -y \\ y = -x \end{cases}$	$\begin{pmatrix} 0 & -1 \\ -1 & 0 \end{pmatrix}$
회전변환	$\begin{cases} x' = \cos\theta x - \sin\theta y \\ y' = \sin\theta x + \cos\theta y \end{cases}$	$\begin{pmatrix} \cos\theta & -\sin\theta \\ \sin\theta & \cos\theta \end{pmatrix}$

예제 10.13.2 $(\sqrt{3},\ 1)$을 원점을 중심으로 $60°$ 회전이동하는 변환식과 변환된 점의 좌표를 구하여라.

풀이 변환식은 $\begin{bmatrix} \cos 60 & -\sin 60 \\ \sin 60 & \cos 60 \end{bmatrix}$이다. 그러므로

$$\begin{bmatrix} \cos 60 & -\sin 60 \\ \sin 60 & \cos 60 \end{bmatrix} \begin{bmatrix} \sqrt{3} \\ 1 \end{bmatrix} = \begin{bmatrix} \frac{1}{2} & -\frac{\sqrt{3}}{2} \\ \frac{\sqrt{3}}{2} & \frac{1}{2} \end{bmatrix} \begin{bmatrix} \sqrt{3} \\ 1 \end{bmatrix} = \begin{bmatrix} 0 \\ 2 \end{bmatrix}$$

가 되어 변환된 점은 $(0,\ 2)$이다. ■

두 일차변환 $f:\ (x,\ y) \to (x',\ y')$, $g:(x',\ y') \to (x'',\ y'')$에 대하여 변환

$$g \circ f:\ (x,\ y) \to\ (x'',\ y'')$$

을 f와 g의 **합성변환**이라고 한다.

정리 10.13.2

합성변환의 행렬 표시

일차변환 f, g의 행렬을 각각 A, B라 하면 합성변환 $g \circ f$의 행렬은 BA이다.

증명 $\begin{bmatrix} x' \\ y' \end{bmatrix} = A\begin{bmatrix} x \\ y \end{bmatrix}$, $\begin{bmatrix} x'' \\ y'' \end{bmatrix} = B\begin{bmatrix} x' \\ y' \end{bmatrix}$에서 $\begin{bmatrix} x'' \\ y'' \end{bmatrix} = B\begin{bmatrix} x' \\ y' \end{bmatrix} = BA\begin{bmatrix} x \\ y \end{bmatrix}$이다. ■

참고 $AB \neq BA$인 것처럼 $g \circ f \neq f \circ g$이다.

일차변환

$$f\ :\ (x,y) \to (x',y'),\ \begin{bmatrix} x' \\ y' \end{bmatrix} = A\begin{bmatrix} x \\ y \end{bmatrix}$$

에 대하여 A의 역행렬 A^{-1}가 존재할 때, 일차변환

$$f^{-1}:\ (x',y') \to (x,y),\ \begin{bmatrix} x \\ y \end{bmatrix} = A^{-1}\begin{bmatrix} x' \\ y' \end{bmatrix}$$

을 f의 역변환이라고 한다.

정리 10.13.3

일차변환 f의 행렬을 A라고 하면 역변환 f^{-1}의 행렬은 A^{-1}이다. A^{-1}이 존재하지 않으면 f의 역변환도 존재하지 않는다.

정리 10.13.4

다음은 서로 동치이다.

(1) 일차변환 f를 나타내는 행렬 A는 역행렬 A^{-1}를 갖는다.

(2) f의 역변환 f^{-1}도 일차변환이다.

(3) f^{-1}를 나타내는 행렬은 A^{-1}이다.

(4) $AA^{-1} = E$이고, $f \circ f^{-1} = I$이다.

합성변환과 역변환의 성질로부터 다음을 알 수 있다.

정리 10.13.5

일차변환 f, g, h의 행렬을 각각 A, B, C라 하고, 각각의 역행렬 A^{-1}, B^{-1}, C^{-1}가 존재할 때, 다음이 성립한다.

(1) $f \circ g \neq g \circ f$이다. $\Leftrightarrow$ $AB \neq BA$이다.

(2) $(f \circ g) \circ h = f \circ (g \circ h)$이다. $\Leftrightarrow$ $(AB)C = A(BC)$이다.

(3) $f \circ f^{-1} = f^{-1} \circ f = I$이다. $\Leftrightarrow$ $AA^{-1} = A^{-1}A = E$이다.

(4) $(f^{-1})^{-1} = f$이다. $\Leftrightarrow$ $(A^{-1})^{-1} = A$이다.

(5) $(f \circ g)^{-1} = g^{-1} \circ f^{-1}$이다. $\Leftrightarrow$ $(AB)^{-1} = B^{-1}A^{-1}$이다.

(6) $f \circ g = h$이면 $g = f^{-1} \circ h$ 또는 $f = h \circ g^{-1}$이다.

$\Leftrightarrow$ $AB = C$이면 $B = A^{-1}C$ 또는 $A = CB^{-1}$이다.

연습문제 13. 여러 가지 일차변환, 합성변환과 역변환

1. 다음 일차변환 f를 행렬을 써서 나타내어라.

(1) $f : \begin{pmatrix} x \\ y \end{pmatrix} \rightarrow \begin{pmatrix} x-3y \\ 2x+y \end{pmatrix}$ (2) $f : \begin{pmatrix} x \\ y \end{pmatrix} \rightarrow \begin{pmatrix} -x \\ 2y \end{pmatrix}$

2. 다음 중에서 일차변환 f를 나타내는 행렬을 구하여라.

(1) $\begin{cases} x' = 2x-3y \\ y' = x+2y \end{cases}$ (2) $\begin{cases} x' = -x \\ y' = 2y \end{cases}$

3. 일차변환 f의 행렬이 $\begin{pmatrix} 1 & -3 \\ -2 & 5 \end{pmatrix}$일 때, 두 점 $P(1,\ -2)$, $Q(2,\ 1)$에 대하여 $5f(P)+3f(Q)$가 나타내는 점의 좌표를 구하여라.

4. 점 $(2,\ 1)$을 원점에 대하여 대칭이동시키고 직선 $y=x$에 대하여 대칭이동시킨 점의 좌표를 구하여라.

5. 점 $(1,\ -2)$를 Y축에 대하여 대칭이동시킨 후 원점을 중심으로 $60°$ 회전이동시킨 점의 좌표를 구하여라.

연습문제 해답

01장 집합과 명제

1. 집합의 정의와 연산 P.14

1. (1) $\{n \in \mathbb{N} \mid n \leq 5\}$
   (2) $\left\{\frac{n}{2} \mid 0 \leq n \leq 2\text{이고 } n \in \mathbb{Z}\right\}$
   (3) $\{n \in \mathbb{N} \mid n\text{은 } 12\text{ 의 약수}\}$
2. (1) $\{-1, 0, 1\}$
   (2) $\{2,4,6,8\}$
3. (1) $\{2,3,4,6,8,9,10,12\}$
   (2) $\{6,12\}$
   (3) $\{2,4,8,10\}$
   (4) $\{1,3,5,7,9,11\}$
   (5) $\{1,2,4,5,7,8,10,11\}$
   (6) $\{2,4,8,10\}$
   (7) $\{1,5,7,11\}$
   (8) $\{1,5,7,11\}$
   (9) $\{1,3,5,6,7,9,11,12\}$
4. $x \in A-B \Leftrightarrow x \in A \wedge x \notin B \Leftrightarrow x \in A \cap B^c$
5. $\{\phi, \{1\}, \{\{2,3\}\}, \{1, \{2,3\}\}\}$
6. (1) 4개 (2) 9개

2. 명제와 논리 P.21

1. (1) Yes (2) No (3) Yes (4) Yes
2.

p	v	$p \to v$	$\sim p$	$\sim v$	$\sim v \to \sim p$
T	T	T	F	F	T
T	F	F	F	T	F
F	T	T	T	F	T
F	F	T	T	T	T

3. (1) 충분조건
   (2) 필요조건
   (3) 충분조건
4. (1) $\{x \mid x \leq 2 \vee x \geq 4\}$
   (2) $\{x \mid -1 \leq x \leq 1\}$
   (3) $\{x \mid x \leq 1 \vee x > 2\}$
5. (1) $\forall x \in \mathrm{R},\ x^2 > 0$
   (2) $\exists x,\ x^2 = 0$
6. (1) 참 (2) 거짓 (3) 거짓

02장 수체계

1. 실수의 정의와 연산 P.27

1. $\frac{21324}{9990}$
2. (1) 곱셈, 나눗셈
   (2) 덧셈, 곱셈, 나눗셈
   (3) 곱셈
3. (1) $\oplus, \otimes$ 모두 닫혀 있다.
   (2) 72
4. (1) 교환법칙 성립
   (2) -1
   (3) 0

2. 실수의 대소 관계 P.30

2. 4
4. 시속 $99.75km$

3. 복소수의 정의와 성질 P.34

1. (1)0 (2)1 (3)10^8 (4)1 (5)2

2. $\dfrac{-4+7i}{5}$

3. (1) $(x^2-3)(x^2+2)$

   (2) $(x+\sqrt{3})(x-\sqrt{3})(x^2+2)$

   (3) $(x+\sqrt{3})(x-\sqrt{3})(x+\sqrt{2}i)(x-\sqrt{2}i)$

4. $\dfrac{-1+i}{2}$

▶ 03장 식과 연산

1. 다항식의 연산과 곱셈공식 P.40

1. (1) $-54x^2y^{10}$

   (2) a^5x^7

   (3) $32xz^2$

   (4) $-\dfrac{1}{27}ab^6$

2. (1) x^8-y^8

   (2) $x^6-12x^4y^2+48x^2y^4-64y^6$

   (3) x^6-7x^3-8

3. (1) $3x^2-4x+1, 3$

   (2) $x^3+x^2+2x+1, -3$

4. 16

5. (1)-1 (2)1 (3)-1 (4)2 (5)-1

6. -1

7. 288

2. 항등식과 나머지정리 P.44

1. $a=2,\ b=5,\ c=2,\ d=3$

2. $a=-3,\ b=-3,\ c=2$

3. $a=-4,\ b=3$

4. 3

5. -4

6. (1) $3x^2-4x+1, 3$

   (2) $x^3+x^2+2x+1, -3$

3. 인수분해와 약수, 배수 P.48

1. (1) $(2x+y)(3x-2y)$

   (2) $(x-4y)(2x-3y)$

   (3) $(x+y)(x-y)(x^2+xy+y^2)(x^2-xy+y^2)$

   (4) $(x+2y)^3$

   (5) $(x-1)(x-2)(x+1)(x-4)$

   (6) $(x^2+x+1)(x^2-x+1)$

   (7) $(x+1)(x-1)(x+y)$

   (8) $(x+y+1)(x-y+2)$

2. (1) $(2x-1)(x^2-x+1)$

   (2) $(x+1)(x+2)(3x-2)$

3. (1) $3a^2b^3c,\ 36a^4b^5c^4w^2xy^2z$

   (2) $x-1,\ x(x-1)^2(x+2)(x^2+x+1)$

4. $(x-2),\ (x-2)(x+3)$

4. 유리식과 무리식 P.54

1. (1) $\dfrac{8}{1-x^8}$ (2) $\dfrac{3}{a(a+3)}$

   (3) a^2+ab+b^2 (4) $1-a^2$

2. (1) $2:1:3$ (2) $3:2:1$ (3) $\frac{11}{14}$
3. (1) $7+4\sqrt{3}$ (2) $2+\sqrt{3}$ (3) $\sqrt{2}$
4. (1) 25 (2) 99 (3) $\frac{5\sqrt{3}}{3}$
5. (1) $x=1,\ y=-1$ (2) $x=1,\ y=5$
6. 9

▶ 04장 방정식과 부등식

1. 일차방정식 P.59

1. (1) $x=-1$ (2) $x=-3$ 또는 $x=2$
2. (1) $ax-a^2=bx-b^2$ 에서

   $ax-bx=a^2-b^2$

   (i) $a\neq b$일 때, 양변을 $a-b$ 로 나누면

   $x=a+b$

   (ii) $a=b$일 때, $0\cdot x=0$ 이므로 해가 무수히 많다.
3. -4
4. $a-1$
5. $x=-\frac{1}{2}$

2. 이차방정식 P.64

1. (1) $x=\sqrt{2}\ ,\ -\sqrt{2}+1$

   (2) $x=\frac{3\pm\sqrt{17}}{2}$

   (3) $x=\frac{5\pm\sqrt{65}\,i}{3}$

   (4) $x=\sqrt{2}\pm\sqrt{3}\,i$
2. 서로 다른 두 실근
3. 5
4. $a=-1$
5. 10개

3. 고차방정식 P.68

1. (1) $x=-1\ ,\ \frac{1\pm\sqrt{3}\,i}{2}$

   (2) $x=\pm 2\ ,\ \pm 2i$
2. $a=-5,\ x=1,\ 3$
3. -2

   Hint: $x^2-8=t$ 로 치환하여라.
4. 1
5. $a=-\frac{2}{3},\ \frac{1}{12}$

4. 연립방정식 P.73

1. 주어진 연립방정식을 다시 정리하면

   $\frac{x-y}{5}=1\ ,\ \frac{y-z}{4}=1\ ,\ \frac{z+x}{5}=1$

   $x=7,\quad y=2,\ z=-2$
2. $k=9\ ,\ -1$
3. $k=-2,\ 1$
4. $x=\pm 2,\ y=\mp 1$ (복호동순)
5. $(x\ ,y)=\ (2,2),(-2,-2)$

5. 공통근과 부정방정식 P.76

1. $a=-1,\ -3$
2. $k=-3,\ x=1$

3. $(x, y) = (1, 1), (-3, -3)$
4. $(x+y)^2 = 8$
5. 0

6. 부등식 P.88

1. (1) $3 \le x < 4$ (2) $-3 < x \le -2$
2. $k = -2, -1$
3. $x < \dfrac{a+b}{2}$
5. (1) $-3 \le x < 1$ (2) $0 < x \le 2$

▶ 05장 곡선과 도형

1. 점과 좌표 P.91

1. $2\sqrt{2}$
2. $a = -1$
3. $a = -1$
4. $5\sqrt{2}$

2. 내분점과 외분점 P.94

1. $B(-1, 3)$
2. $B(-8, 1)$, $C(7, -1)$
3. 평행사변형의 성질에 의하여 두 대각선의 중점이 일치한다.
   $a+b+c=1$
4. $a^2 + b^2 = 23$
5. $\overline{AD}$는 $\angle A$의 이등분선이므로
   $\overline{AB} : \overline{AC} = \overline{BD} : \overline{DC}$
   점 D는 $\overline{\mathrm{BC}}$를 $5:13$으로 내분하는 점이다.
   $D(\frac{3}{2}, -\frac{3}{2})$

3. 직선 P.101

1. 직선의 기울기는 $-\dfrac{3}{2}$
2. $a^2 + b^2 = 5$
3. $2x + y = 0$
4. -1
5. $a = -4$, $b = 4$, $c = -13$

4. 원 P.108

1. $(x+1)^2 + y^2 = 20$
2. $k < -7$ 또는 $k > 1$
3. 20
4. $-\dfrac{5}{2}$
5. (1) $2x + y - 2 = 0$
   (2) $x^2 + y^2 - \frac{8}{5}x - \frac{4}{5}y - \frac{12}{5} = 0$

5. 도형의 이동 P.113

1. (1) -19 (2) $(6, 3)$
2. (1) $a = b = -3$ (2) $y = 2x$
3. $(y+1, -x)$
4. (1) $(6, 7)$ (2) $(-3, 7)$

6. 포물선, 타원, 쌍곡선 P.126

1. (1) $y^2 = 16x$ (2) $x^2 = 20y$

2. $(x-1)^2 = -10(y+\frac{1}{2})$

3. (1) $k<6$ (2) $k=6$ (3) $k>6$

4. $y=-x+2$

5. $\frac{x^2}{11}+\frac{y^2}{16}=1$

6. $a=\pm 3,\ b=\pm 4$

7. $y=\frac{\sqrt{3}}{3}x \pm \frac{\sqrt{33}}{3}$

8. $k=4$

9. (1) $x^2-\frac{y^2}{2}=1$ (2) $\frac{x^2}{4}-\frac{4}{9}y^2=1$

10. $25(2+\sqrt{3})$

7. 공간좌표 P.132

1. 153

2. $(x-3)^2+(y-3)^2+(z+4-\sqrt{7})^2=9$,
$(x-3)^2+(y-3)^2+(z+4+\sqrt{7})^2=9$

3. $x^2+y^2+z^2-4x-2y+8z-5=0$

4. $x^2+y^2+z^2+\frac{8}{3}y+2z-\frac{5}{3}=0$

5. $P(2,1,0)$

06장 함수

1. 함수의 정의와 성질 P.142

1 $y=x-3$

2. (1) $g(f(2))=g(5)=8$
(2) $f(g(2))=f(5)=26$
(3) $g(f(x))=(x^2+1)+3=x^4+4$
(4) $f(g(x))=(x+3)^2+1=x^2+6x+10$

3. $y=x-1$

4. $\frac{x-1}{2}=t$로 놓으면 $x=2t+1$이다.
$\therefore f(t)=3(2t+1)+4=6t+7$이다. 따라서 $f(0)=7$이다.

5. $(f\circ g)(x)=f(g(x))=f(-x+a)$
$=2(-x+a)-1 \ =-2x+2a-1$
$(g\circ f)(x)=g(f(x))=g(2x-1)$
$=-(2x-1)+a \ =-2x+1+a$
따라서 $-2x+2a-1=-2x+1+a$에서
$a=2$이다.

2. 다항함수와 유리함수, 무리함수 P.153

1. $y=-2x^2+4x-7=-2(x-1)^2-5$이므로 이 함수는 꼭짓점이 $(1,-5)$이고 위로 볼록한 포물선이다. y절편은 -7이다.

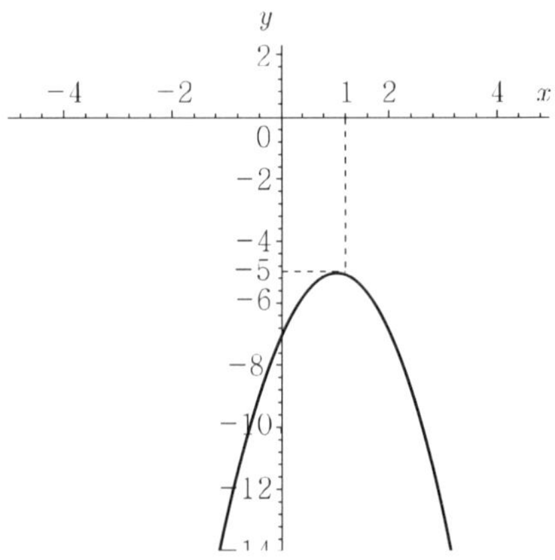

2. $f(x)>0$이려면 판별식은 $D>0$이다.
$D=(2(k+3))^2-8(k+3)$

$= 4(k+3)(k+1) > 0$이므로 $k+3 > 0$, $k+1 > 0$이거나 $k+3 < 0$, $k+1 < 0$이다. 따라서 $k < -3$ 또는 $k > -1$이다.

3. $y = x^2 + ax + b$와 직선 $y = x$가 점$(1,\ 1)$에서 접하므로 $a+b+1 = 1$에서 $a = -b$이다. 또한 $x^2 + ax + b = x$의 판별식 $D = (a-1)^2 - 4b = 0$이다. 따라서 $a = -b$를 대입하면 $D = (a-1)^2 + 4a = (a+1)^2 = 0$이므로 $a = -1$이고 $b = 1$이다.

4. $y = \dfrac{3x-1}{x-1} = 3 + \dfrac{2}{x-1}$이므로 점근선은 $x = 1, y = 3$이다.

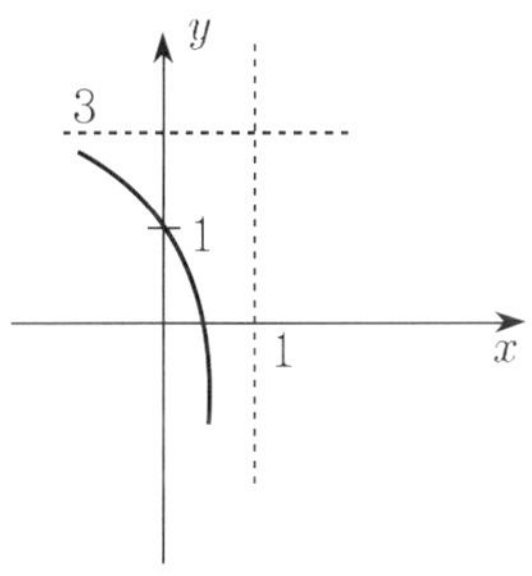

5. $f^{-1}(x)$의 역함수가 $f(x)$이므로 $y = f^{-1}(x) = \dfrac{4x-3}{-x+2}$에서 $(-x+2)y = 4x-3$이다.

x에 대하여 풀면 $x = \dfrac{2y+3}{y+4}$이다. 따라서 $y = \dfrac{2x+3}{x+4} = \dfrac{ax+b}{x+c}$이므로 $a = 2$, $b = 3$, $c = 4$이다.

6. 이차함수 $y = ax^2 + bx + c$의 그래프가 두 점 $(-5,\ 0)$, $(1,\ 0)$을 지나므로 $y = a(x+5)(x-1)$로 놓으면 $y = a(x^2+4x-5) = a(x+2)^2 - 9a$에서 그래프의 꼭짓점의 좌표는 $(-2,\ -9a)$이다. 꼭짓점이 직선 $y = x+3$ 위의 점이므로

$-9a = -2+3 \quad \therefore a = -\dfrac{1}{9}$

따라서 $y = -\dfrac{1}{9}(x^2+4x-5)$

$= -\dfrac{1}{9}x^2 - \dfrac{4}{9}x + \dfrac{5}{9}$이므로

$a = -\dfrac{1}{9},\ b = -\dfrac{4}{9},\ c = \dfrac{5}{9}$

$\therefore\ 81abc = 81 \cdot \left(-\dfrac{1}{9}\right) \cdot \left(-\dfrac{4}{9}\right) \cdot \dfrac{5}{9} = 20$

이다.

7. (1) $y = -2|x+1| + x$에서 절댓값 기호 안의 식의 값을 0으로 하는 x의 값은 -1이다.

① $x < -1$일 때, $|x+1| = -x-1$이므로 $y = 2(x+1) + x = 3x+2$

② $x \geq -1$일 때, $|x+1| = x+1$이므로 $y = -2(x+1) + x = -x-2$

따라서 $y = -2|x+1| + x$의 그래프는 다음 그림과 같다.

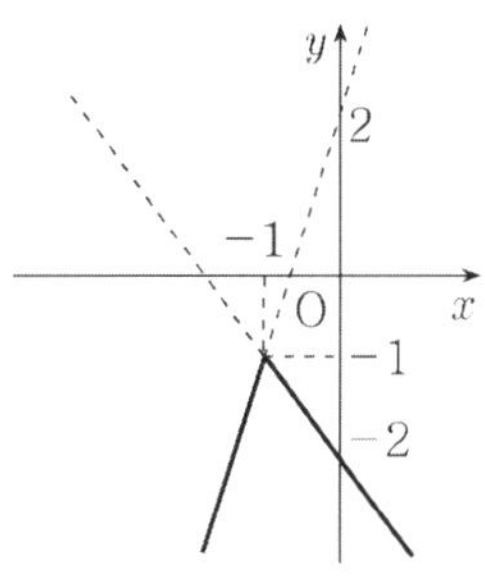

(2) $|y-1| = x+2$에서 절댓값 기호 안의 식의 값을 0으로 하는 y의 값은 1이다.

① $y < 1$일 때, $|y-1| = -y+1$이므로 $-y+1 = x+2 \quad \therefore y = -x-1$

② $y \geq 1$일 때, $|y-1| = y-1$이므로 $y-1 = x+2 \quad \therefore y = x+3$

따라서 $|y-1| = x+2$의 그래프는 다음

그림과 같다.

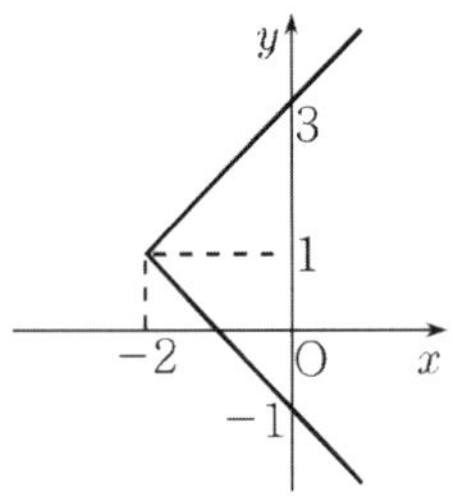

07장 삼각함수

1. 호도법 P.158

1. (1) $30° = 30 \times \frac{\pi}{180} = \frac{\pi}{6}$

(2) $135° = 135 \times \frac{\pi}{180} = \frac{3\pi}{4}$

(3) $\frac{\pi}{2} \times \frac{180}{\pi} = 90°$

(4) $\frac{5\pi}{6} \times \frac{180}{\pi} = 150°$

2. $S = \frac{1}{2} \times 16 \times \frac{\pi}{4} = 2\pi$, $l = 4 \times \frac{\pi}{4} = \pi$

2. 삼각함수의 정의와 성질 P.164

1. (1) $\sin(210°) = -\frac{1}{2}$

(2) $\cos(510°) = -\frac{\sqrt{3}}{2}$

(3) $\tan(-405°) = -1$

(4) $\cot(-315°) = 1$

2. $\sin\theta = -\frac{\sqrt{3}}{2}$, $\cos\theta = -\frac{1}{2}$, $\tan\theta = \sqrt{3}$

3. $\cos\theta = \frac{4}{5}$, $\tan\theta = \frac{3}{4}$, $\sec\theta = \frac{5}{4}$,

$\csc\theta = \frac{5}{3}$, $\cot\theta = \frac{4}{3}$

4. (1) $\sin\theta\cos\theta = -\frac{3}{8}$

(2) $\tan\theta + \cot\theta = -\frac{8}{3}$

(3) $\sin\theta - \cos\theta = \pm\frac{\sqrt{7}}{2}$

5. 증명 생략

6. (1) $\sin\frac{7}{6}\pi + \tan\left(-\frac{19}{4}\pi\right) = \frac{1}{2}$

(2) $\sin(90° + \theta) + \cos(180° + \theta) +$
$\cos(90° + \theta) + \cos(-270° - \theta) = 0$

3. 삼각함수의 그래프 P.172

1. (1) 최댓값 : $\frac{1}{2}$, 최솟값 : $-\frac{1}{2}$, 주기 : 4π

(2) 최댓값 : 4, 최솟값 : −4, 주기 : π

(3) 최댓값 : 없음, 최솟값 : 없음, 주기 : $\frac{\pi}{2}$

2. (1) 최댓값 : $\frac{1}{3}$, 최솟값 : $-\frac{1}{3}$, 주기 : π

(2) 최댓값 : $\frac{1}{4}$, 최솟값 : $-\frac{1}{4}$, 주기 : $\frac{2\pi}{3}$

3. (1) 최댓값 : 1, 최솟값 : −1

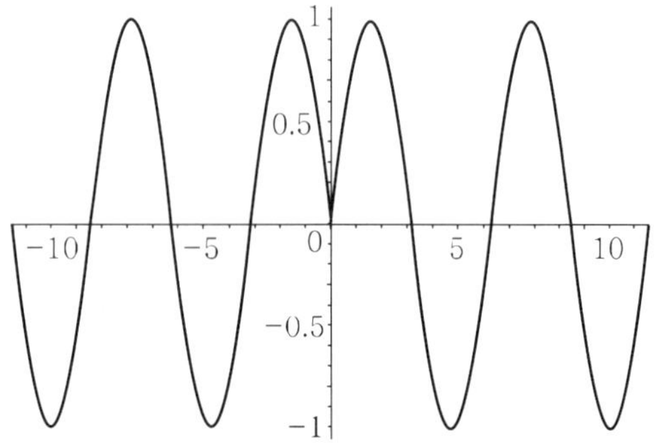

(2) 최댓값 : 1,   최솟값 : 0

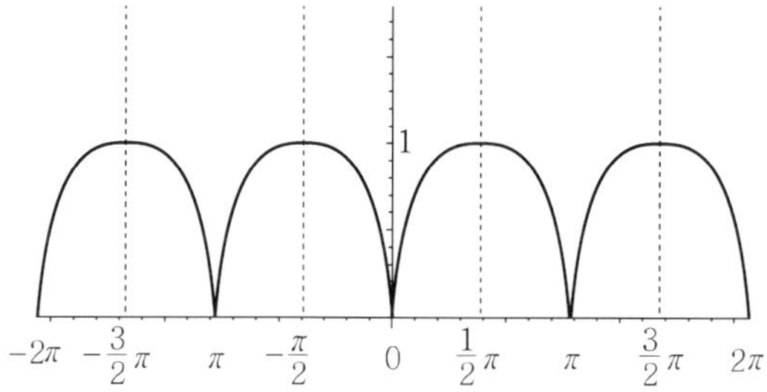

(3) 최댓값 : 1,   최솟값 : -1

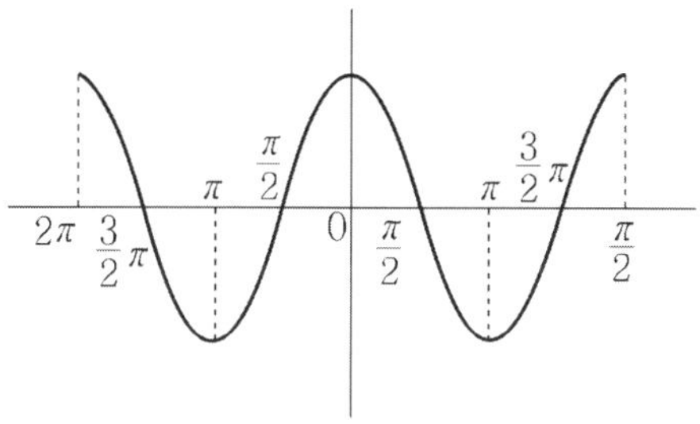

4. (1) $\frac{\pi}{6}, \frac{5\pi}{6}$ (2) $\frac{2\pi}{3}, \frac{4\pi}{3}$

5. 그래프 생략

4. 사인법칙과 코사인법칙 P.176

1. 증명은 사인법칙 이용.
2. $B=60^\circ,\ C=90^\circ,\ b=3\sqrt{3}$
3. $A=75^\circ,\ a=\frac{3+\sqrt{3}}{2},\ c=\sqrt{6}$
4. $B=45^\circ,\ B=60^\circ,\ C=75^\circ$
5. a와 b의 길이가 같은 이등변 삼각형

5. 가법정리 P.184

1. $\sin(-15^\circ)=\sin(45^\circ-60^\circ)$

$$=\sin45^\circ\cos60^\circ-\cos45^\circ\sin60^\circ$$

$$=\frac{\sqrt{2}-\sqrt{6}}{4}$$

$$\cos(-15^\circ)=\frac{\sqrt{2}+\sqrt{6}}{4}$$

$$\tan(-15^\circ)=\sqrt{3}-2$$

2. $\sin^2(22^\circ 30')=\sin^2\frac{45^\circ}{2}=\frac{1-\cos45^\circ}{2}$

$$=\frac{2-\sqrt{2}}{4}$$

$$\cos^2(22^\circ 30')=\frac{2+\sqrt{2}}{4}$$

$$\tan^2(22^\circ 30')=\frac{2-\sqrt{2}}{2+\sqrt{2}}$$

$$\therefore \sin(22^\circ 30')=\frac{\sqrt{2-\sqrt{2}}}{2}$$

$$\cos(22^\circ 30')=\frac{\sqrt{2+\sqrt{2}}}{2}$$

$$\tan(22^\circ 30')=\sqrt{2}-1$$

3. $\tan\frac{x}{2}=t,\ \sin x=\frac{2t}{1+t^2}$

$$\cos x=\frac{1-t^2}{1+t^2},\quad \tan x=\frac{2t}{1-t^2}$$

4. $\tan\alpha=-1,\ \tan\beta=2+\sqrt{3}$

$$\tan\theta=\tan(\alpha-\beta)=\sqrt{3}$$

$$\therefore \theta=60^\circ$$

5. (1) $y=\sin x+\cos x$

$$=\sqrt{2}\left(\frac{1}{\sqrt{2}}\sin x+\frac{1}{\sqrt{2}}\cos x\right)$$

$$=\sqrt{2}\sin(x+45^\circ)$$

최댓값 : $\sqrt{2}$ 최솟값 : $-\sqrt{2}$

(2) 최댓값 : 2   최솟값 : -2

6. $\sin x-\cos x=\sqrt{2}\sin(x-\frac{\pi}{4})$

$$\Rightarrow \sin(x-\frac{\pi}{4})=1$$

$$\therefore\ x-\frac{\pi}{4}=\frac{\pi}{2}+2n\pi$$

$\therefore\ x=\dfrac{3\pi}{4}+2n\pi$

7. (1) $\dfrac{\pi}{6}<x<\dfrac{11\pi}{6}$

(2) $0\le x\le\dfrac{\pi}{4}$ 또는 $\dfrac{\pi}{2}<x\le\dfrac{5\pi}{4}$

8. $\dfrac{5\pi}{6}\le x\le\dfrac{11\pi}{6}$

08장 지수함수와 로그함수

1. 지수와 로그 P.193

1. (1) $81^{\frac{1}{2}}=(9^2)^{\frac{1}{2}}=9^{2\times\frac{1}{2}}=9$

(2) $2^{\frac{1}{2}}\times 2^{\frac{2}{3}}\div 2^{\frac{1}{6}}=2^{\frac{1}{2}+\frac{2}{3}-\frac{1}{6}}=2^1=2$

(3) $\{(\sqrt{3})^{\sqrt{3}}\}^{\sqrt{3}}=(\sqrt{3})^{\sqrt{3}\times\sqrt{3}}$

$=(\sqrt{3})^3=3\sqrt{3}$

2. 2와 6의 최소공배수는 6이므로

$\sqrt{2}=\sqrt[6]{2^3}=\sqrt[6]{8}$ 이므로 $\sqrt{2}<\sqrt[6]{10}$ 이다.

3. (1) $\sqrt[2]{16}\times\sqrt[2]{4}=\sqrt[2]{16\times4}=\sqrt[2]{2^6}=8$

(2) $\dfrac{\sqrt[4]{162}}{\sqrt[4]{2}}=\sqrt[4]{\dfrac{162}{2}}=\sqrt[4]{81}=\sqrt[4]{3^4}=3$

(3) $(\sqrt[3]{2})^6=\sqrt[3]{2^6}=\sqrt[3]{(2^2)^3}=2^2=4$

(4) $\sqrt[3]{\sqrt{4096}}=\sqrt[6]{4096}=\sqrt[6]{4^6}=4$

(5) $\sqrt[3]{\left(\dfrac{27}{64}\right)^2}=\sqrt[3]{\left\{\left(\dfrac{3}{4}\right)^3\right\}^2}=\sqrt[3]{\left\{\left(\dfrac{3}{4}\right)^2\right\}^3}$

$=\left(\dfrac{3}{4}\right)^2=\dfrac{9}{16}$

(6) $\sqrt[9]{5^6}\times\sqrt[6]{5^2}=\sqrt[3\times3]{5^{3\times2}}\times\sqrt[3\times2]{5^2}$

$=\sqrt[3]{5^2}\times\sqrt[3]{5}=\sqrt[3]{5^3}=5$

4. (1) $2a^3b\times3ab^3=6a^{3+1}b^{1+3}=6a^4b^4$

(2) $(-2a^2b^3)^2\div2ab^4$

$=(-2)^2a^{2\times2}b^{3\times2}\div2ab^4$

$=4a^4b^6\div2ab^4$

$=2a^{4-1}b^{6-4}$

$=2a^3b^2$

(3) $4ab^2\times\left(\dfrac{b}{a^3}\right)^2\div(2a^2b)^4$

$=4ab^2\times\dfrac{b^2}{a^6}\times\dfrac{1}{16a^8b^4}$

$=\dfrac{4ab^4}{16a^{14}b^4}=\dfrac{b}{4a^{13}}$

(4) $-a^3b\div3a^4b^3\times\left(\dfrac{b^2}{a}\right)^2$

$=-a^3b\times\dfrac{1}{3a^4b^3}\times\dfrac{b^4}{a^2}$

$=-\dfrac{a^3b^5}{3a^6b^3}=-\dfrac{b^2}{3a^3}$

2. 지수 및 로그함수 P.208

1. (1) $y=e^x$ 그래프의 y축에 대칭

(2) $y=e^x$ 그래프를 x축으로 -2만큼 평행이동

(3) $y=e^x$ 그래프를 x축으로 1만큼, y축으로 1만큼 평행이동

2. (1) $x=1$ (2) $x=0,2$ (3) $x=0$

3. (1) $x<4$ (2) $0<x^2$ (3) $x\ne1$, $x>0$

4. (1) $x=81$ (2) $x=5$

(3) $x=4$ or $x=-2$

5. $f(x)=\log_a x$

$$f(cd) = \log_a(cd) = \log_a c + \log_a d$$
$$= f(c) + f(d)$$

6. $y = \log_3(-x)$는 이므로 $y = \log_3 x$과 y축에 대하여 대칭인 그래프이다. $y = \log_3 \frac{1}{x}$는 $-y = \log_3 x$ 이므로 x축에 대하여 대칭인 그래프이다. $y = \log_3(x-1)$는 $y = \log_3 x$을 x축 방향으로 1만큼 평행이동한 그래프다.

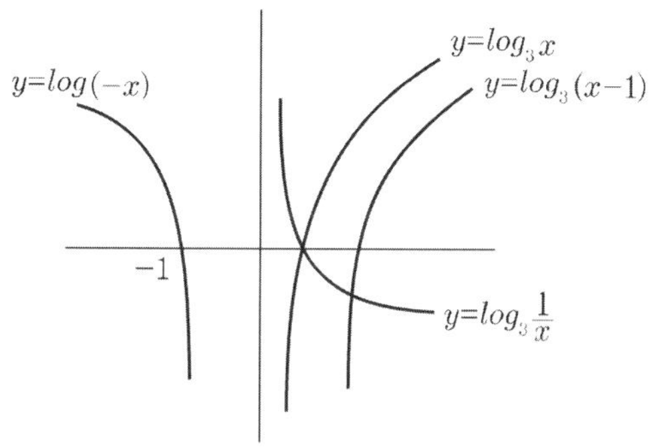

9장 수열과 급수

1. 등차수열과 일반항 P.212

1. 제1항이 2, 102번째 항이 406이므로
   $a + 101d = 2 + 101d = 406$, $d = 4$이다.
2. $a = 2,\ a_{n+2} = 44,\ d = 2$이므로
   $a_{n+2} = 4 + (n+1)2 = 44$, 따라서 $n = 19$
3. (1) $a_n = 2n - 1$ (2) $a_n = (-1)^{n-1}$
   (3) $a_n = \dfrac{1}{n+1}$

2. 등차수열의 합 P.214

1. $a + 2d = 8,\ a + 5d = 20$이므로
   $a = 0,\ d = 4$이다. 그러므로 첫째항부터 제 20항까지의 합은
   $$S_{20} = \frac{20\{0 + 19 \cdot 4\}}{2} = 760$$
2. $a = 50, d = -4$이고
   $$S_n = \frac{n\{100 + (n-1)(-4)\}}{2} = n(52 - 2n)$$
   이다. S_n이 음수가 되려면
   $-2n^2 + 52n < 0,\ n(n-26) > 0,\ n > 26$
   이므로 27항부터의 합이 음수가 된다.
3. (1) $-1,\ -3,\ -5,\ -7$
   (2) $2^0, 2^{-1}, 2^{-2}, 2^{-3} = 1, \frac{1}{2}, \frac{1}{4}, \frac{1}{8}$

3. 등비수열 P.217

1. $a = 1, d = 1, n = 200$이므로
   $S_{200} = \dfrac{200\{2 + 199\}}{2} = 20100$이다. (또는
   $\displaystyle\sum_{k=1}^{200} k = \frac{200(201)}{2} = 20100$)
2. $a_7 = a + 6d = 4,\ a_{10} = a + 9d = -8$이므로
   $a = 28, d = -4$이다. $a_n = -4n + 32$이므로
   a_n의 값이 음수가 되기 전까지의 합이 최댓값이 된다. $-4n + 32 < 0$, $n > 8$ 이므로 9항부터 음수이다. 그러므로 8항까지의 합이 최대이다. $S_8 = \dfrac{8\{56 + 7(-4)\}}{2} = 112$
   이다.
3. $a_3 + a_6 + a_9 = 3a + 15d = 9,$

$a_6 + a_7 + \cdots + a_{14} = 9a + 81d = 171$이므로

$a = -17,\ d = 4$이다.

따라서 $a_k = -17 + (k-1)(4) = 15$이므로

$k = 9$이다.

4. 등비수열의 n번째 항은 $2 \cdot 3^{n-1}$이다.

$2 \cdot 3^{n-1} > 500$이 되려면 $3^{n-1} > 250$이다.

$3, 3^2, 3^3, 3^4, 3^5 = 243, 3^6 = 729$이므로 $n = 7$

이다.

5. $\frac{1}{a_1} + \frac{1}{a_2} + \frac{1}{a_3} + \frac{1}{a_4} + \frac{1}{a_5}$

$= \frac{1}{a} + \frac{1}{ar} + \frac{1}{ar^2} + \frac{1}{ar^3} + \frac{1}{ar^4}$

$= \frac{1}{ar^4}(r^4 + r^3 + r^2 + r + 1)$이다.

$\frac{31}{2} = a_1 + \cdots + a_5 = a + ar + \cdots + ar^4$

$= a(1 + r + r^2 + r^3 + r^4)$이므로

$1 + r + r^2 + r^3 + r^4 = \frac{31}{2a}$이다.

또한 $32 = a_1 \times \cdots \times a_5 = a(ar) \cdots (ar^4)$

$= a^5 r^{1+2+3+4} = (ar^2)^5$이므로 $ar^2 = 2$이다.

따라서 $\frac{1}{a_1} + \frac{1}{a_2} + \frac{1}{a_3} + \frac{1}{a_4} + \frac{1}{a_5}$

$= \frac{1}{ar^4} \frac{31}{2a} = \frac{31}{2} \frac{1}{a^2} r^4 = \frac{31}{2} \frac{1}{(ar^2)^2}$

$= \frac{31}{2} \frac{1}{4} = \frac{31}{8}$이다.

6. 1, a, b가 이 순서로 등비수열이므로

$a^2 = 1 \cdot b = b a^2 = 1 \cdot b = b$이다.

또한 $2a$, b, 24가 이 순서로 등차수열을 이루므로 $2b = 2a + 24$, 즉, $b = a + 12$이다.

따라서 $a + 12 = b = a^2$,

즉, $a^2 - a - 12 = 0$이다.

$(a-4)(a+3) = 0$, $a = -3$, $a = 4$이다. 그러므로 $(a, b) = (-3, 9)$이거나 $(4, 16)$이다.

4. Σ의 뜻과 그 성질 P.219

1. $\sum_{k=1}^{n}(2k-1) = 2\frac{n(n+1)}{2} - n = n^2$

2. 수열을 변형하면 $\frac{15}{1}, \frac{15}{3}, \frac{15}{5}, \frac{15}{7}, \cdots$이므로 분모 부분만 살펴보면 첫째 항이 1이고 공차가 2인 일반항이 된다. 그러므로 이 수열의 일반항은 $a_n = \frac{15}{2n-1}$이다. 20항을 구하면 $\frac{15}{39} = \frac{5}{13}$이 된다.

5. 여러 가지 수열의 합 P.223

1. $\sum_{k=1}^{99} \log \frac{k+1}{k}$

$= \log\frac{2}{1} + \log\frac{3}{2} + \cdots + \log\frac{100}{99}$이고

log성질을 이용하여

$\log\frac{2}{1} + \log\frac{3}{2} + \cdots + \log\frac{100}{99}$

$= \log\left(\frac{2}{1}\frac{3}{2}\frac{4}{3}\cdots\frac{99}{98}\frac{100}{99}\right) = \log 100 = 2$이 된다.

2. 수열을 변형하면 $\frac{6}{3}, \frac{6}{7}, \frac{6}{11}, \frac{6}{15}, \cdots$이고 분모부분의 일반항을 구하면 첫째항이 3이고 공차가 4인 수열이 된다. 주어진 수열의 일반항은 $a_n = \frac{6}{4n-1}$이므로 제10항은 $\frac{6}{39} = \frac{3}{13}$이다.

3. 주어진 수열을 변형하면

$\frac{6}{1}, \frac{6}{\frac{6}{x}}, \frac{6}{\frac{6}{y}}, \frac{6}{\frac{6}{z}}, \frac{6}{5}$이므로 분모 부분만 따로 생각하면 첫째항이 1이고 5째 항이 5인 것을 알 수 있다. 공차는 1이 되므로 $\frac{6}{x}=2$, $\frac{6}{y}=3$, $\frac{6}{z}=4$ 이다.

따라서 $x=3,\ y=2,\ z=\frac{3}{2}$이며 $xyz=9$ 이다.

4. $\sum_{k=1}^{10}\frac{1}{(2k-1)(2k+1)}$

$=\frac{1}{2}\sum_{k=1}^{10}\left(\frac{1}{(2k-1)}-\frac{1}{(2k+1)}\right)$
$=\frac{1}{2}\left(\left(\frac{1}{1}-\frac{1}{3}\right)+\left(\frac{1}{3}-\frac{1}{5}\right)+\cdots+\left(\frac{1}{19}-\frac{1}{21}\right)\right)$
$=\frac{1}{2}\left(\frac{1}{1}-\frac{1}{21}\right)=\frac{10}{21}$

6. 수열의 귀납적 정의 P.228

1. $a_{n+1}=2^n a_n$에서 $n=1,2,3,\cdots,n-1$을 대입하여 변변 곱하면

$a_n=a_1(2^1\cdot 2^2\cdot\cdots\cdot 2^{n-1})$이다. $a_1=1$ 이므로 $a_n=2^{1+2+3+\cdots+(n-1)}=2^{\frac{n(n-1)}{2}}$ 이다.

(다른 풀이)

$a_1=1=2^0,\ a_2=2a_1=2^1,\ a_3=2^2a_2=2^3,$ $a_4=2^3a_3=2^6$이므로 지수부분만 따로 수열로 나타내면 $0,1,3,6,\cdots$이다. 계차수열을 이용하여 일반항을 구하면 $\frac{n(n-1)}{2}$이다.

그러므로 일반항은 $a_n=2^{\frac{n(n-1)}{2}}$ 이다.

2. $a_{n+1}=\left(\frac{n+1}{n}\right)a_n$이므로

$a_n=a_1f(1)f(2)\cdots f(n-1)$

$=\left(\frac{2}{1}\frac{3}{2}\cdots\frac{n-1}{n-2}\frac{n}{n-1}\right)=n$

(다른 풀이)

$a_1=1,\ a_2=2a_1=2,\ a_3=\frac{3}{2}a_2=3,$

$a_4=\frac{4}{3}a_3=4,\cdots$이므로 $a_n=n$이다.

3. $a_{n+2}-3a_{n+1}+2a_n=0$이므로

$a_{n+2}-a_{n+1}=2(a_{n+1}-a_n)$이다.

$a_{n+1}-a_n=b_n$으로 놓으면 계차수열 $\{b_n\}$은 첫째항이 $a_1=a_2-a_1=3a_1-a_1=2a_1$이고 공비가 2인 등비수열이다.

$a_n=a_1+\sum_{k=1}^{n-1}b_k=a_1+\sum_{k=1}^{n-1}2a_1\cdot 2^{k-1}$

$=a_1+2a_1\cdot\frac{2^{n-1}-1}{2-1}$

$=a_1+2a_1(2^{n-1}-1)$이다.

$a_8=85$이므로 $a_1=\frac{1}{3}$이다.

$a_4=\frac{1}{3}+2\cdot\frac{1}{3}(2^3-1)=5$이다.

10. 무한급수의 수렴과 발산 P.243

1. 주어진 급수는 $3\sum_{n=5}^{\infty}\frac{1}{n}=3\left(\sum_{n=1}^{\infty}\frac{1}{n}-\sum_{n=1}^{4}\frac{1}{n}\right)$

$=3\left(\sum_{n=1}^{\infty}\frac{1}{n}-\frac{25}{12}\right)$이고, $\sum_{n=1}^{\infty}\frac{1}{n}$이 발산하므로 주어진 급수도 발산한다.

2. $S_n = \frac{1}{3} + \frac{1}{3^2} + \cdots + \frac{1}{3^n} = \dfrac{\frac{1}{3}\left(1-\left(\frac{1}{3}\right)^n\right)}{1-\frac{1}{3}}$

$= \frac{1}{2}\left(1-\left(\frac{1}{3}\right)^n\right)$이다. $\lim_{n\to\infty} S_n = \frac{1}{2}$이므로

급수는 수렴하고 급수의 합은 $\frac{1}{2}$이다.

3. 부분합을 구하면 $S_1 = 1, S_2 = 1-1=0,$ $S_3 = 1-1+1=1, \cdots$이다. 수열 S_n은 발산하므로 주어진 급수는 발산한다.

4. $\sum_{n=1}^{\infty} \frac{3}{4^n} - \sum_{n=1}^{\infty} \frac{2}{5^{n-1}} = \dfrac{\frac{3}{4}}{1-\frac{1}{4}} - \dfrac{2}{1-\frac{1}{5}}$

$= 1 - \frac{5}{2} = -\frac{3}{2}$이다.

5. $\sum_{n=1}^{\infty} \frac{3}{n} = 3\sum_{n=1}^{\infty} \frac{1}{n}$이고 조화급수 $\sum_{n=1}^{\infty} \frac{1}{n}$은 발산하므로 주어진 급수는 발산한다.

11. 순환소수 P.246

1. $0.\dot{6}8\dot{4} = \frac{684-0}{999} = \frac{684}{999}$

2. $12.3\dot{4}\dot{5} = \frac{12345-123}{900} = \frac{12222}{990} = \frac{679}{55}$

3. $\frac{16}{9000} = 0.001\dot{7}$

10장 벡터와 행렬

2. 벡터의 덧셈과 뺄셈, 실수배 P.253

2. $\vec{U} + 2\vec{V} = \vec{a},\ 2\vec{U} - 3\vec{V} = -\vec{b}$를 풀면

$\vec{V} = \frac{2}{7}\vec{a} + \frac{1}{7}\vec{b}$이며 $\vec{U} = \frac{3}{7}\vec{a} - \frac{2}{7}\vec{b}$이다.

3. 평면벡터의 성분 P.257

1. (1) $\frac{\vec{U}}{|\vec{U}|} = \frac{(4,\ -3)}{5} = \left(\frac{4}{5},\ \frac{-3}{5}\right).$

(2) $\frac{\vec{V}}{|\vec{V}|} = \frac{(-1,\ 1)}{\sqrt{2}} = \left(\frac{-1}{\sqrt{2}},\ \frac{1}{\sqrt{2}}\right)$

3. (1) $\vec{U} = (1,\ 3) = i + 3j$

(2) $\vec{V} = (-2,\ 1) = -2i + j$

4. (1) $\vec{U} = (1,\ 1)$일 때 $\tan\theta = \frac{1}{1} = 1$

(2) $\vec{V} = (3,\ -4)$일 때 $\tan\theta = \frac{-4}{3} = -\frac{4}{3}$

4. 공간벡터의 성분 P.262

1. (1) $\sqrt{1^2+2^2+3^2} = \sqrt{14}$

(2) $\frac{(1,2,3)}{\sqrt{14}} = \left(\frac{1}{\sqrt{14}}, \frac{2}{\sqrt{14}}, \frac{3}{\sqrt{14}}\right)$

2. (1) $|\vec{U}| = \sqrt{2^2+(-1)^2+1^2} = \sqrt{6}$

$|\vec{V}| = \sqrt{1^2+2^2+1^2} = \sqrt{6}$

$|\vec{W}| = \sqrt{(-2)^2+(-1)^2+3^2} = \sqrt{14}$

(2) $(4,-2,2)+(3,6,3)+(2,1,-3)$

$= (9, 5, 2)$

3. (1) $\vec{U} = 2\sqrt{2}$이므로

$\left(\frac{1}{2\sqrt{2}}, \frac{\sqrt{3}}{2\sqrt{2}}, \frac{2}{2\sqrt{2}}\right)$

(2) $\overrightarrow{V} = \sqrt{5}$ 이므로 $\left(\frac{-\sqrt{3}}{\sqrt{5}}, \frac{1}{\sqrt{5}}, \frac{1}{\sqrt{5}}\right)$

4. (1) $\overrightarrow{AB} = \overrightarrow{OB} - \overrightarrow{OA}$
$= (-2,1,1) - (1,-3,1) = (-3,4,0)$

(2) $|\overrightarrow{AB}| = 5$ 이므로 $\left(-\frac{3}{5}, \frac{4}{5}, 0\right)$

5. 벡터의 내적 P.265

1. $\overrightarrow{U} = (1, 2, 3)$에 대하여
$\overrightarrow{U} \cdot \overrightarrow{U} = 1^2 + 2^2 + 3^2 = 14$이다.
2. $\overrightarrow{U} \cdot \overrightarrow{V} = |\overrightarrow{U}||\overrightarrow{V}|\cos\theta$이므로
$-2 + x = \sqrt{2}\sqrt{4+x}\cos 135°$이다. 따라서
$-2 + x = -\sqrt{4-x}$, $x^2 - 3x = 0$가 되어
$x = 0$ 또는 $x = 3$이다.
3. $\overrightarrow{U} \cdot \overrightarrow{V} = \overrightarrow{U}||\overrightarrow{V}\cos 60° = 1 \cdot 2 \cdot \frac{1}{2} = 1$
이다. 그러므로 $(2\overrightarrow{U} + \overrightarrow{V}) \cdot (\overrightarrow{U} - 2\overrightarrow{V})$
$= 2|\overrightarrow{U}|^2 - 3\overrightarrow{U} \cdot \overrightarrow{V} - 2|\overrightarrow{V}|^2 = -9$
이다.

6. 벡터의 수직과 평행 P.267

1. $\overrightarrow{U} = (1,2)$, $\overrightarrow{V} = (k, -1)$이므로
$\overrightarrow{U} + \overrightarrow{V} = (1+k, 1)$, $\overrightarrow{U} - \overrightarrow{V} = (1-k, 3)$
이다.
$\overrightarrow{U} + \overrightarrow{V}$와 $\overrightarrow{U} - \overrightarrow{V}$가 서로 수직이면 내적이
0이므로 $(1+k)(1-k) + 3 = 0$,
$k = 2$ $(\because k > 0)$이다.
2. $\overrightarrow{W} = \overrightarrow{U} - k\overrightarrow{V} = (2+k, 1-2k)$이다. $\overrightarrow{V}$와
$\overrightarrow{W}$가 서로 수직이므로
$\overrightarrow{V} \cdot \overrightarrow{W} = -2 - k + 2 - 4k = -5k = 0$이
되어 $k = 0$이다.

7. 직선의 방정식 P.271

8. 평면의 방정식 P.275

9. 행렬 P.278

1. $X = \frac{1}{2}(2A - B - C) = \begin{bmatrix} -4 & 1 \\ 3 & 1 \end{bmatrix}$

10. 행렬의 곱셈, 단위행렬과 역행렬 P.284

1. $ABA = A$ 로부터
$B = A^{-1}AA^{-1} = A^{-1} = \begin{bmatrix} 3 & -1 \\ -2 & 1 \end{bmatrix}$이므로
$A + B = \begin{bmatrix} 4 & 0 \\ 0 & 4 \end{bmatrix}$이다.
2. $A = \begin{bmatrix} 2 & 3 \\ 4 & 6 \end{bmatrix}$의 행렬식은 $12 - 12 = 0$이다.
그러므로 역행렬은 존재하지 않는다.
3. $A = \begin{bmatrix} 1 & 3 \\ 7 & 2 \end{bmatrix}$의 행렬식은 $2 - 21 = -19$이다.
역행렬은 $A^{-1} = -\frac{1}{19}\begin{bmatrix} 2 & -3 \\ -7 & 1 \end{bmatrix}$이다.

12. 일차변환과 행렬 P.291

1. $P = \begin{bmatrix} 2 \\ 3 \end{bmatrix}$, $Q = \begin{bmatrix} 1 \\ 2 \end{bmatrix}$이므로

$f(P)=\begin{bmatrix}1&0\\2&3\end{bmatrix}\begin{bmatrix}2\\3\end{bmatrix}=\begin{bmatrix}2\\13\end{bmatrix}$,

$f(Q)=\begin{bmatrix}1&0\\2&3\end{bmatrix}\begin{bmatrix}1\\2\end{bmatrix}=\begin{bmatrix}1\\8\end{bmatrix}$이다.

따라서 $2f(P)-3f(Q)=\begin{bmatrix}1\\2\end{bmatrix}$이다.

2. (1) $\begin{bmatrix}x'\\y'\end{bmatrix}=\begin{bmatrix}2&3\\4&5\end{bmatrix}\begin{bmatrix}x\\y\end{bmatrix}$ (2) $\begin{bmatrix}x'\\y'\end{bmatrix}=\begin{bmatrix}2&3\\4&0\end{bmatrix}\begin{bmatrix}x\\y\end{bmatrix}$

(3) $\begin{bmatrix}x'\\y'\end{bmatrix}=\begin{bmatrix}0&1\\1&0\end{bmatrix}\begin{bmatrix}x\\y\end{bmatrix}$

13. 여러 가지 일차변환, 합성변환과 역변환 P.297

1. (1) $f:\begin{pmatrix}x\\y\end{pmatrix}\to\begin{pmatrix}x-3y\\2x+y\end{pmatrix}=\begin{bmatrix}1&-3\\2&1\end{bmatrix}\begin{bmatrix}x\\y\end{bmatrix}$

(2) $f:\begin{pmatrix}x\\y\end{pmatrix}\to\begin{pmatrix}-x\\2y\end{pmatrix}=\begin{bmatrix}-1&0\\0&2\end{bmatrix}\begin{bmatrix}x\\y\end{bmatrix}$

2. (1) $\begin{cases}x'=2x-3y\\y'=x+2y\end{cases}$ $\begin{bmatrix}2&-3\\1&2\end{bmatrix}$

(2) $\begin{cases}x'=-x\\y'=2y\end{cases}$ $\begin{bmatrix}-1&0\\0&2\end{bmatrix}$

3. $5f(P)+3f(Q)=f(5P+3Q)$이므로

$5P+3Q=\begin{pmatrix}5\\-10\end{pmatrix}+\begin{pmatrix}6\\3\end{pmatrix}=\begin{pmatrix}11\\-7\end{pmatrix}$이다.

따라서 $\begin{pmatrix}1&-3\\-2&5\end{pmatrix}\begin{pmatrix}11\\-7\end{pmatrix}=\begin{pmatrix}32\\-57\end{pmatrix}$가 되어, 점의 좌표는 $(32,\ -57)$이다.

기초수학

2013년 2월 20일 제1판 1쇄 **인쇄** | 2013년 2월 25일 제1판 1쇄 **발행**

지은이 김상배·김화정·유천성·최은미 | **펴낸이** 류제동 | **펴낸곳** **청문각**

전무이사 양계성 | **편집국장** 안기용 | **책임편집** 우종현 | **본문디자인** 네임북스 | **표지디자인** 네임북스
제작 함승형·김선형 | **영업** 나상욱·함승형·송길배 | **홍보** 김미라 | **출력** (주)한국커뮤니케이션
인쇄 영프린팅 | **제본** 예인바인텍

주소 경기도 파주시 교하읍 문발로 116 | **우편번호** 413-120
전화 1644-0965(대표) | **팩스** 070-8650-0965 | **홈페이지** www.cmgpg.com
등록 2012. 11. 26. 제406-2012-000127호

ISBN 978-89-6364-165-2 (93410) | **값** 18,000원

* 잘못된 책은 바꾸어 드립니다. * 저자와의 합의 하에 인지를 생략합니다.